FÍSICA APLICADA A LAS CIENCIAS DE LA SALUD

2ª edición

Jesús Delegido Gómez
Juan C. Jiménez Muñoz
José V. Herráez Domínguez

PUV
Vniversitat ꭰ València

Colección: Educació. Laboratori de Materials, 88

Este texto ha sido publicado en el marco de los programas desarrollados dentro de la «Convocatoria del Ministerio de Educación y Ciencia para la financiación de la adaptación de las instituciones universitarias al Espacio Europeo de Educación Superior» (septiembre de 2006)

1ª edición: 2022

© Del texto: los autores, 2024
© De esta edición: Universitat de València, 2024

Publicacions de la Universitat de València
https://puv.uv.es
publicacions@uv.es

Diseño de la cubierta: Celso Hernández de la Figuera

ISBN: 978-84-1118-400-7
Depósito legal: V-2334-2024

Impreso en España

Índice de materias **Página**

Presentación

La idea de este texto es fomentar el autoaprendizaje del alumnado, facilitándole un material de trabajo que le permita "utilizar" al profesorado de una manera distinta a lo que ha sido habitual en la docencia tradicional universitaria. Por tanto, proporcionamos todo el material que constituiría la clase magistral para fomentar un trabajo más metódico y ordenado, pero sobre todo, una lectura anticipada de lo que vaya a ser la disertación del profesorado a fin de asistir a sus explicaciones de un modo más crítico y participativo.

La experiencia nos ha demostrado que en una materia eminentemente práctica como esta, la correcta realización de ejercicios es una excelente medida del grado de madurez alcanzado por el alumnado. Como consecuencia de esta convicción, hemos incluido un buen número de ejercicios, utilizando para ello exámenes de los últimos años y actividades realizadas en tutorías. Bastantes de ellos (generalmente los más básicos) están resueltos detalladamente; pero otros están solamente esbozados, de forma que su comprensión requiere un esfuerzo por parte del alumnado, y el camino para llegar a la solución adecuada propicia un diálogo en el que la experiencia demuestra lo enriquecedor que resulta tanto si la interacción se produce entre profesorado-alumnado o alumnado-alumnado (esta última descubre aspectos a clarificar, a veces sorprendentes, y que con frecuencia al profesorado le pasan desapercibidos).

Este manual está pensado para facilitar el seguimiento de las clases de la asignatura "Física" común a los grados de Farmacia, Veterinaria, Nutrición Humana y Dietética, Ciencia y Tecnología de los Alimentos y Ciencias Gastronómicas.

Sólo nos queda añadir que esta disciplina no es difícil ni aburrida, ni está fuera de contexto en estos estudios. Existen múltiples aplicaciones de la física a las ciencias de la vida y sólo es necesario abordarlas con los ojos abiertos y un mínimo de interés.

En la edición de 2024 se han corregido algunas erratas y se han añadido algunos ejercicios y ejemplos de aplicaciones de la Física.

Para terminar, debemos agradecer a nuestra compañera de Departamento, la profesora Mª Jesús Hernández Lucas, su colaboración en la realización y corrección de algunos de los ejercicios presentados, así como sus sugerencias y mejoras en la presentación final de este trabajo.

Los autores

Tema 1   Medidas y magnitudes

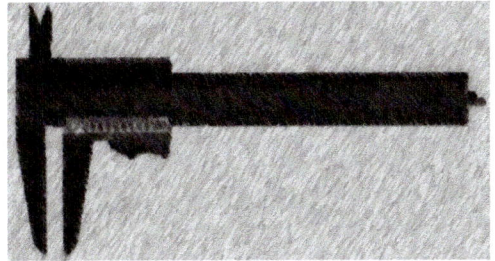

- 1.1. Magnitudes Físicas
- 1.2. Errores. Clases y criterio de escritura
- 1.3. Cálculo de errores en medidas indirectas
- 1.4. Representación de datos

La palabra física proviene del término griego *physis* que significa naturaleza. En un principio, las únicas fuentes de información fueron nuestros sentidos, pero con el tiempo, el refinamiento de los métodos experimentales y de observación ha ido cambiando y ampliando la visión de la naturaleza y sus leyes, y por tanto de la física. De forma general podemos decir que la física trata de la materia y la energía, de los principios que gobiernan el movimiento de las partículas y las propiedades de las moléculas, los átomos y los núcleos atómicos y los sistemas de mayor escala, como los gases, los líquidos y los sólidos. En resumen, la física es la ciencia que busca las leyes fundamentales de la naturaleza. Su aplicación a problemas reales, a la investigación y al desarrollo técnico, así como a la práctica profesional, ha dado lugar a diferentes aplicaciones a las ciencias de la vida. La física no sólo es la base conceptual de otras disciplinas científicas o técnicas, sino que además tiene una gran importancia desde un punto de vista práctico. Sus técnicas se pueden usar en cualquier área de investigación, pura o aplicada, desde la medicina, la biología y la geología hasta la arqueología o el arte.

Es posible que a cualquier estudiante que inicie una carrera relacionada con las ciencias de la vida le cueste entender la necesidad de adquirir una formación básica en una disciplina como la física. Sin embargo, conforme vaya avanzando el curso, irá descubriendo la gran cantidad de aplicaciones con una base física en la industria farmacéutica y alimentaria o en medicina, por mencionar algunos casos. En este primer tema nos centraremos en los conceptos básicos relacionados con el trabajo experimental, y en particular con la realización e interpretación de las medidas de magnitudes, algo fundamental en cualquier disciplina que se considere científica, y fundamentalmente en la física.

1.1. MAGNITUDES FÍSICAS

Llamamos magnitud a todo observable que sea cuantificable (longitud, masa, tiempo, etc.). El hecho de la cuantificación es la medida. Las leyes de la física expresan relaciones entre magnitudes como longitud, tiempo, energía y temperatura. Por ello, la capacidad de definir estas magnitudes con precisión y medirlas exactamente es un requisito de la física. La medida de toda magnitud física exige compararla con un cierto valor unitario de la misma, por lo que toda magnitud física debe expresarse con una cifra y una unidad.

Todas las magnitudes físicas pueden expresarse en función de un pequeño número de unidades fundamentales. Muchas de las magnitudes que se estudiarán, tales como fuerza, presión, trabajo o energía, pueden expresarse en función de tres fundamentales: longitud, tiempo y masa. La selección de las unidades patrón o estándar para estas magnitudes fundamentales determina un sistema de unidades. El sistema utilizado universalmente en la comunidad científica es el Sistema Internacional (SI). Conviene recordar que en este sistema el valor de un ángulo debe expresarse en radianes (un radián equivale a un ángulo cuyo arco tiene la misma longitud que el radio).

En general intentaremos utilizar siempre el SI, si bien en algunas ocasiones se podrá utilizar otro sistema (como por ejemplo el sistema CGS, basado en el centímetro, el gramo y el segundo).

Conversión de unidades

En física, todas las magnitudes se expresan con un número y una unidad, que se pueden operar algebraicamente. Muchas veces tenemos una magnitud expresada en una unidad y necesitamos expresarla en otro sistema. Es lo que se llama conversión de unidades.

✎ **Ejemplo 1.1 Conversión de m/s a km/h**
La velocidad del viento en un día determinado es de 10 m/s. ¿Cuánto vale en km/h?

Se puede resolver de dos maneras: i) multiplicando por factores que valen uno,
$$10(m/s)(1km/1000m)(3600s/1h) = 10 \cdot 3600/1000 \; km/h = 36 \; km/h$$
o bien ii) utilizando un factor de conversión, 1 m/s = 10^{-3}km/(1/3600)h = 3,6 km/h,
por tanto 10 m/s = 10 · 3,6 = 36 km/h

✎ **Ejemplo 1.2 Conversión de g/cm³ a kg/m³**
La densidad del agua en c.g.s es 1 g/cm³. ¿Cuánto vale en el S.I.?

$$1 \; (g/cm^3)(1kg/1000g)(10^6 cm^3/1m^3) = 10^3 \; kg/m^3 \qquad 1 \; g/cm^3 = 1 \cdot 10^{-3}kg/10^{-6}cm^3 - 10^3 \; kg/m^3$$

Tabla 1.1   Unidades fundamentales

Magnitud	c.g.s.	M.K.S. (SI)
Longitud	cm	m
Tiempo	s	s
Masa	g	kg
Temperatura	K (kelvin)	
Cantidad de sustancia	mol	
Corriente eléctrica	A (amperio)	
Intensidad luminosa	cd (candela)	

Tabla 1.2   Unidades derivadas

Magnitud	Definición	Unidad	Nombre
Velocidad	espacio/tiempo	m/s	-
Aceleración	espacio/tiempo^2	m/s^2	-
Fuerza	masa · aceleración	$kg{\cdot}m/s^2$	N (Newton)
Trabajo-Energía	fuerza · espacio	$kg{\cdot}m^2/s^2$	J (Julio)
Potencia	trabajo/tiempo	$kg{\cdot}m^2/s^3 = J/s$	W (Watio)
Presión	fuerza/superficie	$kg/(m{\cdot}s^2)$	Pa (Pascal)

Tabla 1.3   Múltiplos y submúltiplos de unidades del SI

Múltiplo	Prefijo	Abreviatura
10^{18}	exa	E
10^{15}	peta	P
10^{12}	tera	T
10^9	giga	G
10^6	mega	M
10^3	kilo	k
10^2	hecto	h
10^1	deca	da
10^{-1}	deci	d
10^{-2}	centi	c
10^{-3}	mili	m
10^{-6}	micro	μ
10^{-9}	nano	n
10^{-12}	pico	p
10^{-15}	femto	f
10^{-18}	atto	a

1.2. ERRORES. CLASES Y CRITERIO DE ESCRITURA

El valor exacto de una magnitud no se puede llegar a conocer, pero sí que se puede determinar un margen de fiabilidad de la medida que llamaremos error o incertidumbre. De acuerdo con los motivos que los originan, los errores los clasificamos en:

- Sistemáticos: producidos por una metodología incorrecta, o un instrumento defectuoso.

- Accidentales: producidos aleatoriamente y de una manera incontrolable, por lo que para minimizar sus efectos se deberán realizar varias medidas.

Cuando una medida ha sido realizada, debemos considerar dos formas de expresar la indeterminación:

- Error absoluto: representa el margen dentro del cual situamos la medida realizada, expresándose de la forma $M \pm \varepsilon_a M$, en donde M representa la magnitud y $\varepsilon_a M$ representa el error absoluto; la magnitud y el error deben ser expresados con las mismas unidades. El error absoluto también se puede denominar sensibilidad.

- Error relativo: es el cociente entre el error absoluto y la magnitud:

$$\varepsilon_r M = \varepsilon_a M / M \tag{1.1}$$

El error relativo representa la calidad de la medida realizada y es adimensional. Se puede expresar directamente o bien en porcentaje, en cuyo caso también recibe el nombre de precisión.

Determinación del error absoluto de medidas directas

Cuando por cualquier motivo sólo se pueda realizar una medida, el error absoluto será la división más pequeña de la escala del aparato de medida. Por ejemplo, una regla calibrada en mm proporciona un error absoluto de 1 mm.

Como norma general siempre que sea posible realizaremos 3 medidas y, a continuación, se seguirán los siguientes pasos:

Determinamos la dispersión:

$$D = x_{max} - x_{min} \tag{1.2}$$

Determinamos el valor medio de las medidas:

$$\bar{x} = \frac{x_1 + x_2 + x_3}{3} \tag{1.3}$$

A continuación, obtenemos el tanto por ciento de dispersión

$$\%T_D = \frac{D \cdot 100}{\bar{x}} \tag{1.4}$$

En función del valor $\%T_D$ obtenido, podemos establecer un criterio para saber si el número inicial de tres medidas es suficiente o no:

o Si $\%T_D < 2\%$ bastan con esas tres medidas.

o Si $2\% < \%T_D < 8\%$, se realizarán 6 medidas.

o   Si 8% < %T$_D$< 15%, se realizarán 15 medidas, y por último, si el tanto por ciento de dispersión es superior al 15% hay que realizar un mínimo de 50 medidas.

Por último, se define como valor de la medida la media aritmética de todas las medidas realizadas. Como error absoluto se elige finalmente el mayor entre el error medio y el error de dispersión (ε_D), calculado como:

$$\varepsilon_D = \frac{D}{4} = \frac{x_{max} - x_{min}}{4} \tag{1.5}$$

Si hemos medido directamente, el error medio coincidirá con la unidad más pequeña del aparato. Hay que tener en cuenta además que el error de dispersión es un error de tipo absoluto.

Criterio de escritura de los errores

Los errores tanto absolutos como relativos se escribirán siempre con una sola cifra significativa, excepto en el caso de que la primera sea un 1, en este caso se usarán 2 cifras significativas. Las cifras sobrantes se eliminarán utilizando el criterio de redondeo, que consiste en eliminar cifras teniendo en cuenta que si la primera cifra que se elimina es igual o superior a 5, se le añade una a la anterior, mientras que si la primera cifra que se elimina es inferior a 5, se deja igual la última cifra.

La magnitud se escribirá con cifras significativas hasta donde esté significado el error. Para ello, primero redondeamos el error y luego la magnitud.

✏ Ejemplo 1.3 Errores absolutos y relativos de magnitudes

La masa de una persona es de 62,2 kg, y la longitud de un lápiz de 175 mm. Expresa estos valores con sus errores absolutos y calcula los errores relativos.

Si nos pesamos en una báscula electrónica en casa que marca las décimas de kg, la masa con su error absoluto se expresará como:
(62,2 ± 0,1) kg
Si medimos con una regla de las que usamos normalmente (suelen ir graduadas en milímetros), la longitud de un lápiz será, por ejemplo:
(175 ± 1) mm = (17,5 ± 0,1) cm
En los ejemplos anteriores, los errores relativos vendrán dados por:
Masa: ε_r = 0,1/62,2 = 0,0016 = 0,16 %
Longitud: ε_r = 1/175 = 0,006 = 0,6 %

✏ Ejemplo 1.4 Cálculo del error en medidas directas

Se mide 3 veces el tiempo que tarda una cierta cantidad de líquido en caer por un instrumento, con un cronómetro que aprecia 0,01 s, obteniéndose 61,42; 61,48 y 61,10 s. Calcula el tiempo con su error.

Calculamos la media: t_m = 61,3333 s
Calculamos el %T$_D$ para saber si tenemos suficientes medidas:

%T_D = 0,6 < 2 % por tanto SON SUFICIENTES LAS TRES MEDIDAS.
El error medio será e_m = 0,01 s
El error de dispersión será ε_d = d/4 = 0,38/4 = 0,095 que redondeamos a 0,1 s
Como es mayor el ε_d entonces el valor final de la medida será
t = (61,3 ± 0,1) s

✓ Ejemplo 1.5 Escritura de errores (redondeo)

Expresa correctamente los valores de masa, fuerza y tiempo, con sus correspondientes errores absolutos.

- *m = (4,14516 ± 0,182) g, primero redondeamos el error (0,18) por tanto hay que redondear la cifra con dos decimales, quedaría (4,15 ± 0,18) g.*
- *F = (187,8 ± 24,7) N, primero redondeamos el error (20) por tanto hay que redondear la cifra hasta las decenas, quedaría (190 ± 20) N.*
- *t = (0,175592 ± 0,01043) s, primero redondeamos el error (0,010) por tanto hay que redondear la cifra hasta las milésimas, quedaría (0,176 ± 0,010) s*

1.3. CÁLCULO DE ERRORES EN MEDIDAS INDIRECTAS

Llamamos medida indirecta a la que se obtiene combinando medidas directas por medio de alguna relación matemática.

La forma más rigurosa de calcular los errores de medidas indirectas es a través de derivadas parciales. Por ejemplo, si una magnitud z se calcula en función de una serie de variables (x,y), siendo $z = f(x,y)$, el error absoluto de z vendría dado por:

$$\varepsilon_a Z = \left(\frac{\partial z}{\partial x}\right)\varepsilon_a X + \left(\frac{\partial z}{\partial y}\right)\varepsilon_a Y \tag{1.6}$$

Estadísticamente resulta más correcto realizar una suma cuadrática de errores, por lo que la ecuación anterior se transformaría en:

$$\varepsilon_a Z = \sqrt{\left(\frac{\partial z}{\partial x}\right)^2 \varepsilon_a X^2 + \left(\frac{\partial z}{\partial y}\right)^2 \varepsilon_a Y^2} \tag{1.7}$$

Sin embargo, en algunos casos es posible evitar el formalismo de las derivadas parciales expresados en las ecuaciones (1.6) y (1.7), y realizar una estimación del error de forma más sencilla. Como método operativo, asimilaremos los diferenciales matemáticos con los incrementos físicos que, a su vez, los asociamos a los errores absolutos.

Como norma general utilizaremos el criterio acumulativo de los errores, pues nunca podemos saber si, accidentalmente, se compensan los errores por exceso con los errores por defecto.

A continuación, se muestra la forma de calcular el error en las operaciones más básicas. Hay que tener en cuenta que las expresiones que se deducen a continuación pueden obtenerse igualmente aplicando directamente la ecuación (1.6).

- **Suma** $\rightarrow S = A + B \rightarrow$ (diferenciamos) $dS = dA + dB \rightarrow$ **$\varepsilon_a S = \varepsilon_a A + \varepsilon_a B$**
- **Resta** $\rightarrow R = A - B \rightarrow$ (diferenciamos) $dR = dA - dB \rightarrow$ **$\varepsilon_a R = \varepsilon_a A + \varepsilon_a B$**
- **Producto** $\rightarrow P = A \cdot B \rightarrow$ (aunque se podría realizar como en los casos anteriores, resulta mucho más cómodo tomar logaritmos neperianos y a continuación diferenciar) $\rightarrow \ln P = \ln A + \ln B \rightarrow dP / P = dA / A + dB /B$ $\rightarrow \varepsilon_a P /P = \varepsilon_a A /A + \varepsilon_a B /B \rightarrow$ **$\varepsilon_r P = \varepsilon_r A + \varepsilon_r B$**
- **Cociente** $\rightarrow C = A / B \rightarrow$ siguiendo los pasos anteriores y aplicando el criterio acumulativo llegaríamos a la expresión $\rightarrow$ **$\varepsilon_r C = \varepsilon_r A + \varepsilon_r B$**
- **Potencia** $\rightarrow P = A^a \rightarrow \ln P = a \ln A \rightarrow$ **$\varepsilon_r P = a \cdot \varepsilon_r A$**
- **Raiz** $\rightarrow R = \sqrt[b]{B} \rightarrow \ln R = \dfrac{1}{b} \ln B \rightarrow$ **$\varepsilon_r R = \dfrac{1}{b} \cdot \varepsilon_r B$**
- **Producto por una constante k** (ésta sin error) $\rightarrow M = k \cdot N$ $\rightarrow \ln M = \ln k + \ln N \rightarrow$ **$\varepsilon_r M = \varepsilon_r N$**
- Caso general $\rightarrow M = A^\alpha \cdot \sqrt[b]{B} / C \rightarrow \varepsilon_r M = \alpha \varepsilon_r A + (1/b) \cdot \varepsilon_r B + \varepsilon_r C$

✏ Ejemplo 1.6 Cálculo de errores en medidas indirectas
Un bote lleno de espinacas pesa (550 ± 20) g. Si se pesa el bote vacío, su masa es de 63 ± 6 g ¿Cuánto pesan con su error las espinacas?

Masa de las espinacas: $m_e = m_{ll} - m_v = 550 - 63 = 487$ g.
Al tratarse de una resta, se suman los errores absolutos: $\varepsilon_a = 20 + 6 = 26$ g ≈ 30 g
Valor final con su error redondeado: $m_e = (490 ± 30)$ g   (error relativo: $\varepsilon_r = 6$ %)

✏ Ejemplo 1.7 Cálculo de errores en medidas directas e indirectas
Para calcular el volumen de una esfera se mide el diámetro 3 veces con un instrumento que aprecia centésimas de mm, y se obtienen 15,23 mm; 15,14 mm y 15,03 mm. Comprueba si son suficientes, y en el caso de que lo fueran, calcula el volumen con su error.

El valor medio del diámetro es $d_m = 15,133$ mm.
$\%T_D = 1,3$ % $\rightarrow$ son suficientes esas 3 medidas.
Error medio: $\varepsilon_m = 0,01$ mm; Error de dispersión: $\varepsilon_d = 0,05$ mm (es mayor que el e_m)
Por tanto, el diámetro será $d_m = (15,13 ± 0,05)$ mm
Volumen de la esfera $V = 4/3\ \pi\ r^3 = 1813,491\ mm^3$; Error relativo $\varepsilon_r (V) = 3\ \varepsilon_r (r) = 3\ \varepsilon_r (d)$
Error absoluto de V: $\varepsilon_a (V) = \varepsilon_r (V) \cdot V = 3 \cdot 0,05/15,13 \cdot 1813,491 = 17,98\ mm^3$
       Por tanto, el volumen será: $V = (1813 ± 18)\ mm^3$

1.4. REPRESENTACIÓN DE DATOS

Cuando se realizan medidas experimentales de dos variables, la forma más intuitiva de observar cuál es su relación es a través de una representación gráfica. Cuando se elabora una gráfica, es necesario tener en cuenta algunas normas de presentación:

❑ Las representaciones gráficas de forma manual se suelen realizar en papel milimetrado. Actualmente, las gráficas se realizan con un programa informático, como por ejemplo la hoja de cálculo Excel® o similar.

❑ La variable independiente irá en el eje de las X (eje horizontal), y la variable dependiente en el eje de las Y (eje vertical). Sobre los ejes, indicaremos la magnitud representada y sus unidades, generalmente entre paréntesis.

❑ Tanto la unidad de escala como el origen de la misma, aunque haya que desplazar el cero, los escogeremos de forma que los puntos o barras queden distribuidos sobre la totalidad del gráfico. (Las representaciones gráficas en programas informáticos suelen ajustar el rango de los ejes de forma automática. En caso contrario, habría que modificar estas opciones).

❑ Al tratarse de puntos experimentales, conviene no unir los puntos con ninguna línea o trazo. Este tipo de gráficas se conocen como gráficas de dispersión.

Interpolación

A veces la dependencia entre dos variables $y=f(x)$ viene dada a través de una serie de valores incluidos en una tabla (por ejemplo, valores de densidad del agua a distintas temperaturas). Si el valor exacto que necesitamos no aparece en la tabla, entonces realizaremos una interpolación para obtener dicho valor. El método de interpolación (lineal) consiste en hacer pasar una recta por dos puntos de una tabla (x_1, y_1), (x_2, y_2) a fin de obtener mediante la ecuación de la recta el valor de la variable dependiente y, para un determinado punto x comprendido entre x_1 y x_2:

$$y = y_1 + \frac{y_2 - y_1}{x_2 - x_1}(x - x_1) \tag{1.8}$$

y que permite determinar y en función de x o viceversa. Cuando se realiza una interpolación, el error absoluto del valor interpolado y vendrá dado por (en valor absoluto, porque los errores son siempre positivos):

$$\varepsilon_a(y) = \left| \frac{y_2 - y_1}{x_2 - x_1} \right| \varepsilon_a(x) \tag{1.9}$$

✎ **Ejemplo 1.8 Interpolación lineal**

La dependencia de la densidad del agua en función de la temperatura viene dada por la siguiente tabla:

T(ºC)	Densidad (kg/m³)
15	999,10
20	998,20
25	997,05

Calcula la densidad del agua para una temperatura de 21,5±0,1 ºC

Como el valor de densidad para una temperatura de 21,5 ºC no aparece explícitamente en la tabla, tendremos que aplicar las ecuaciones (1.8) y (1.9), siendo:
$$x_1=20;\ x_2=25;\ y_1=998,20;\ y_2=997,05;\ x=21,5;\ e(x)=0,1$$
Finalmente resulta un valor de densidad de:
$$997,86\pm0,02\ kg/m^3$$

Ajuste de una recta por mínimos cuadrados

En muchas ocasiones, la representación gráfica de dos variables experimentales (x,y) muestra una distribución lineal de los puntos. Esto nos indica que la relación matemática entre ambas variables vendrá dada por la ecuación de una línea recta:

$$y = mx + n \tag{1.10}$$

siendo m la pendiente y n la ordenada en el origen. El problema al que nos enfrentamos entonces consiste en averiguar los valores de m y n que mejor se ajusten a nuestra distribución de puntos.

La técnica estadística de "mínimos cuadrados" es un método matemático que minimiza los cuadrados de las diferencias entre los valores de la función teórica (en este caso una función lineal) y los medidos experimentalmente. Al tratarse de valores experimentales con un cierto error, el valor experimental nunca coincidirá exactamente con el valor teórico. Como resultado final tras aplicar esta técnica, se obtienen los valores numéricos de la pendiente m y la ordenada en el origen n.

En el caso de una línea recta, para un determinado valor de x, x_i, su correspondiente valor teórico ($y_t = mx_i + n$) y su valor experimental medido (y_i) no coincidirán (Figura 1), siendo su diferencia ε_i (en valor absoluto):

$$\left| y_i - mx_i - n \right| = \varepsilon_i \tag{1.11}$$

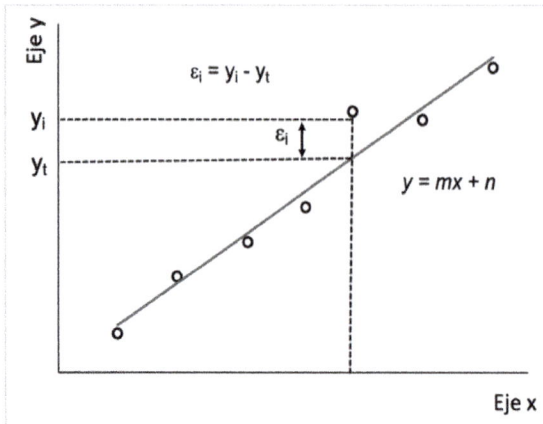

Figura 1. Representación gráfica de pares de puntos experimentales (x,y), representados simbólicamente con círculos. La línea indica la ecuación de la línea recta que mejor se ajusta a esa distribución de puntos. Para un determinado punto x_i, su valor experimental correspondiente viene dado por y_i, mientras que su valor teórico según la ecuación de la línea recta viene dado por y_t. La diferencia entre ambos valores viene dada por ε_i.

Definimos una función C como la suma de las diferencias al cuadrado:

$$C = \sum_i \varepsilon_i = \sum_i (y_i - mx_i - n)^2 \tag{1.12}$$

La recta que mejor ajuste a los puntos experimentales será la de aquellos valores de m y n que hagan mínimo el valor de C. Para ello se habrá de cumplir que las derivadas de C con respecto a m y n sean iguales a 0 (condición matemática de mínimo):

$$\frac{\partial C}{\partial m} = 0 \rightarrow \sum_i [2\,(y_i - m\,x_i - n)(-x_i)] = 0 \rightarrow m\sum_i x_i^2 + n\sum_i x_i = \sum_i x_i y_i \tag{1.13}$$

$$\frac{\partial C}{\partial n} = 0 \rightarrow \sum_i [2\,(y_i - m\,x_i - n)(-1)] = 0 \rightarrow m\sum_i x_i + n\sum_i I = \sum_i y_i \tag{1.14}$$

Las ecuaciones (1.13) y (1.14) forman un sistema de dos ecuaciones que nos proporcionará las incógnitas m y n.

La bondad del ajuste viene determinada por el coeficiente de correlación (o coeficiente lineal de Pearson), r, que será tanto más próximo a 1 cuanto mejor se adapten los puntos a la recta obtenida, y viene dado por la expresión:

$$r = \frac{\sum_i (x_i - \bar{x})(y_i - \bar{y})}{\sqrt{\sum_i (x_i - \bar{x})^2}\sqrt{\sum_i (y_i - \bar{y})^2}} \tag{1.15}$$

No hay que confundir el coeficiente de correlación de Pearson r, con el coeficiente de determinación R^2, si bien en el caso de un ajuste lineal simple el coeficiente R^2 viene dado por el cuadrado del coeficiente de correlación.

El procedimiento que acabamos de explicar se aplica al caso de una recta, pero el método es generalizable a cualquier tipo de función. En ocasiones, también es posible "linealizar" una ecuación (por ejemplo una función exponencial se puede linealizar tomando logaritmos neperianos), siendo igualmente válidos los resultados correspondientes al ajuste lineal. Hoy día, con cualquier programa de los denominados "Hojas de cálculo" podemos obtener de forma automática la ecuación de la línea recta y el coeficiente de correlación, así como otros indicadores estadísticos.

✎ Ejemplo 1.9 Ajuste (lineal) por mínimos cuadrados

Se realizan 7 medidas experimentales del par de variables (x_i, y_i), obteniendo los valores que se muestran en la tabla. Obtén la ecuación de la línea recta que mejor se ajusta a esa distribución de puntos.

x_i	y_i	x_i^2	$x_i y_i$
1,00	0,95	1,00	0,95
1,50	1,60	2,2	2,40
2,10	2,00	4,41	4,20
2,60	2,40	6,76	6,24
2,90	3,10	8,41	8,99
3,60	3,40	12,96	12,24
4,20	4,00	17,64	16,80

En la tabla anterior se han añadido las columnas de los valores de x^2 y el producto $x \cdot y$. Si realizamos la suma de cada columna, obtenemos:

$$\Sigma\, x_i = 17,90 \qquad \Sigma\, y_i = 17,45 \qquad \Sigma\, x_i^2 = 53,43 \qquad \Sigma\, x_i y_i = 51,82$$

que nos permite plantear el siguiente sistema de dos ecuaciones:

$$53,43 \cdot m + 17,90 \cdot n = 51,82$$
$$17,90 \cdot m + 7 \cdot n = 17,45$$

Despejando m y n, obtenemos finalmente: $\quad m = 0,94002 \quad n = 0,089095$

Por tanto, la ecuación que mejor se ajusta a esta distribución de puntos será:

$$y = 0,94002\, x + 0,089095$$

Si calculamos el coeficiente de correlación, obtenemos R = 0,99802, que al estar muy próximo a 1 nos indica que efectivamente la distribución de puntos es prácticamente lineal. En la figura se muestra la representación gráfica de la serie de puntos.

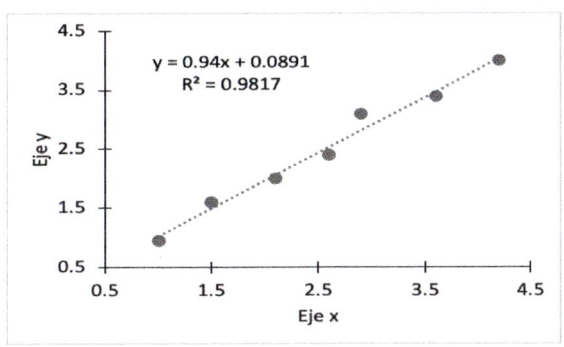

Cálculo del error de *m* y *n*

Como los valores de *m* y *n* se obtienen a partir de una distribución de puntos experimentales con sus correspondientes errores, los propios valores *m* y *n* también llevarán asociados unos errores. Según demuestra J. Hibbie (*Am. J. Phys., 59, 2, 1991*) se puede determinar el error de la pendiente, ε(m), y de la ordenada en el origen, ε(n), de un ajuste por mínimos cuadrados en función del coeficiente de correlación, r, usando las siguientes relaciones:

$$\varepsilon(m) = m \sqrt{(1/r^2 - 1)/(N-2)} \tag{1.16}$$

$$\varepsilon(n) = \varepsilon(m) \sqrt{R/N} \tag{1.17}$$

donde N es el número de medidas, $R = \Sigma\, x_i^2$ y r es el coeficiente de correlación. Estas expresiones sirven fundamentalmente para los casos en que los errores de las variables del problema (x, y) no sean muy grandes.

Cálculo del error obtenido de una recta con alta correlación

Cuando el coeficiente de correlación es muy alto (por ejemplo, $R^2 > 0,99$, tal y como se muestra en la Figura 2) podemos suponer que en la ecuación $y = mx + n$ los valores de *m* y *n* tienen un error despreciable. En estos casos, el error asociado a la estimación de la variable *y* utilizando la ecuación de la recta, *e(y)*, puede obtenerse de forma aproximada a partir del error de la variable x según la ecuación:

$$e(y) = m\, e(x) \tag{1.18}$$

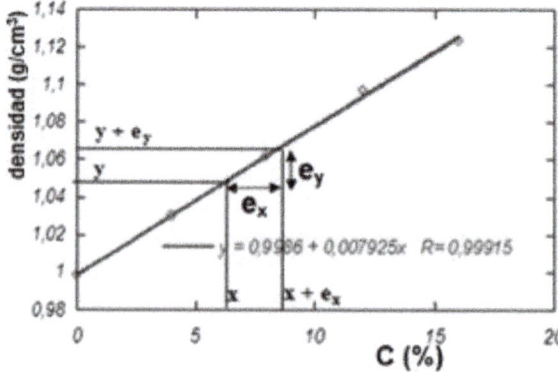

Figura 2. Cuando dos variables *(x,y)* tienen una correlación lineal muy elevada, la relación entre los errores de esas dos variables, *e(x)* y *e(y)*, viene dada por la pendiente *m*, tal y como se indica en la ecuación (1.18).

EJERCICIOS

1.1. Escribe correctamente las siguientes medidas de diferentes magnitudes con su error:

a) (47,375 ± 3,499) cm, (6,0048 ± 0,0053) dB, (785,40 ± 6,35) poises, (18,23 ± 2,67) cm, (72,24 ± 1,67) g, (0,18479 ± 0,0145125) J, (5267 ± 264) p, (10^8 ± 10^6) dinas, (0,2351 ± 0,284) N

b) 0,4 m medidos con una regla que aprecia mm

c) 82 g con una precisión del 3 %

d) 3 segundos con una sensibilidad de 1/5 de segundo

a)

Escritura incorrecta	*Escritura correcta*	*Error relativo incorrecto*	*Error relativo correcto*
(47,375 ±3,499) cm	*(47 ± 3) cm*	*3/ 47 = 0,0638*	*0,06 = 6%*
(6,0048 ±0,0053) dB	*(6,005 ±0,005) dB*	*0,005/6,005 =8,3·10^{-4}*	*0,0008 = 0,08%*
(785,40 ±6,35) poises	*(785 ±6) poises*	*6/785 = 0,00764*	*0,008 = 0,8%*
(18,23 ±2,67) cm	*(18 ±3) cm*	*3/18 = 0,166*	*0,17 = 17%*
(72,24 ±1,67) g	*(72,2 ±1,7) g*	*1,7/ 72,2 = 0,0235*	*0,02 = 2%*
(0,18479 ±0,0145125) J	*(0,185 ±0,015) J*	*0,014 /0,185 = 0,0756*	*0,08 = 8%*
(5267 ±264) p	*(5300 ±300) p*	*300 /5300 = 0,0566*	*0,06 = 6%*
(10^8±10^6) dinas	*10^6·(100 ±1)dinas*	*1/100 = 0,0100*	*0,010 = 1,0 %*
(0,2351 ±0,284) N	*Medida a desechar puesto que nunca el error absoluto puede ser superior a la magnitud (si bien existen algunas excepciones)*		

b) Si la regla aprecia mm el error absoluto que debemos atribuirle es de 1 mm. Por lo tanto, la medida la expresaremos como (0,400 ±0,001) m, o también (400 ±1) mm.

c) Una precisión del 3%, significa que el error relativo de la medida es el 3% (ε_r = 0,03)

$\varepsilon_r M =\varepsilon_a M/M$; $\varepsilon_r M$ = 0,03 = $\varepsilon_a M/M$ = $\varepsilon_a M/82$; $\varepsilon_a M$ = 82 · 0,03 = 2,46 ≈ 2 → M = (82 ± 2) g

d) La sensibilidad es el error absoluto, luego $\varepsilon_a M$ = 0,2 s → M = (3,0 ± 0,2) s

1.2. Para obtener la masa de una gota de agua obtenida con un determinado cuentagotas, utilizamos una balanza electrónica capaz de apreciar centésimas de gramo. Pesamos 40 gotas y el valor leído en la balanza es de 1,15 g. Expresar con su error la masa de una gota.

La lectura realizada la expresaremos como M = (1,15 ± 0,01) g, y el número de gotas será n = 40 ± 1

$m = M / n = M / 40 = 1,15 / 40 = 0,02875$ g

Error relativo de m: $\varepsilon_r m$ = $\varepsilon_r M$ + $\varepsilon_r n$ = $\varepsilon_a M/M$ + $\varepsilon_a n/n$ = 0,01/ 1,15 + 1/40 = 0,0336 ≈ 0,03

Error absoluto de m: $\varepsilon_a m$ = m· $\varepsilon_r m$ = 0,02875·0,03 = 0,0008625 ≈ 0,0009 g

Resultado final para la masa de 1 gota: (m = 0,0288 ± 0,0009) g

1.3. Sabiendo que cuando se le suministran 28,51 calorías, medidas con una precisión del 2% a 2 g de ácido fórmico, medidos con una balanza que aprecia 10 mg, su temperatura varía desde 27,0 ºC hasta 54,2 ºC medidas ambas con un

termómetro que aprecia décimas de grado, calcular, con su error, el calor específico c_e de dicha sustancia (utilizad la siguiente ecuación: $Q = m\, c_e\, \Delta T$).

Las magnitudes correctamente expresadas serán
$$m = (2,00 \pm 0,01)\ g;\ T_1 = (27,0 \pm 0,1)\ ^\circ C;\ T_2 = (54,2 \pm 0,1)\ ^\circ C;\ \Delta T = (27,2 \pm 0,2)\ ^\circ C$$
A continuación, despejamos la magnitud que buscamos de la fórmula a utilizar

$c_e = Q\,/(m \cdot \Delta T)$ *y obtenemos su valor numérico sin límite de cifras*

$c_e = Q\,/(m \cdot \Delta T)$ $= 28,51/(2 \cdot 27,2) = 0,524080\ cal/g\ ^\circ C$

Seguidamente aplicamos el cálculo de errores: $\varepsilon_r c_e = \varepsilon_r Q + \varepsilon_r m + \varepsilon_r \Delta T$, *donde el error relativo de* ΔT *se calcula como:* $\varepsilon_a \Delta T = \varepsilon_a T_2 + \varepsilon_a T_1 \rightarrow \varepsilon_r \Delta T = 0,2/27,2 = 0,007735 \approx 0,007$

Sustityendo: $\varepsilon_r c_e = 0,02 + 0,01/2,00 + 0,007 = 0,032 \approx 0,03$ *y conocido el error relativo, ya podemos calcular el absoluto:* $\varepsilon_a c_e = c_e \cdot \varepsilon_r c_e = 0,52408 \cdot 0,03 = 0,0157 \approx 0,016\ cal/g^\circ C$.

Sol: $c_e = (0,524 \pm 0,016)\ cal/g^\circ C$

1.4. Para determinar la viscosidad de un líquido se ha utilizado un viscosímetro de Ostwald por el que se hace fluir cierto volumen de agua que tardó un tiempo $t_a = (128 \pm 1)$ s. El mismo volumen de líquido problema tardó t = (168 ± 1) s. Si la densidad relativa del líquido es ρ = (1,234 ± 0,001), la densidad del agua ρ_a = (1,000 ± 0,001) y la viscosidad del agua es η_a = 1,002 cp con todas sus cifras exactas, calcular la viscosidad de dicho líquido, teniendo en cuenta que η = η_a ρ t / (ρ_a t_a).

Cuando se dice que una magnitud está dada con todas sus cifras exactas, significa que se comete un error de una unidad en la última cifra escrita, luego la viscosidad del agua la escribiremos como
$$\eta_a = (1,002 \pm 0,001)\ cp$$
En este caso tenemos la magnitud despejada, luego podemos aplicar directamente el cálculo de errores

$\eta = \eta_a\, \rho\, t\, /\, \rho_a\, t_a = (1,002 \cdot 1,234 \cdot 168)\, /\, (1,000 \cdot 128) = 1,622864\ cp$

$\varepsilon_r \eta = \varepsilon_r \eta_a + \varepsilon_r \rho + \varepsilon_r t + \varepsilon_r \rho_a + \varepsilon_r t_a = \dfrac{0,001}{1,002} + \dfrac{0,001}{1,234} + \dfrac{1}{168} + \dfrac{0,001}{1,000} + \dfrac{1}{128} = 0,01657 \approx 0,017$

Ahora determinamos el error absoluto: $\varepsilon_a \eta = \eta \cdot \varepsilon_r \eta = 1,622864 \cdot 0,017 = 0,0275 \approx 0,03\ cp$

Sol: $\eta = (1,62 \pm 0,03)\ cp$

1.5. ¿Cuál de los siguientes métodos emplearíamos para la dosificación de 1 mg de cierta droga?
a) Pesar dicha cantidad con una balanza que aprecia 0,1 mg.
b) Contando gotas de una disolución al 0,1 % de dicha droga, utilizando un cuentagotas que proporciona gotas de 50 mg cada una.

Deberemos escoger el método de más calidad, es decir el que nos proporcione menor error relativo
a) La medida con el primer método sería $(1,0 \pm 0,1)\ mg \rightarrow$ *Error relativo* $= 0,1\,/\,1 = 0,1$ *(10%)*
b) Calculamos el número de gotas que serían necesarias para obtener una masa total de 1 mg de droga: $M_T = n\ m_1\ c$ *(siendo n el número de gotas y c la concentración)*
Sustituyendo en la ecuación anterior: $1 = n \cdot 50 \cdot 0,1/100 \rightarrow n = 20$ *gotas*

Como en este caso hemos utilizado como instrumento de medida el cuentagotas, la unidad más pequeña que podemos apreciar es una gota, siendo el valor final de la medida

$$n = (20 \pm 1) \ gotas \rightarrow Error \ relativo = 1 \ / \ 20 = 0{,}05 \quad (5\%)$$

Por lo tanto, debemos emplear el segundo método, ya que la precisión es mayor (menor ε_r).

1.6. Calcula, por interpolación, el valor de la viscosidad del agua a la temperatura de 22,5 °C medida con un error de 0,1 °C.

$t_1 = 20{,}3 \ °C$ $\eta_1 = 1{,}002 \ cp$

$t = 22{,}5 \ °C$ $\eta =$

$t_2 = 25{,}1 \ °C$ $\eta_2 = 0{,}890 \ cp$

Ambas magnitudes vienen dadas con todas sus cifras exactas.

Si tomamos la ecuación de la recta que pasa por dos puntos en la forma

$$\frac{y - y_1}{y_2 - y_1} = \frac{x - x_1}{x_2 - x_1}$$

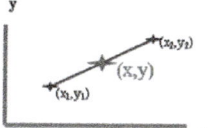

y sustituimos en ella nuestros puntos, quedará (tomando la temperatura como la variable independiente y la viscosidad como la variable dependiente)

$$\frac{\eta - 1{,}002}{0{,}890 - 1{,}002} = \frac{22{,}5 - 20{,}3}{25{,}1 - 20{,}3} \quad \rightarrow \quad \eta = 0{,}9506 \ cp$$

Para calcular el error, $\varepsilon(\eta) = ((0{,}89 - 1{,}002)/(25{,}1 - 20{,}3) \cdot 0{,}1 = 0{,}00233$ *Sol:* $\eta = 0{,}951 \pm 0{,}002 \ cp$

1.7. Un complemento energético se vende en forma de cápsulas con un volumen de 0,124 ± 0,005 cm³. Si la masa de las cápsulas es de 0,107 g medido con una balanza que aprecia mg, calcula con su error la densidad de las cápsulas.

$\rho = m/V = 0{,}8629 \ g/cm^3$

$\varepsilon_r = 0{,}005/0{,}124 + 0{,}001/0{,}107 = 0{,}04967 \rightarrow \varepsilon_a = 0{,}04285$ *Sol:* $\rho = (0{,}86 \pm 0{,}04) \ g/cm^3$

1.8. Escribir correctamente las siguientes medidas de diferentes magnitudes con su error:

(47,37502 ± 0,001459) cm	*(47,3750 ± 0,0015) cm*
(6247 ± 251) kg	*(6200 ± 300) kg*
465,705 g con una precisión del 2 %	*(466 ± 9) g*
0,00006247 ± 0,43·10⁻⁶ m	*(62,5 ± 0,4)·10⁻⁶ m*

1.9. Una caja de galletas lleva 80 unidades (considerando 80 sin error). Si cada galleta pesa 11,25 g con un error del 3% y la caja vacía pesa 40,57 g medido con una balanza que aprecia cg ¿Cuánto pesa, con su error, la caja llena?

Calculamos la masa total: $m_T = m_{caja} + 80 \ m_1 = 940{,}57 \ g$

Calculamos el error de 80 galletas: $\varepsilon_r(80gall) = \varepsilon_r(1gall) = 0{,}03 \rightarrow \varepsilon_a(80gall) = 80 \cdot 11{,}25 \cdot 0{,}03 = 27 \ g$

Finalmente, calculamos el error de la masa total: $\varepsilon_a(caja\ llena) = \varepsilon_a(80gall) + \varepsilon_a(caja\ vacía) = 27 + 0,01 \approx 30\ g$ Sol: $m_T = (940 \pm 30)\ g$

1.10. Neus se ha comprado un coche nuevo y quiere comprobar que el consumo de gasolina es el mismo que indica la propaganda. Para ello realiza tres viajes de 250, 360 y 428 km medidos con un error de 1 km, observando que consume 16, 22 y 27 L respectivamente con un error de 1 L. Di si son suficientes estas tres medidas y suponiendo que lo son, calcula el consumo con su error.

Fórmula para el consumo: $C = 100 \cdot V/d$, *donde C es el consumo (en litros cada 100 km), V el volumen de gasolina consumido (en L) y d es la distancia recorrida (en km).*
$$C_1 = 100 \cdot 16/250 = 6,4;\ C_2 = 6,11111;\ C_3 = 6,308$$
$$D = 0,288889;\ C_m = 6,2730367;\ \%T_D = 4,6\ \% \rightarrow necesitamos\ tres\ medidas\ más.$$
Suponiendo que no podemos hacer más medidas, calculamos el error relativo (ε_r) y absoluto (ε_a) de cada consumo: $\varepsilon_r(C_1) = 1/16 + 1/250 = 0,0665 \rightarrow \varepsilon_a(C_1) = 0,4;$
$$\varepsilon_r(C_2) = 0,048 \rightarrow \varepsilon_a(C_2) = 0,3;\ \varepsilon_r(C_3) = 0,039 \rightarrow \varepsilon_a(C_3) = 0,2.$$
El error medio será 0,3; El error de dispersión es 0,07; Tomamos como error el mayor de los dos:
$$Sol:\ C = 6,3 \pm 0,3\ Litros/100km$$

1.11. Una rata de laboratorio se pesa antes y después del tratamiento con un fármaco experimental. Si pesaba antes 233,2 g y después 287,9 g, medidos ambos con un error de 0,1 g, calcula con su error el sobrepeso. Calcula el error relativo.

$$m = 54,7\ g;\ \varepsilon_a = 0,1 + 0,1 = 0,2\ g \rightarrow m = 54,7 \pm 0,2\ g;\ \varepsilon_r = 0,4\ \%$$

1.12. Se mide tres veces el radio de la base de un cilindro (círculo) con un instrumento que aprecia décimas de mm, obteniendo 12,1; 12,8 y 12,4 mm. Adicionalmente se toman tres medidas más, obteniendo 13,0; 12,7 y 12,3.
a) Calcula cuantas medidas son necesarias, b) Calcula el valor del radio del cilindro con su error, c) Si la altura del cilindro es h =15,0 ± 0, 2 cm, calcula el volumen del cilindro, d) Calcula el error del volumen del cilindro y escribe el resultado correctamente.

Calculamos con los 3 primeros el $\%T_D = 5,6 > 2\ \% \rightarrow son\ necesarias\ 6\ medidas.$
Con las 6 medidas calculamos la media y el error. Como el error de dispersión es mayor se toma éste, resultando: $R = 12,6 \pm 0,2\ mm.$ *Con h y R calculamos el volumen* $V = 74,8138875\ cm^3.$
Calculamos el error relativo de V (0,045) y el error absoluto (3), con lo cual: $V = 75 \pm 3\ cm^3.$

Tema 2   Fluidos ideales

Con este tema iniciamos el estudio de los fluidos, de gran importancia en biofísica, ya que en la naturaleza un gran número de elementos se encuentran en forma de fluidos (incluyendo los fluidos que forman parte de los seres vivos). Las antiguas civilizaciones ya mostraron un especial interés por el estudio de los fluidos. Actualmente el estudio de fluidos sigue manteniendo su importancia, ya que está relacionado con problemas de dispersión de contaminantes tanto en agua como en la atmósfera, el flujo de la sangre en venas, arterias y los distintos órganos, en el sector aeroespacial (lanzamiento de cohetes) y en simulaciones del clima de la Tierra. El estudio del comportamiento de los fluidos tiene también especial relevancia en distintas industrias, como la farmacéutica, la cosmética y la alimentaria.

Los fluidos son una forma de agregación de la materia caracterizada por no tener forma propia. Las moléculas de un sólido están rígidamente unidas, mientras que las de un fluido pueden deslizar entre sí venciendo una pequeña fuerza de rozamiento (viscosidad) entre moléculas o capas adyacentes. Los fluidos incluyen tanto los líquidos (en los que sus moléculas forman transitoriamente enlaces de corto alcance que se rompen y vuelven a formarse) como los gases (cuyas moléculas interaccionan poco entre sí). Como suele ser habitual en física, comenzaremos el estudio de los fluidos considerando el caso más sencillo, los fluidos ideales (tanto en reposo como en movimiento), en los que se despreciará cualquier tipo de fuerza de rozamiento.

2.1. CONCEPTO DE PRESIÓN. PRINCIPIO DE PASCAL

Dentro de los fluidos distinguimos entre líquidos y gases. Estos últimos además de carecer de forma propia también carecen de volumen propio y son extraordinariamente compresibles, por lo que la densidad, ρ, no es constante.

$$\text{Líquidos: } \rho = \frac{m}{V} = cte \quad \rightarrow \quad \text{Gases: } \rho = \frac{m}{V} \neq cte$$

Concepto de Presión

Cuando sumergimos un cuerpo en un fluido, las moléculas del fluido "bombardean" al cuerpo dando lugar a una fuerza, que considerada por unidad de superficie nos define el concepto de **presión P = F/S**.

Su unidad en el S.I. es el Pascal **(1 Pa = 1 N/m²)**. Pero existen otras unidades de presión muy utilizadas, como la atmósfera (atm), los mm de mercurio (mm Hg), el kg/cm² y el bar.

1 atm = 101 325 Pa = 760 mm Hg

1 bar = 100 000 Pa = 1000 mbar

1 kg$_f$/cm² = 0,98 10⁵ Pa ≈ 1 bar (kg$_f$ es un kg fuerza = 9,8 N)

Principio de Pascal

Si en un punto de un fluido se ejerce una presión, ésta se transmite de forma instantánea y con igual intensidad en todas direcciones, tal como está ilustrado en la figura adjunta. Los fluidos (líquidos y gases) ejercen sobre las paredes de los recipientes que los contienen y sobre los cuerpos contenidos en su seno fuerzas que actúan siempre perpendicularmente a las superficies.

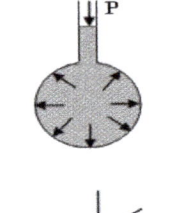

La prensa hidráulica y los mecanismos denominados hidráulicos de automóviles, grúas y máquinas en general, se basan en este principio.

∕ **Ejemplo 2.1 Principio de Pascal**

Un elevador hidráulico consiste en dos cilindros unidos por la base mediante una tubería, llenos con un aceite y tapados con émbolos móviles. Un cilindro tiene un diámetro de 10 cm y el otro de 1 m. Calcula la fuerza que hay que hacer sobre el émbolo de 10 cm para elevar un coche de 1000 kg de masa.

Solución: 98 N (fuerza equivalente a levantar 10 kg)

2.2. ECUACIÓN FUNDAMENTAL DE LA HIDROSTÁTICA

En el recipiente de la figura, consideremos un elemento de volumen de la masa líquida de densidad ρ, con forma cilíndrica de superficie S y altura dz y cuyo volumen será por tanto dV.

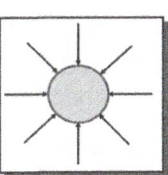

El conjunto está en equilibrio por tanto la aceleración es nula tanto en la componente horizontal como vertical y en consecuencia, tanto el sumatorio de fuerzas horizontales como verticales ha de ser también nulo. Por razones de simetría, resulta evidente en las componentes horizontales, mientras que para las componentes verticales podremos escribir

$$\Sigma F = 0; \quad F_2 - F_1 - Peso = 0$$

siendo F_1 la fuerza que la presión P genera sobre la superficie superior, y F_2 la que se genera sobre la cara inferior, teniendo en cuenta que al haber incrementado la profundidad en un dz, la presión se habrá incrementado en un dP. El peso del volumen considerado lo indicamos por Peso.

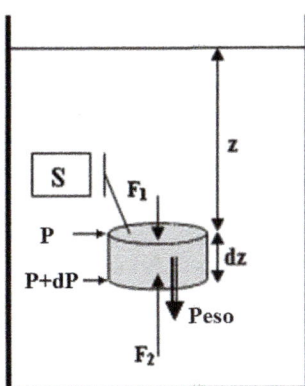

Teniendo en cuenta que

$$F_1 = P{\cdot}S \qquad\qquad F_2 = (P + dP){\cdot}S \qquad\qquad Peso = \rho \cdot g \cdot dV = \rho \cdot g \cdot S \cdot dz$$

Y sustituyendo las expresiones anteriores en la ecuación del balance de fuerzas, quedará: $(P + dP){\cdot}S - P{\cdot}S - \rho \cdot g \cdot S \cdot dz = 0$ es decir:

$$dP = \rho \cdot g \cdot dz$$

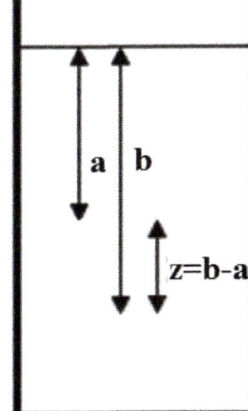

que es la ecuación fundamental de la hidrostática en forma diferencial; para obtener la forma finita, procederemos a integrarla entre dos puntos $z = a$, y $z = b$.

$$\int_a^b \rho\, g\, dz = \rho\, g\, (b - a)$$

Es decir: $P_b - P_a = \rho\, g\, (b - a) = \rho\, g\, z$ siendo P_i la presión del fluido a la profundidad i, y z la diferencia de profundidades (b - a) con b>a.

$$P_b = P_a + \rho\, g\, z \qquad\qquad (2.1)$$

que es la **ecuación fundamental de la hidrostática**. Normalmente se toma a = 0 con lo cual $P_a = P_0$ coincidirá con la presión atmosférica.

⟋ Ejemplo 2.2 Ecuación fundamental de la hidrostática

Calcula la presión que soporta un submarinista a 50 m de profundidad en el mar, suponiendo la densidad del agua del mar 1 g/cm^3 (aunque es ligeramente mayor) y P_0 = 1 atm.

Solución: 5,8 atm.

⟋ Ejemplo 2.3 Principio de Pascal y ecuación fundamental de la hidrostática

En unos vasos comunicantes hay inicialmente mercurio; se echa agua por una de las ramas hasta que la diferencia de altura en los niveles del mercurio es de 1 cm. Calcula la altura de aceite que se debe añadir por la otra rama para que el nivel de mercurio en los dos vasos vuelva a igualarse. ρ_{Hg} = 13,6 g/cm^3; ρ_{aceite} = 0,9 g/cm^3

Solución: En el primer dibujo sólo tenemos mercurio con los enrases igualados en ambas ramas. En el segundo de los dibujos, cuando tenemos mercurio y agua, aplicamos el principio de Pascal al nivel de la línea de puntos (enrase inferior del mercurio, puntos A y B); a partir de ese punto, en el vaso de la izquierda tenemos una columna de mercurio de 1 cm de altura y en la derecha una columna de agua de altura desconocida h_a.

P_A = P_B (Principio de Pascal) donde P_A =ρ_{Hg} g h_{Hg} + P_{atm} y P_B =ρ_a g h_a + P_{atm}

Sustituyendo y simplificando obtenemos 13600·9,8·0,01 = 1000·9,8·h_a → h_a = 0,136 m.

Procediendo de modo análogo en el tercer dibujo, cuando ya hemos echado aceite por la otra rama

P_A = P_B donde P_A = ρ_{aceite} g h_{aceite} + P_{atm} y P_B = ρ_a g h_a + P_{atm}
→   900 · 9,8 ·h_{aceite} = 1000· 9,8 · 0,136; h_{aceite} = 0,1511 m = 15,11 cm

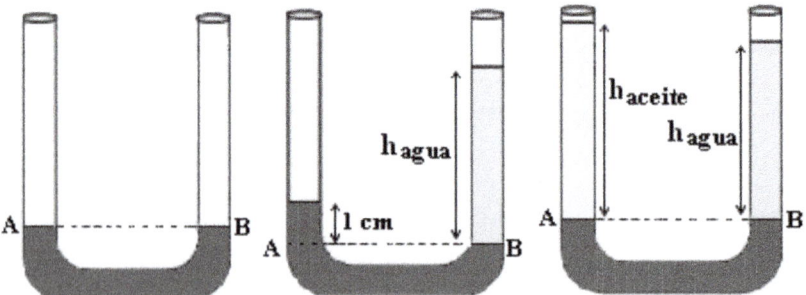

2.3. PRINCIPIO DE ARQUÍMEDES

El principio de Arquímedes se enuncia como: **todo cuerpo sumergido en un fluido sufre un empuje vertical y hacia arriba igual al peso del volumen del fluido desalojado.**

Para demostrarlo, supongamos un **sólido** con forma de cilindro sumergido en el fluido, en el que no consideramos fuerzas laterales puesto que se anulan por razones de simetría. En la primera de las figuras observamos que las presiones P_1 y P_2, ejercidas respectivamente sobre la cara superior e inferior del cilindro, dan lugar a las fuerzas F_1 y F_2 respectivamente, dibujadas junto a la fuerza peso P

$$F_1 = P_1 \cdot S; \quad F_2 = P_2 \cdot S$$

Como P_2 es mayor que P_1 (la cara inferior del cilindro está a mayor profundidad), lógicamente F_2 también será mayor que F_1 lo que nos permite definir una fuerza de carácter hidrostático dirigida hacia arriba y denominada empuje

$$E = F_2 - F_1 = (P_2 - P_1) \cdot S = \rho_f \cdot g \cdot h \cdot S = \rho_f \cdot g \cdot V = m_f \cdot g$$

donde ρ_f es la densidad del fluido y m_f es la masa del fluido desalojado.

En la segunda de las figuras el empuje E sustituye a F_1 y F_2

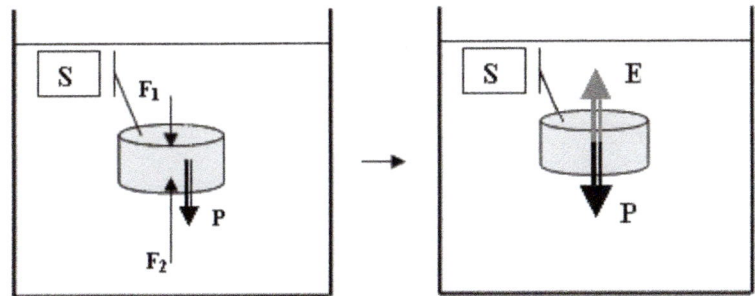

Es decir, por el hecho de estar un cuerpo sumergido en un fluido aparece una fuerza sobre él, denominada empuje y dirigida hacia arriba y que es igual al peso del fluido desalojado (principio de Arquímedes). Según sea la relación entre la densidad de cuerpo, ρ_c, y la densidad del fluido, ρ_f, podremos considerar tres casos:

a) $\rho_c > \rho_f$ en este caso **P – E > 0** y el cuerpo se hunde

b) $\rho_c = \rho_f$ en este caso **P – E = 0** y el cuerpo queda en equilibrio

c) $\rho_c < \rho_f$ en este caso **P – E < 0** y el cuerpo flota, de forma que una vez alcanzado el equilibrio, el peso del cuerpo será igual al empuje de la parte sumergida (caso de la figura adjunta).

En este último caso, cuerpo flotante, podemos calcular la **fracción del volumen sumergido** en un fluido: si V es el volumen del cuerpo, y V_s el de la parte sumergida, se cumplirá que el peso de todo el cuerpo será igual al empuje que sufre la parte de volumen sumergido: $P = E_s$

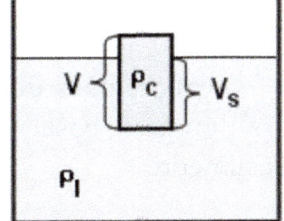

Siendo el peso $P = m_c g = V \rho_c g$ y el empuje $E = V_s \rho_l g$

$$V \rho_c \, g = V_s \, \rho_l \, g \quad \rightarrow \quad \frac{V_s}{V} = \frac{\rho_c}{\rho_l}$$

✎ **Ejemplo 2.4 Principio de Arquímedes**

¿Qué fracción del volumen de un iceberg está flotando fuera del agua?
$\rho_{agua \, mar} = 1,03$; $\rho_{hielo} = 0,92$

Solución: Sobresale el 11%

✎ **Ejemplo 2.5 Principio de Arquímedes**

El modelo de globo aerostático Raven S-66A tiene un volumen de 4000 m^3 y una altura de 27 m. Si la densidad del aire fuera del globo es 1,29 kg/m^3, ¿cuál debe ser la densidad del aire dentro del globo para que pueda elevarse cuando está cargado completamente, con una masa de 1,4 toneladas, incluyendo la masa del propio globo (pero excluyendo la masa del aire dentro del globo)?

Solución: 0,94 kg/m^3

En el supuesto de que el cuerpo menos denso que el líquido esté inicialmente sumergido, ascenderá con una aceleración que podemos obtener aplicando la ecuación fundamental de la dinámica

$$\sum F = m \cdot a$$

Las fuerzas que actúan sobre el cuerpo son el empuje y el peso, siendo mayor el empuje, por lo que podremos poner (considerando positivo el sentido ascendente):

$$a = \frac{\sum F}{m} = \frac{E - P}{m} = \frac{V \rho_l g - V \rho_c g}{V \rho_c} = \frac{\rho_l - \rho_c}{\rho_c} g$$

Si el cuerpo es más denso que el líquido, descenderá con una aceleración

$$a = \frac{\rho_c - \rho_l}{\rho_c} g$$

Aplicaciones del principio de Arquímedes: los instrumentos mostrados en las figuras se basan en el principio de Arquímedes como se puede comprender fácilmente.

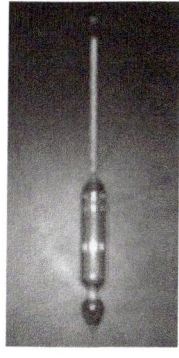
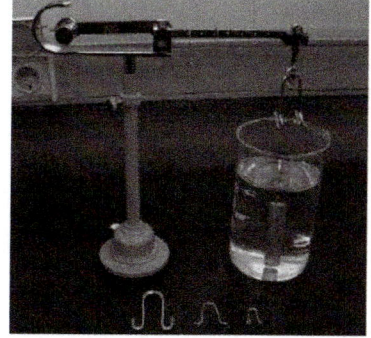
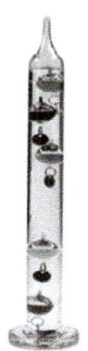

| Densímetro | Balanza de Mohr | Termómetro de Galileo | Diablillo de Descartes |

2.4. FLUIDOS EN MOVIMIENTO. TIPOS DE REGÍMENES

En el seno de un fluido en movimiento, cada una de sus partículas tiene en un determinado instante su propia velocidad, que puede ser constante o variar con el tiempo. Por otra parte, los fluidos reales presentan fuerzas de rozamiento (fuerzas viscosas), que podremos considerar o no, según el tipo de estudio que queramos hacer. Estos conceptos nos permiten establecer la siguiente clasificación para los distintos tipos de regímenes:

·**Estacionario**: La velocidad de la partícula en la conducción depende sólo de la posición $v = v(r)$

·**No estacionario**: La velocidad de la partícula depende de la posición y del tiempo $v = v(r, t)$

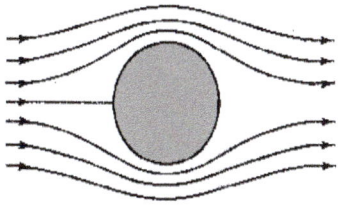

·**Laminar**: Las líneas de corriente (trayectorias de las partículas en régimen estacionario) no se entrecruzan, es decir, se deslizan unas sobre otras como estratos independientes.

·**Turbulento**: Las líneas de corriente se entrecruzan dando lugar a turbulencias o remolinos independientes.

·**No viscoso**: Se prescinde de la fricción entre moléculas.

·**Viscoso**: Es el caso real en el que se tiene en cuenta el rozamiento viscoso entre partículas.

Los regímenes no estacionarios no son objeto de nuestra asignatura. El régimen estacionario, laminar y no viscoso recibe el nombre de régimen de **Bernoulli** y es un régimen ideal. El estacionario laminar y viscoso es real (régimen de **Poiseuille**). Por último, el estacionario turbulento y viscoso (también real) recibe el nombre de régimen de **Venturi.**

2.5. TEOREMA DE LA CONTINUIDAD

Definimos el **caudal, gasto cúbico o volúmico,** G_c, o simplemente gasto, G, como el volumen de fluido (V) que atraviesa una superficie por unidad de tiempo (t). En el S.I. se mide en m^3/s.

$$G = V/t$$

Si consideramos una conducción de sección S, por la que circula un fluido de densidad ρ durante un tiempo t en el

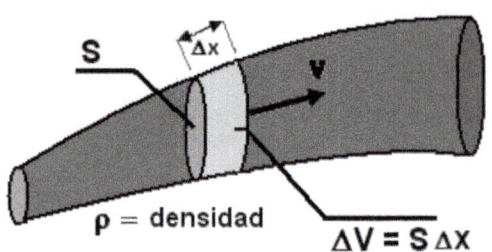

que se recorre un espacio Δx con velocidad v, el **gasto** quedará establecido como:

$$G = \frac{\Delta V}{t} = \frac{s\,\Delta x}{t} = s\,v$$

Y teniendo en cuenta que a lo largo de una conducción cerrada, el gasto siempre es constante, tenemos que en cualquier par de puntos 1 y 2, el producto s·v será constante:

$$S_1\,V_1 = S_2\,V_2 \qquad\qquad (2.2)$$

que es la expresión del **Teorema de la continuidad**, siendo s la sección del punto considerado y v la velocidad del fluido en ese punto.

Se define el **gasto másico, G_m** a través de una conducción a la masa que atraviesa una sección de la misma por unidad de tiempo. Es fácil comprobar que la relación entre el gasto másico y el gasto cúbico es

$$G_m = \rho\,G_c \qquad\qquad \text{En el S.I. se mide en kg/s.}$$

✐ Ejemplo 2.6 Teorema de continuidad

En un punto de un río donde su sección es de 10 m^2 la velocidad del agua es 1 m/s. Calcula la velocidad media del agua en un ensanche donde la sección vale 30 m^2.

Solución: 0,33 m/s

✐ Ejemplo 2.7 Gasto y teorema de continuidad

Si el corazón bombea 5 L/min, calcula la velocidad de la sangre en la arteria aorta si tiene un radio de 0,9 cm.

Solución: 32,7 cm/s

2.6. TEOREMA DE BERNOULLI

Llamamos Régimen de Bernoulli al régimen estacionario, laminar y no viscoso. Es por tanto un régimen ideal.

En el gráfico adjunto, correspondiente a una conducción cualquiera, la presión P_1 origina sobre S_1 una fuerza F_1, y a su vez P_2 origina sobre S_2 una fuerza F_2; es evidente que F_1 favorece el avance del fluido y F_2 se opone al mismo; h_1 y h_2 representan las alturas con respecto a un origen arbitrario para definir las energías potenciales.

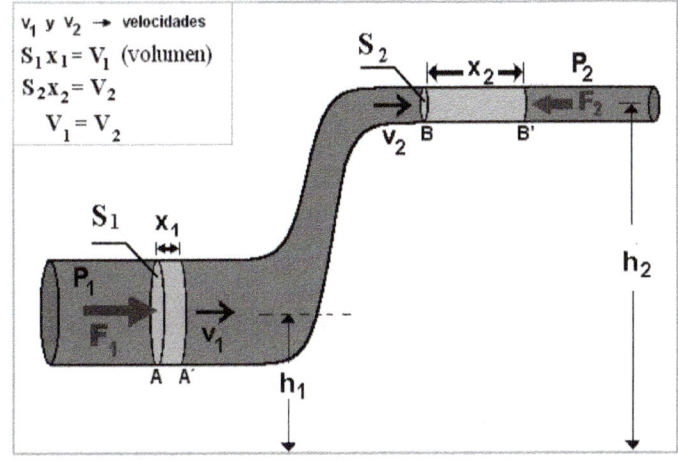

Consideraremos, en un instante dado, el volumen de fluido comprendido entre los puntos A y B. Un instante después ese volumen se habrá desplazado a la posición A′ B′, de forma que el volumen comprendido entre A′ y B es común a ambos estados por lo que dicho volumen al estar en régimen estacionario no sufre variaciones energéticas en el intervalo de tiempo considerado. Como estamos en un sistema conservativo (sistema gravitacional), podremos aplicar el principio de conservación de la energía a los volúmenes comprendidos entre AA′(estado inicial) y BB′ (estado final).

$$W = \Delta Ec + \Delta Ep \qquad (2.3)$$

Expresión en la que W representa el trabajo exterior realizado sobre el sistema por las fuerzas F_1 y F_2 (téngase en cuenta que el trabajo realizado por F_2 es negativo al ser el vector fuerza de sentido contrario al vector desplazamiento). ΔEc y ΔEp, representan respectivamente los incrementos de energía cinética y potencial, que pueden expresarse como:

$W = F_1 \cdot x_1 - F_2 \cdot x_2 = P_1 \cdot S_1 \cdot x_1 - P_2 \cdot S_2 \cdot x_2 = P_1 \cdot V_1 - P_2 \cdot V_2 \qquad (V_1 = V_2 = V)$

$\Delta Ec = \frac{1}{2} m v_2^2 - \frac{1}{2} m v_1^2 = \frac{1}{2} \rho \cdot V \cdot v_2^2 - \frac{1}{2} \rho \cdot V \cdot v_1^2$

$\Delta Ep = mgh_2 - mgh_1 = \rho V g h_2 - \rho V g h_1$

Sustituyendo las expresiones anteriores en la expresión (2.3), queda

$$P_1 + \rho\, g\, h_1 + \tfrac{1}{2}\, \rho\, v_1^2 = P_2 + \rho\, g\, h_2 + \tfrac{1}{2}\, \rho\, v_2^2 \qquad (2.4)$$

P   recibe el nombre de presión propia o manométrica

ρ g h   es la presión hidrostática

½ ρ v²   es la presión cinética o debida a la velocidad

⁄ **Ejemplo 2.8 Teorema de Bernoulli**

Por la conducción horizontal de la figura circula agua (supuesta ideal). Si se cumple que $s_1 = 3 s_2$ y la velocidad en la parte más ancha es de 5 m/s, calcula la diferencia de presión entre los puntos 1 y 2.

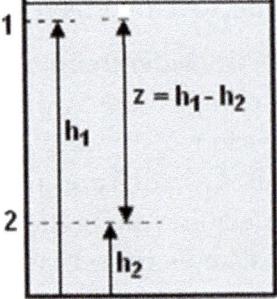

Solución: 100 000 Pa

2.7. APLICACIONES DEL TEOREMA DE BERNOULLI

Ecuación fundamental de la hidrostática

Se puede deducir como una consecuencia del teorema de Bernoulli. Si en el recipiente de la figura aplicamos el T. de Bernoulli en los puntos 1 y 2, como el sistema está en reposo, v_1 y v_2 son cero y, por lo tanto podremos escribir

$$P_1 + \rho g h_1 = P_2 + \rho g h_2$$

$$\Delta P = P_2 - P_1 = \rho g h_1 - \rho g h_2 = \rho g (h_1 - h_2)$$

Que coincide con la expresión $P_2 = P_1 + \rho g z$ que es la ecuación fundamental de la hidrostática.

Efecto Venturi

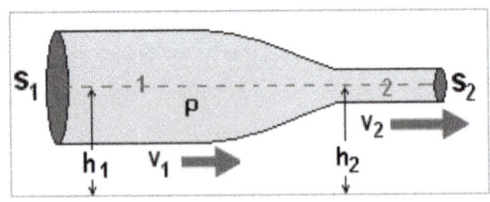

Supongamos una conducción horizontal como la de la figura adjunta, que en un determinado punto sufre un estrechamiento, la pregunta que surge es ¿Dónde hay más presión, en la zona ancha o en la zona estrecha? Intuitivamente, la respuesta será, en muchos casos, que en la zona estrecha. Sin embargo, si aplicamos el Teorema de Bernoulli (2.4) en los puntos 1 y 2 escribiremos

$$P_1 + \rho g h_1 + \tfrac{1}{2} \rho v_1^2 = P_2 + \rho g h_2 + \tfrac{1}{2} \rho v_2^2$$

Al ser horizontal la conducción → $h_1 = h_2$, y si tomamos como origen de alturas el eje de la conducción (línea discontinua), ambas serán cero, luego simplificando quedará

$$P_1 + \tfrac{1}{2} \rho v_1^2 = P_2 + \tfrac{1}{2} \rho v_2^2$$

Aplicando $(s_1 v_1 = s_2 v_2)$ → $v_2 > v_1$ ya que $s_1 > s_2$, por lo que necesariamente

$$P_1 > P_2$$

de forma que

$$\Delta P = P_1 - P_2 = \tfrac{1}{2}\,\rho v_2^2 - \tfrac{1}{2}\,\rho v_1^2 = \tfrac{1}{2}\,\rho(v_2^2 - v_1^2)$$

es decir, en la zona ancha de una conducción horizontal hay más presión que en la zona estrecha (**efecto Venturi**); esa diferencia de presión puede ser medida con cualquier sistema manométrico, tal como se muestra en el ejercicio 2.16.

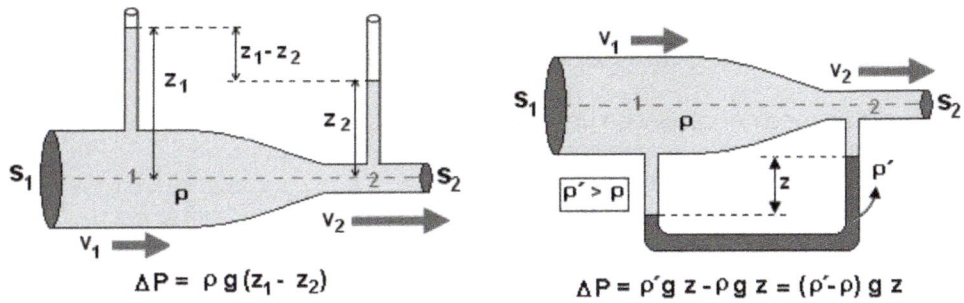

$\Delta P = \rho\, g\,(z_1 - z_2)$ $\Delta P = \rho' g\, z - \rho g\, z = (\rho' - \rho)\, g\, z$

En las figuras superiores aparecen dos resultados concretos, para dos sistemas manométricos distintos, que podrán ser deducidos fácilmente por el lector si ha comprendido el ejemplo de aplicación de la ecuación fundamental de la hidrostática de la página anterior.

Teorema de Torricelli

Las aplicaciones del teorema de Bernoulli son tan variadas como los tipos de conducciones que puedan existir. Por ejemplo, el cálculo de la velocidad de salida por un orificio en un recipiente abierto, como el de la figura adjunta, en el que la superficie libre del líquido está a una altura h sobre el orificio lateral de salida (**Teorema de Torricelli**).

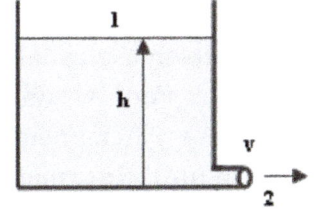

Aplicamos Bernouilli a un punto de la superficie (**1**) y al punto de salida (**2**), y suponiendo que la velocidad en la superficie es 0

$$P_1 + \rho g h_1 + \tfrac{1}{2}\,\rho v_1^2 = P_2 + \rho g h_2 + \tfrac{1}{2}\,\rho v_2^2$$

P_1 y P_2 son iguales a la presión atmosférica; tomando como origen de alturas el orificio de salida: $h_1 = h$ y $h_2 = 0$; v_2 será la velocidad de salida v, y considerando v_1 despreciable ($v_1 \approx 0$, ya que $s_1 \gg s_2$)

$$P_{atm} + \rho g h = P_{atm} + \tfrac{1}{2}\,\rho v^2 \quad\rightarrow\quad \mathbf{v = \sqrt{2gh}}$$

Los **pulverizadores o sprays**, son una conocida aplicación del efecto Venturi; funcionan con aire comprimido. Se dispara aire a gran velocidad por un tubo fino, justo por encima de otro tubito sumergido en un depósito de líquido. De acuerdo con el teorema de Bernoulli, se crea una zona de baja presión sobre el tubo de suministro de líquido envasado y, en consecuencia, asciende el líquido contenido en el frasco por el tubo sumergido y al llegar a la corriente de aire comprimido, se fragmenta en pequeñas gotas en forma de fina niebla.

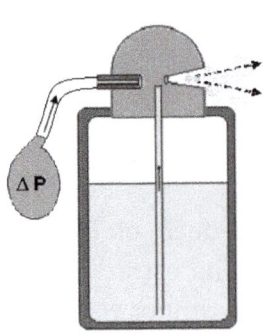

✎ Ejemplo 2.9 Medida del caudal con el teorema de Bernoulli

Una manera de medir el caudal en una tubería es hacer un estrechamiento y colocar dos tubos abiertos tal como muestra la figura. Calcula, con los datos de la figura, la velocidad en cada tramo y el caudal.

Solución: $v_1 = 0,74$ m/s, $v_2 = 1,24$ m/s, $G = 2,23$ L/s

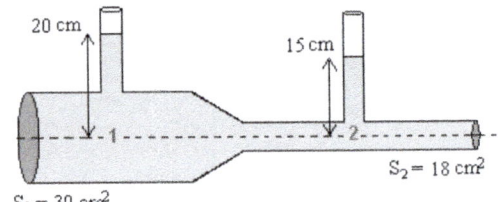

El teorema de Bernoulli también tiene muchas aplicaciones en medicina, una de ellas es explicar lo que se denomina "**ataque isquémico transitorio**" que consiste en una falta temporal de riego sanguíneo en el cerebro.

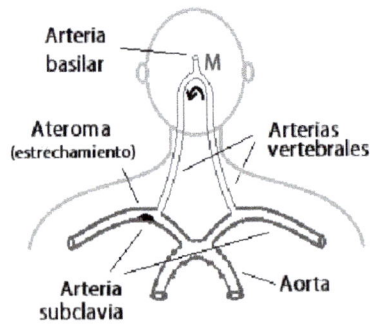

La sangre llega al cerebro mediante la arteria basilar que se forma por la conjunción de las dos arterias vertebrales que a su vez parten de las respectivas arterias subclavias formando un conjunto simétrico tal como se muestra en la figura adjunta. Pero si una de las arterias subclavias estuviera parcialmente obstruida por un ateroma (ver figura), al ser menor la sección en ese tramo tendrá que aumentar la velocidad de la sangre (teorema de la continuidad). Pero es evidente que si en la rama dañada la velocidad es mayor que en la rama sin ateroma, por el teorema de Bernoulli, la presión tendrá que ser menor.

Por tanto, al confluir ambas ramas en el punto M para alimentar a la arteria basilar, parte del flujo de la rama con mayor presión retornará por la rama dañada, restando flujo a la arteria que irriga al cerebro, ocasionando síntomas de mareos, visión doble, dolores de cabeza y un estado general de debilidad.

EJERCICIOS

Recordemos que la densidad en el sistema internacional se expresa en kg/m³, y en el cgs en g/cm³. Así pues, la densidad del agua la podremos expresar como
$$10^3 \text{ kg/m}^3 = 1 \text{ g/cm}^3$$
Cuando la densidad se expresa sin unidades se entiende que es relativa a la densidad del agua: Por ejemplo, si se dice que la densidad de una sustancia es 3, podemos entenderla como 3 g/cm³ o 3000 kg/m³.

2.1. Sabiendo que 1 atmósfera es la presión que ejerce una columna de mercurio de 760 mm de altura, y que la densidad del mercurio es 13,6 g/cm³, obtener la presión atmosférica en unidades del sistema internacional.

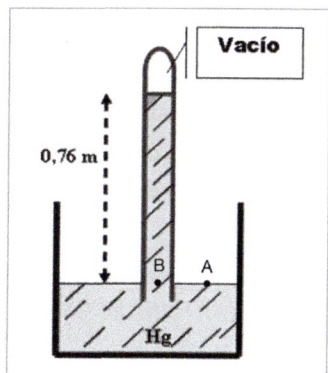

(EXPERIENCIA DE TORRICELLI)
Según la ecuación fundamental de la hidrostática, y trabajando en el sistema internacional $P_A = P_B$
$\rightarrow como\ P_A = P_{atm}\quad y \quad P_B = \rho\,g\,h \quad \rightarrow$
$P_{atm} = \rho\,g\,h = 13,6 \cdot 10^3 \cdot 9,81 \cdot 0,76 \approx$
$\approx 1,013 \cdot 10^5\ N/m^2 = 1,013 \cdot 10^5\ Pa = 1,013 \cdot 10^5\ Pa$

$$1\ atmósfera = 1,013 \cdot 10^5\ Pa$$

2.2. Disponemos de una plancha de corcho de 10 cm de espesor. ¿Cuál debe ser la superficie mínima del corcho para que sostenga sobre agua a una persona de 80 kg, tal como se ve en la figura? $\rho_{corcho} = 0,24$ g/cm³ ; $\rho_{agua} = 1$ g/cm³

El corcho deberá quedar a ras del agua y como estamos en una situación de equilibrio, el peso de la persona más el peso del corcho serán en valor absoluto igual al empuje del corcho.
$m_p g + m_c g = E_c = V_c\,\rho_l\,g$ *simplificando la g y operando en el S. I.* $\rightarrow 80 + V_c\,\rho_c = V_c\,\rho_l$
si llamamos S al área de la plancha y h a la altura, el volumen del cuerpo será $V_c = S \cdot h$
$\quad 80 + S \cdot h\ \rho_c = S \cdot h\,\rho_l \quad \rightarrow \quad 80 + S \cdot 0,1 \cdot 0,24 \cdot 10^3 = S \cdot 0,1 \cdot 10^3 \quad \rightarrow \quad S = 1,05\ m^2$

2.3. La presión en un punto bajo la superficie del mar es de 3 atmósferas. Calcula su profundidad. Tómese como densidad del agua del mar 1,03 g/cm³.

La presión a una profundidad h vendrá dada por la expresión $P_h = P_{atm} + \rho g h$
Expresamos todas las unidades en el sistema internacional:
$3 \cdot 1{,}013 \cdot 10^5 = 1{,}013 \cdot 10^5 + 1{,}03 \cdot 10^3 \cdot 9{,}8 \cdot h$ $\qquad \rightarrow \qquad h = 20{,}07\ m$

2.4. 100 gramos de latón están formados por 30 g de Zn y 70 de Cu. Calcular la densidad del latón. Densidad del Zn = 7 g/cm³. Densidad del Cu = 9 g/cm³.

$\rho = m/V$ *siendo V el volumen total de la aleación, que será la suma de los volúmenes parciales del Zn y Cu.*
$V = V_{Cu} + V_{Zn}$;   *En este caso resulta más sencillo operar en el sistema cegesimal*
$V = 70/9 + 30/7 = 12{,}06\ cm^3$ $\longrightarrow$ $\rho = m/V = 100/12{,}06 = 8{,}29\ g/cm^3$

2.5. Un cuerpo flota en agua quedando en equilibrio con un 75% de su volumen sumergido. En un líquido de densidad desconocida y en las mismas condiciones el volumen sumergido es del 90%. Calcula la densidad del cuerpo y del líquido problema.

Aplicando Peso = Empuje, se obtiene que la densidad del cuerpo es 750 kg/m³ y la del líquido 833 kg/m³

2.6. El peso de un trozo de hueso en el vacío es de 0,24 N. Si se sumerge en agua, el peso aparente es de 0,14 N y sumergido en un alcohol de 0,16 N. Calcula la densidad del cuerpo y la del alcohol.

El peso aparente de un cuerpo sumergido se define como el peso del cuerpo en el vacío menos el empuje cuando está sumergido: $P_a = P - E$
Luego el empuje que sufre el cuerpo cuando está sumergido en agua es
$E = 0{,}24 - 0{,}14 = 0{,}1\ N$ $\rightarrow E = V \cdot \rho_l \cdot g \rightarrow 0{,}1 = V \cdot 10^3 \cdot 9{,}8 \rightarrow V = 1{,}02 \cdot 10^{-5}\ m^3$
Conocido el volumen del cuerpo y su peso, obtenemos la densidad
$P = V \rho_c \cdot g = 0{,}24 = 1{,}02 \cdot 10^{-5} \cdot \rho_c \cdot 9{,}8;$ $\qquad \rho_c = 2400\ kg/m^3 = 2{,}4\ g/cm^3$
$P_a = P - E = P - V \cdot \rho_l\ g;\ 0{,}16 = 0{,}24 - 1{,}02 \cdot 10^{-5} \cdot \rho_l \cdot 9{,}8;\ \rho_l = 800\ kg/m^3 = 0{,}8\ g/cm^3$

2.7. Calcular el volumen mínimo que debe tener un flotador para que utilizado en una piscina por un niño de 40 kg y densidad 0,98 quede el flotador completamente sumergido y el niño con 1/3 de su volumen fuera del agua. Considérese despreciable la masa del flotador y nula la densidad del aire.

Volumen de la persona $\Rightarrow V_p = \dfrac{m_p}{\rho} = \dfrac{40}{0{,}98 \cdot 10^3} = 0{,}0408\ m^3$

Situación de equilibrio, luego se deberá cumplir que el peso de la persona sea igual al empuje de la parte sumergida (incluyendo el volumen V del flotador totalmente sumergido, puesto que se pide el volumen mínimo del mismo)

$$P = E_s$$

$$m_p \cdot g = \frac{2}{3} \cdot V_p \cdot \rho_1 \cdot g + V \cdot \rho_1 \cdot g \quad \rightarrow 40 = \frac{2}{3} \cdot 0,0408 \cdot 10^3 + V \cdot 10^3 \rightarrow$$

$$V = 0,01279 \ m^3 \approx 12,8 \ L$$

2.8. Un cuerpo flota "entre aguas" en la superficie de separación de dos líquidos inmiscibles de forma que 2/5 de su volumen se encuentra en el líquido inferior. Si las densidades de ambos líquidos son 1,2 y 1,7, calcular la densidad del cuerpo.

Como estamos en una situación de equilibrio, $\sum F = 0$.
Por tanto considerando los módulos de las fuerzas, se cumplirá:

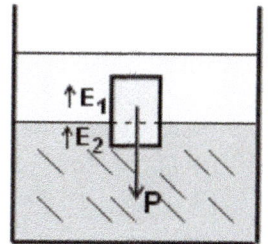

$$P = E_1 + E_2$$

$P = V \rho g$; $E_1 = (3/5 \cdot V) \rho_1 g$; $E_2 = (2/5 \cdot V) P = V \rho_2 g$

Sustituyendo en la primera ecuación y simplificando g y V:

$$\rho = 3/5 \cdot \rho_1 + 2/5 \cdot \rho_2 = 3/5 \cdot 1,2 + 2/5 \cdot 1,7 = 1,4$$

(obsérvese que el resultado lo proporcionamos sin unidades, puesto que trabajamos con densidades relativas)

2.9. Una esfera sólida maciza se ha formado uniendo dos semiesferas, una es de plomo y la otra de un metal desconocido. La esfera flota en mercurio quedando una cuarta parte de su volumen sin sumergir. Calcular la densidad del metal desconocido. $\rho_{plomo} = 11,3$; $\rho_{Hg} = 13,5$

Al estar en una situación de equilibrio, el peso de las dos semiesferas habrá de ser igual al empuje de la parte sumergida

$$P_1 + P_2 = E \rightarrow m_1 g + m_2 g = \tfrac{3}{4} \ V \rho_{Hg} g \rightarrow \frac{V}{2} \rho_1 + \frac{V}{2} \rho_2 = \frac{3}{4} V \rho_{Hg} \rightarrow \frac{1}{2} \rho_1 + \frac{1}{2} \rho_2 = \frac{3}{4} \rho_{Hg}$$

Utilizando el subíndice 1 para el plomo y el 2 para el metal desconocido, y sustituyendo

datos quedará $\qquad \frac{1}{2} \rho_1 + \frac{1}{2} \rho_2 = \frac{3}{4} \rho_{Hg} \rightarrow \frac{1}{2} 11,3 + \frac{1}{2} \rho_2 = \frac{3}{4} 13,5 \rightarrow \rho_2 = 8,95$

2.10. Un globo de helio tiene una masa despreciable cuando está desinflado, y alcanza un volumen de 30 L cuando está inflado. Calcula cuántos globos de helio serían necesarios para poder levantar del suelo a un niño de 20 kg (considerad el volumen del niño despreciable; densidad del helio dentro del globo = 0,18 kg/m³, densidad del aire= 1,29 kg/m³).

$m_{niño} + m_{He} = m_{aire\ desalojado} \rightarrow 20 + 0,18 \cdot 30 \cdot 10^{-3}\ x = 1,29 \cdot 30 \cdot 10^{-3}\ x \rightarrow x = 600,6$ *(601 globos)*

2.11. Calcula la presión en la parte superior de una montaña de 2000 m de altura, sabiendo que a nivel del mar la presión ese día es de 1 atm (Suponiendo que la densidad del aire es constante y vale = 1,2 kg/m³).

$P = P_0 + \rho\ g\ h$; poniendo $P = 1$ atm $= 101300$ Pa y despejando $P_0 = 77780$ Pa $= 0,768$ atm

2.12. Una tubería de 300 mm de diámetro que transporta agua a una velocidad promedio de 4,5 m/s se divide en 2 ramales de 150 mm y 200 mm de diámetro. Si la velocidad en la tubería de 150 mm es 5/8 de la velocidad en la tubería principal, determinar la velocidad en la tubería de 200 mm y el gasto cúbico total en cada una de las conducciones.

El gasto de la tubería de entrada ha de ser igual a la suma de los gastos de las dos tuberías de salida

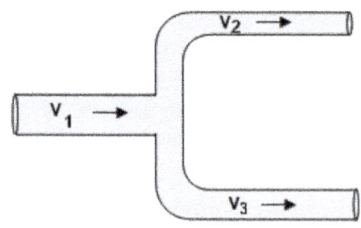

$$S_1 v_1 = S_2 v_2 + S_3 v_3$$
Recordemos que $S = \pi R^2 = \pi D^2 / 4$
$(\pi D_1^2 / 4) \cdot v_1 = (\pi D_2^2 / 4) \cdot v_2 + (\pi D_3^2 / 4) \cdot v_3$
$(\pi \cdot 0,300^2 / 4) \cdot 4,5 = (\pi \cdot 0,150^2 / 4) \cdot 5/8 \cdot 4,5 + (\pi \cdot 0,200^2 / 4) \cdot v_3 \rightarrow v_3 = 8,54$ *m/s*
$G_1 = 0,318 m^3/s = G_{TOTAL};$ $G_2 = 0,0497\ m^3/s;$ $G_3 = 0,2683\ m^3/s$

2.13. Por un tubo horizontal circula un fluido de densidad 0,98 que podemos considerar ideal. En un cierto punto de la conducción el radio se reduce a la mitad de su valor inicial ($R_2 = R_1/2$), por lo que aparece una diferencia de presión de 400 N/m². Calcúlese las velocidades del fluido en la zona ancha y en la zona estrecha.

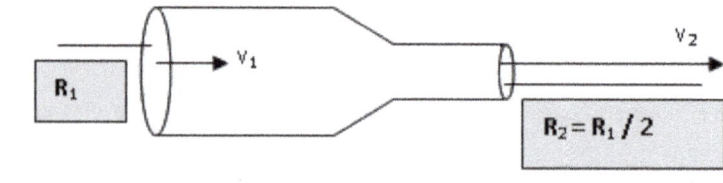

$\Delta P = P_1 - P_2 = \frac{1}{2}\ \rho v_2^2 - \frac{1}{2}\ \rho v_1^2 = \frac{1}{2}\ \rho(v_2^2 - v_1^2)$
$S_1 = \pi R_1^2;$ $S_2 = \pi R_2^2 = \pi R_1^2 / 4;$ $S_1 = 4\ S_2;$ $S_1 v_1 = S_2 v_2;$ $v_2 = 4\ v_1$
$\Delta P = P_1 - P_2 = \frac{1}{2}\ \rho v_2^2 - \frac{1}{2}\ \rho v_1^2 = \frac{1}{2}\ \rho(16\ v_1^2 - v_1^2) = \frac{1}{2}\ \rho \cdot 15\ v_1^2$
$\rightarrow 400 = \frac{1}{2}\ 0,98 \cdot 10^3 \cdot 15 \cdot v_1^2;$ $v_1 = 0,233$ *m/s*; $v_2 = 0,933$ *m/s*

2.14. Un tubo de 3 cm de radio, se divide en 5 tubos idénticos de 1 cm de radio cada uno. Si el caudal total es 10 L/min calcula la velocidad del agua en el tubo grande y en los pequeños. Calcula el caudal en cada tubo pequeño.

*Aplicando G = s·v se obtiene que v en el tubo grande es 0,0589 m/s, y en los pequeños
0,106 m/s. El caudal en un tubo pequeño es 2 L/min = 3,3 10⁻⁵ m³/s.*

2.15. Demostración del ejemplo propuesto en la página 27 (Efecto Venturi)

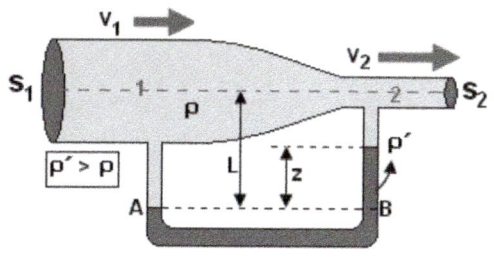

$$\Delta P = \rho'g\,z - \rho g\,z = (\rho' - \rho)\,g\,z$$

Las presiones en los puntos A y B deben ser iguales por el principio de Pascal $P_A = P_B$

$P_A = \rho g L + P_1$

$P_B = \rho'g z + \rho g\ (L-z) + P_2$

$\rho g L + P_1 = \rho'g z + \rho g\ (L-z) + P_2 \rightarrow P_1 - P_2 = \Delta P = (\rho' - \rho)\ g z$

2.16. ¿Cuántos niños pueden subirse a una colchoneta hinchable que flota sobre una piscina antes de que se hunda? Masa de la colchoneta deshinchada: 500 g; Masa de cada niño: 20 kg; Dimensiones colchoneta: 150 cm x 75 cm x 10 cm; Densidad aire: 1,29 kg/m³

Calculando el volumen de la colchoneta V = 0,1125 m³
*Suponiendo el caso límite en que todo el volumen de la colchoneta se encuentra sumergido
y aplicando que   Peso = Empuje →*

$$m_{total} = m_{agua\ desalojada}\ \rightarrow 0,5 + 20\ n + V \cdot 1,29 = V \cdot 1000,$$

sustituyendo V, se obtiene n = 5,6.   Por tanto se pueden subir 5 niños.

2.17. Un asesino decide hundir un cadáver en una balsa de agua colgando del cuerpo una serie de piedras esféricas de 5 cm de radio y una densidad de 1,34 g/cm³. Si la masa del cuerpo es de 70 kg y su densidad 0,9 g/cm³, calcula el número de piedras que se necesitan para hacerlo.

Peso = Empuje → Peso cuerpo + Peso piedras = empuje cuerpo + empuje piedras
$m_{cuerpo}\,{}^*g + N\,{}^*m_{1piedra}\,{}^*g = m_{agua\ des.\ cuerpo}\,{}^*g + N^*m_{agua\ des..\ 1piedra}\,{}^*g$ *donde N = número de
piedras*

$$m_{cuerpo} + N\,{}^*m_{1piedra} = m_{agua\ des.\ cuerpo} + N^*m_{agua\ des..\ 1piedra}$$

$$m_{1piedra} = \rho\,{}^* V = \rho\,{}^* 4/3\,{}^*\pi^*R^3 = 1340^*4/3^*\pi^*0,05^3 = 0,7016\ kg$$

$$V_{1piedra} = 4/3^*\pi^*R^3 = 0,0005236\ m^3$$

$$V_{cuerpo} = m_{cuerpo} / \rho_{cuerpo} = 70/900 = 0,0778\ m^3$$

$$70 + N\,{}^*m_{piedra} = m_{agua\ des.\ cuerpo} + N^*m_{agua\ des..\ 1piedra}$$

$70 + N *m_{piedra} = 1000*V_{cuerpo} + N*1000* V_{1piedra}$

$70 + N *0,7016 = 1000*0,0778 + N*1000* 0,0005236$

$70 + N *0,7016 = 77,778 + N*0,5236 \rightarrow N* 0,178 = 7,778 \rightarrow N=43,7$

Solución: se necesitan 44 piedras para hundirlo.

Tema 3   Fluidos reales

- 3.1. Concepto de viscosidad
- 3.2 Variación de la viscosidad con la presión y la temperatura
- 3.3. Régimen laminar: Ley de Poiseuille
- 3.4. Régimen de Venturi
- 3.5. Movimiento de sólidos en el seno de fluidos: velocidad de sedimentación
- 3.6. Fluidos no Newtonianos

Hasta ahora hemos estudiado fluidos ideales, es decir, sin rozamiento. Pero los fluidos en la naturaleza experimentan una resistencia a fluir, es decir, hay una fuerza de rozamiento que se opone al movimiento del fluido. Esta fuerza es causada por una propiedad de los fluidos llamada viscosidad.

En este capítulo hablamos de fluidos reales porque vamos a considerar ya las pérdidas energéticas que se producen en el transporte de los mismos como consecuencia de las interacciones moleculares en el seno del fluido y que dan lugar a la viscosidad. Sin embargo, hay que señalar que aún en el caso de incluir el efecto del rozamiento, no nos encontraremos exactamente en situaciones reales, ya que continuaremos realizando algunas aproximaciones.

La viscosidad ha de tenerse en cuenta en el movimiento de muchos fluidos. Por ejemplo, la manipulación y transporte de fluidos constituye un aspecto muy importante de la industria farmacéutica, cosmética y de tecnología de alimentos. Pero también hay que tenerla en cuenta en la circulación de la sangre o en la fabricación de pinturas, geles, lubricantes, en el transporte de hidrocarburos o aceites, así como en la biofísica en general.

La rama de la física que estudia la relación entre el esfuerzo y la deformación en materiales que son capaces de fluir es la Reología. Por tanto, los aspectos que se estudiarán en este tema tienen una estrecha relación con esta rama de la física.

3. 1. CONCEPTO DE VISCOSIDAD

En el movimiento de los fluidos reales hay una oposición al movimiento causada por el rozamiento del fluido con el conducto en el que se mueve. Por ejemplo, un líquido que se mueva dentro de un canal o una acequia, presentará un perfil de velocidades como el de la figura adjunta, pues las capas de fluido más cercanas al fondo se moverán con velocidades más pequeñas.

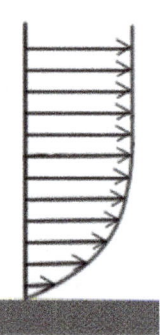

Consideremos en régimen laminar dos estratos fluidos de área S como los de la figura, separados por una pequeña distancia dz.

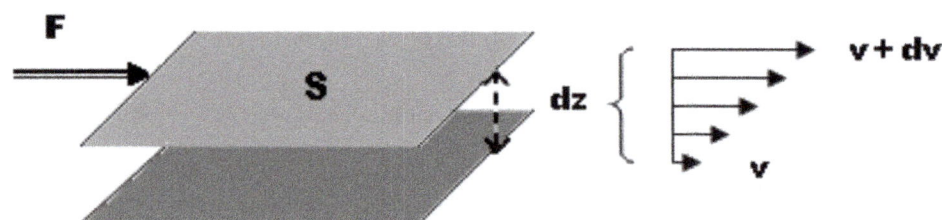

El estrato superior tiene una velocidad v + dv, y el inferior v; la fuerza que se debe ejercer para que exista el deslizamiento es F. Navier propuso la siguiente expresión

$$F = \eta S \frac{dv}{dz}$$

(3.1)

El **coeficiente** η recibe el nombre de **viscosidad** y es característico de cada fluido. Un fluido es más viscoso cuando disminuye su fluidez (no confundir con densidad).

Esta ecuación podemos reordenarla de la siguiente manera:

Si llamamos $\dfrac{F}{S} = \tau = $ esfuerzo de cizalla

$\dfrac{dv}{dz} = \dot{\gamma} = $ gradiente de velocidades o velocidad de cizalla (agitación)

La ecuación 3.1 queda

$$\tau = \eta \, \dot{\gamma} \qquad\qquad (3.2)$$

Expresión que se conoce como **ley de Newton de la viscosidad.**

La representación $\tau = f(\dot{\gamma})$, recibe el nombre de reograma y permite la clasificación de los distintos tipos de fluidos.

Si el reograma es una recta que pasa por el origen, la viscosidad del fluido será constante mientras no modifiquemos las condiciones de presión y temperatura, y la viscosidad coincidirá con la pendiente de la recta; estos fluidos se denominan **Newtonianos.** Es decir, consideraremos un fluido como Newtoniano, al fluido cuya viscosidad no dependa de $\dot{\gamma}$ (estado de agitación del sistema).

Unidades de viscosidad

La unidad de viscosidad es la unidad de presión por unidad de tiempo, tal como se justifica a continuación:

$$[\eta] = \frac{F/S}{dv/dz} = \frac{N/m^2}{\dfrac{m/s}{m}} = \frac{N}{m^2} \cdot s$$

(Pascal· s = Pa·s)　(sistema internacional)

En el sistema cgs la unidad es el poise (P)

1 P = (dinas/cm^2) ·s →1 Pa·s = 10 P = 10^3 cP

Con frecuencia se usa el centipoise:

1 cP = 10^{-2} P = 1 mPa·s

Valores de viscosidad a temperatura ambiente

Fluido	η (Pa·s)
Polímero	10^3
Jarabe espeso	10^2
Miel	10
Glicerina	1
Aceite oliva	10^{-1}
Aceite ligero	10^{-2}
Agua	10^{-3}
Aire	10^{-5}
Etanol	$0,9 \cdot 10^{-3}$
Benceno	$0,65 \cdot 10^{-3}$
Orina	$\sim 1,1 \cdot 10^{-3}$
Mercurio	$1,55 \cdot 10^{-3}$
Sangre	$\sim 3,5 \cdot 10^{-3}$

✎ Ejemplo 3.1 Velocidad de cizalla

Haz una estimación de la velocidad de cizalla cuando extiendes una crema sobre la piel de tu mano.

Solución: Suponiendo que el volumen de crema es dV = 0,1 cm^3 sobre una superficie S de 20 cm^2, que se extiende con una velocidad de 40 cm/s, dz será dV/S = 5 10^{-3} cm, por tanto $\dot{\gamma}$ = dv/dz = 40/(5·10^{-3}) = 8000 s^{-1}.

3.2. VARIACIÓN DE LA VISCOSIDAD CON LA PRESIÓN Y LA TEMPERATURA

La temperatura y la presión alteran todas las propiedades físicas de los fluidos; naturalmente la viscosidad no es una excepción. Vamos a ver que la temperatura afecta de forma dispar a la viscosidad de un fluido según sea éste líquido o gaseoso; tengamos en cuenta que uno de los factores más importantes en la generación de los rozamientos viscosos es el tamaño del paquete molecular, por lo que la viscosidad de los líquidos de cadena larga, en los que se producen entrecruzamientos moleculares, es comparativamente mayor que en los casos en los que no se producen dichos entrecruzamientos. Así mismo, los enlaces entre moléculas por puentes de hidrógeno también producen un notable incremento de la viscosidad (por ejemplo, el agua, que sin puentes de hidrógeno tendría una viscosidad mucho menor y, en condiciones ambientales normales, sería gaseosa). Es evidente que un aumento de la temperatura tiende a deshacer este tipo de enlaces moleculares, por lo que concluimos que en los líquidos un aumento de temperatura produce una disminución de viscosidad, y viceversa. Por ejemplo, al calentar la miel o el aceite se hacen mucho más fluidos.

La mayoría de los **líquidos** cumplen **la ley de Arrenius** que nos proporciona la variación de la viscosidad con la temperatura T:

$$\eta = A \cdot e^{B/T} \tag{3.3}$$

en la que A y B, son coeficientes característicos de cada líquido.

Por otra parte, el origen de la viscosidad en los gases se debe fundamentalmente a los choques entre moléculas y, es evidente, que el número de choques o interacciones aumentará conforme aumente la temperatura, por lo tanto: en los gases un incremento de temperatura acarrea un incremento de viscosidad.

Con respecto a la presión diremos que en los líquidos las variaciones de presión no producen modificaciones sustanciales de la viscosidad dado que son fluidos incompresibles. En cambio, en los gases los incrementos de presión sí que acarrean un incremento de interacciones moleculares y, en consecuencia, un aumento de la viscosidad.

3.3. RÉGIMEN LAMINAR: LEY DE POISEUILLE

Consideremos un régimen laminar viscoso (Régimen de Poiseuille) en una conducción horizontal como la de la Figura a, de radio R y longitud L.

Para que el fluido pueda circular por la conducción, necesitamos que entre los extremos de la tubería horizontal exista una diferencia de presión ΔP (que sería 0 si el fluido fuera ideal). Para resolver el problema hemos de tener en cuenta que el perfil de velocidades es parabólico (cada estrato del régimen laminar tiene uma velocidad diferente, siendo máxima en el eje de la conducción) y por tanto, para obtener el gasto total tendremos que realizar una integración por coronas circulares, en las que para cada una de ellas la velocidad es constante; es por tanto necesario conocer la ecuación que proporciona la velocidad de cada estrato en función de su distancia al eje de la conducción.

Ecuación del perfil de velocidades

Consideremos un cilindro fluido de radio r en el interior de otro cilindro de radio R, ambos de longitud L (Figura b) , supondremos que en la superficie de contacto tenemos un gradiente de velocidades dv/dr que dará lugar a una fuerza de rozamiento ejercida sobre la superficie lateral común a ambos cilindros y que vendrá dada por la expresión $F_\eta = \eta S_L \dfrac{dv}{dr}$ siendo S_L el área lateral común de ambos cilindros ($S_L = 2\pi rL$). Por otra parte las presiones P_1 y P_2 existentes en los extremos de la conducción dan lugar a las fuerzas F_1 y F_2 cuya resultante es $F_R = (P_1 - P_2) S = \Delta P \cdot S$.

Como estamos en régimen estacionario el movimiento ha de ser uniforme y por tanto la suma de fuerzas ejercidas sobre el conjunto deberá ser nula:

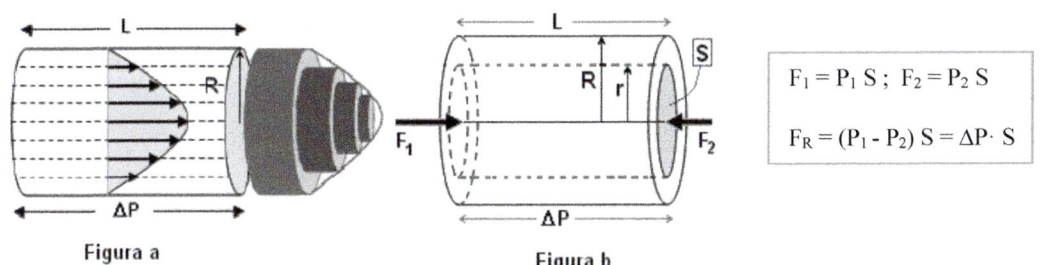

Figura a

Figura b

$$F_1 = P_1 S \; ; \; F_2 = P_2 S$$
$$F_R = (P_1 - P_2) S = \Delta P \cdot S$$

$$\Sigma \vec{F} = 0; \quad \Delta P \cdot S + F_\eta = 0; \quad \Delta P \cdot S = -\eta S_L \frac{dv}{dr}; \quad \Delta P \cdot \pi\, r^2 = -\eta\, 2\pi rL \frac{dv}{dr}$$

Si en la última igualdad simplificamos y despejamos dv, quedará:

$$-dv = \frac{\Delta P\, r\, dr}{2\eta L}$$

expresión que podemos integrar entre el radio considerado r y el máximo R; y admitiendo que la capa más periférica del fluido está adherida a la pared interna de la conducción y que por tanto su velocidad en ese punto será nula, podremos poner:

$$-\int_v^0 dv = \frac{\Delta P}{2\eta L} \int_r^R r\, dr$$

que una vez integrada y sustituidos los límites de integración dará

$$v = \frac{\Delta P}{4\eta L}\left[R^2 - r^2\right] \tag{3.4}$$

ecuación que se corresponde a un paraboloide de revolución y que nos proporciona la velocidad de un estrato a una distancia r del eje de la conducción. Obsérvese que, como es lógico, la velocidad máxima se alcanza en el eje de la conducción (r = 0):

$$v_{max} = \frac{\Delta P}{4\eta L}R^2$$

mientras que en la periferia (r = R) la velocidad es nula.

Cálculo del gasto. Ley de Poiseuille

Dado que la velocidad en la conducción depende de la distancia del estrato considerado al eje de la conducción, deberemos calcular el gasto para coronas circulares de área dS = 2πr dr, en las que para cada una de ellas la velocidad es constante:

$$dG = v \cdot dS = \frac{\Delta P}{4\eta L}\left[R^2 - r^2\right]2\pi r\, dr = \frac{\Delta P \cdot 2\pi}{4\eta L}\left[R^2 r - r^3\right]dr$$

integrando y sustituyendo límites podremos poner

$$\int_0^G dG = \frac{\Delta P \pi}{2\eta L}\int_0^R \left[R^2 r - r^3\right]dr \quad \text{y finalmente quedará}$$

$$\boxed{G = \frac{\pi R^4 \Delta P}{8\eta L}} \qquad \textbf{(Ley de Poiseuille)} \tag{3.5}$$

Si ponemos el gasto como G = S · v, y teniendo en cuenta que la sección S = π R², y sustituyendo en la expresión anterior obtendremos:

$$v_m = \frac{R^2 \Delta P}{8\eta L}$$

$$\tag{3.6}$$

Que es el valor de la velocidad media en la conducción estudiada.

Comparando la ecuación 3.6 con la de la velocidad máxima, se observa que la velocidad máxima es el doble de la velocidad media.

✎ Ejemplo 3.2 Ley de Poiseuille

Calcula la sobrepresión que hay que ejercer sobre una jeringuilla con una aguja de 40 mm de longitud y 1 mm de diámetro para evacuar 1 cm³ de un medicamento de 0,003 Pa s de viscosidad en 1 s.

Solución: $G = 10^{-6} \dfrac{m^3}{s}$; $G = \dfrac{\pi R^4 \Delta P}{8 \eta L} \rightarrow \Delta P = \dfrac{G \, 8 \eta L}{\pi R^4} = \dfrac{10^{-6} \, 8 \cdot 0,003 \cdot 0,04}{\pi (0,5 \cdot 10^{-3})^4} = 4889 \, Pa$

✎ Ejemplo 3.3 Ley de Poiseuille

La sangre tarda aproximadamente 1 s en pasar por un capilar del sistema circulatorio humano de 1 mm de longitud. Si el diámetro del capilar es 7 μm y la caída de presión de 2,6 kPa, calcula la viscosidad de la sangre.

Solución : $G = \dfrac{\pi \, R^4 \Delta P}{8 \, \eta \, L} = \dfrac{V}{t} = \dfrac{\pi \, R^2 \, L}{t} \rightarrow \eta = \dfrac{\pi \, R^4 \Delta P \, t}{8 \, L \pi R^2 \, L} = \dfrac{R^2 \Delta P \, t}{8 \, L^2} = 3,98 \cdot 10^{-3} \, Pas$

Pérdida de carga

Cuando un fluido real circula por una conducción, va sufriendo pérdidas energéticas a lo largo de la misma como consecuencia del rozamiento viscoso. La diferencia entre el caso ideal y el caso real estriba en que en el caso de fluido ideal y conducción horizontal la presión permanece constante, mientras que en el caso de fluido real, va habiendo una pérdida de presión a lo largo de la conducción tal como se ve en la figura, como consecuencia de la ley de Poiseuille.

Se llama **pérdida de carga** a la pérdida de presión por unidad de longitud a lo largo de una conducción, como consecuencia del régimen viscoso. Despejando de la ecuación (3.5) obtenemos

$$\frac{\Delta P}{L} = \frac{G8\eta}{\pi R^4} \tag{3.7}$$

Cuando se quiere calcular la diferencia de presión entre dos puntos cualesquiera de una determinada conducción por la que circula un fluido real, se deberá calcular por separado la obtenida mediante el Teorema de Bernoulli (ΔP_B) y sumarle a continuación la debida al régimen viscoso obtenida mediante la ley de Poiseuille (ΔP_P) (ejercicios 3.6 y 3.12).

$$\Delta P_T = \Delta P_B + \Delta P_P$$

Evidentemente, ΔP_B será nula en conducciones horizontales de sección constante y ΔP_P será nula en fluidos ideales.

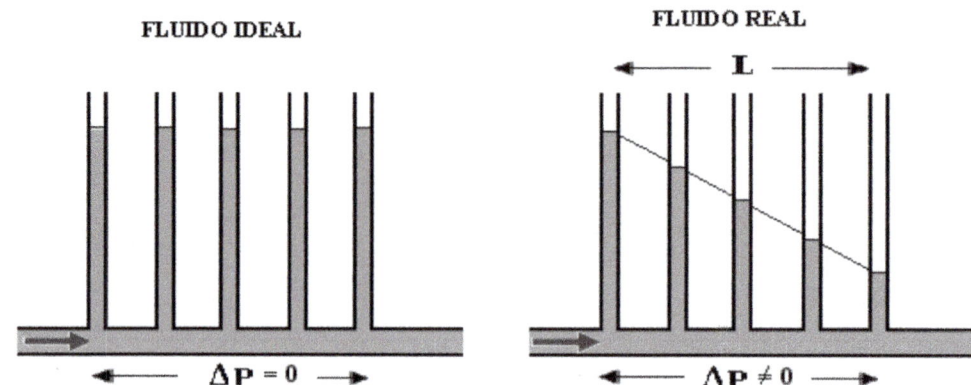

Todo esto tiene aplicaciones en la **circulación sanguínea**, que se produce en un sistema de arterias y venas elásticas. En general, debido al fenómeno que acabamos de ver de caída de presión por la viscosidad, la presión en las arterias es mayor que en las venas, puesto que cuando la sangre llega a estas, ha realizado un mayor recorrido desde el corazón. Además, debido a los pulsos del corazón, la presión en la aorta, y en otras grandes arterias normalmente sube, en un adulto joven, a un valor máximo (presión sistólica) de 120 mmHg aproximadamente durante cada ciclo cardiaco y cae a un valor mínimo (presión diastólica) de cerca de 70 mmHg (ambos valores son sobrepresiones sobre la presión atmosférica). La presión arterial se anota convencionalmente como presión sistólica sobre presión diastólica, por ejemplo, 120/70 mmHg. La presión del pulso, o sea la diferencia entre presiones sistólica y diastólica, normalmente es de 50 mmHg. La presión media es la presión promedio durante todo el ciclo cardiaco, sólo puede ser determinada integrando el área de la curva de presión. La presión cae muy ligeramente en las arterias de grueso y medio calibre porque su resistencia al flujo es pequeña; pero lo hace ligeramente en las arterias y arteriolas, que son los sitios principales de la resistencia periférica contra la que bombea el corazón. La presión del pulso también baja rápidamente hasta cerca de 5 mmHg al final de las arteriolas. La magnitud de la caída de la presión a través de las arteriolas varía considerablemente según si están dilatadas o contraídas.

3.4. RÉGIMEN DE VENTURI

Cuando la diferencia de velocidad entre los estratos laminares de una conducción supera un determinado valor, el régimen pasa a turbulento, con formación de remolinos. En ese caso el gasto sólo puede ser determinado experimentalmente.

El punto crítico en el que un régimen pasa de laminar a turbulento, dentro de una conducción cilíndrica, fue determinado por Reynolds mediante la expresión:

$$Re = \frac{\rho v_m D}{\eta} \quad \text{(sin unidad)} \quad (3.8)$$

Re = Nº de Reynolds (adimensional)

ρ = densidad del fluido

		v_m = velocidad media
Si Re < 2400 régimen laminar		D = diámetro de la conducción
Si Re > 2400 régimen turbulento		η = viscosidad

No obstante, hay que señalar que el paso de laminar a turbulento depende no solo de la velocidad del fluido en la conducción sino también de la geometría de la misma pudiéndose, en determinadas circunstancias, llegar a valores de Re próximos a 4000, manteniéndose el régimen laminar.

La fórmula de Poiseuille y sus derivadas **sólo son aplicables en régimen laminar.**

LAMINAR

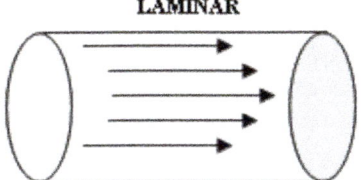

TURBULENTO

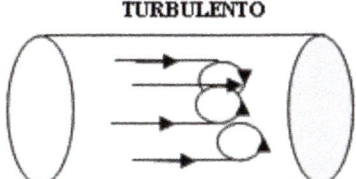

✎ Ejemplo 3.4 Poiseuille, Reynolds

Una arteria principal (aorta) de un perro tiene un radio interior de 4 mm. El caudal de sangre en la arteria es 1 cm³/s. Suponiendo que la sangre es un fluido newtoniano incompresible de densidad ρ = 1,06 g/cm³ y viscosidad η = 2,084 mPa s, halla:
(a) la velocidad media de la sangre en la arteria,
(b) la velocidad máxima de la sangre en la arteria,
(c) la caída de presión en un fragmento de arteria de 1 cm de longitud,
(d) el número de Reynolds de este flujo y su carácter laminar o turbulento.
Esta arteria se abre en 5 10⁷ capilares de 4 µm de diámetro cada una y que en su conjunto llevan el mismo caudal sanguíneo que la arteria. Halla también:
(e) la caída de presión en un fragmento de capilar de 1 cm de longitud,

Solución: 1,99 cm/s; 3,98 cm/s; 0,207 Pa; 81,4, laminar; 66,3 kPa.

3.5. MOVIMIENTO DE SÓLIDOS EN EL SENO DE FLUIDOS: VELOCIDAD DE SEDIMENTACIÓN

Cuando un sólido se desplaza en el seno de un fluido, aparece una fuerza de rozamiento viscoso entre el sólido y el fluido (fuerzas de fricción). Si el movimiento es laminar, esta fuerza de rozamiento viscoso, F_η, se puede considerar proporcional a la velocidad relativa entre el sólido y el fluido:

$$F_\eta = f\ v$$

En donde f recibe el nombre de coeficiente de forma y **v** es la velocidad de la partícula.

El caso más interesante para nosotros es el de partículas esféricas en un líquido (numerosos preparados farmacéuticos y productos alimentarios son suspensiones de un sólido pulverizado en un líquido).

La partícula esférica tiene una densidad ρ_c, en un líquido de densidad ρ_l, tal que $\rho_c > \rho_l$, luego la partícula tiende a sumergirse. Inicialmente el movimiento es acelerado, hasta que la fuerza de rozamiento viscoso, que aumenta con la velocidad, alcanza un valor tal que iguala a la diferencia entre el peso P y el empuje E, instante en el que se alcanza la velocidad máxima o velocidad de sedimentación.

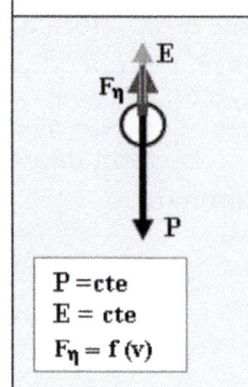

Sobre la partícula actúan tres fuerzas, el peso P, el empuje E y la fuerza viscosa F_η. El peso y el empuje son constantes, mientras que F_η depende de la velocidad (Figura adjunta)

$$\Sigma F = m\, a = P - E - F_\eta$$

La partícula va incrementando su velocidad y, por tanto, F_η también aumenta, y lógicamente, llegará un instante en que se cumplirá que

$$\Sigma F = 0 = P - E - F_\eta \rightarrow F_\eta = f\, v = P - E$$

la velocidad alcanzada en ese instante recibe el nombre de velocidad límite o velocidad de sedimentación v_s. En ese instante podremos poner que $v_s = (P - E) / f$

Para partícula esféricas Stokes demostró que $f = 6\, \pi\, r\, \eta$

y si ponemos $P = V \rho_c g$; $E = V \rho_l g$; que sustituidas en la expresión anterior, y teniendo en cuenta que $V = 4/3 \, \pi \, r^3$, nos permite obtener el resultado

$$v_s = \frac{2}{9} \frac{r^2 g(\rho_c - \rho_l)}{\eta} \qquad (3.9)$$

que nos da la **velocidad de sedimentación** para partículas esféricas pequeñas.

Aplicaciones

- Muchos **medicamentos** están constituidos por un principio activo, en forma de granulado suspendido en un líquido base o excipiente. A fin de que esta suspensión sea lo más estable posible interesa que la velocidad de sedimentación sea pequeña, y para ello debemos procurar que el radio de las partículas sea pequeño, que la densidad del excipiente sea lo más parecida posible a la de los gránulos, y que la viscosidad sea elevada (siempre que lo permita la forma de uso del medicamento).

- En los **análisis de sangre** aparece un dato, la "velocidad", que se refiere a la velocidad de sedimentación de los glóbulos rojos en sangre. A la sangre recogida en un tubo de ensayo, se le añade un anticoagulante y se deja en reposo; al cabo de un determinado tiempo, se observa la sedimentación de los glóbulos rojos, pudiéndose dar los casos esquematizados en la figura siguiente.

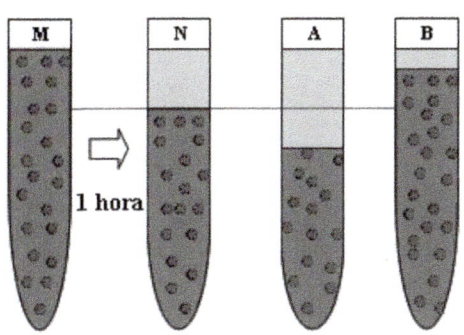

M = muestra, se deja en reposo 1 hora

N = situación normal, se observa una lógica sedimentación de los glóbulos rojos

A = situación anormal, velocidad de sedimentación excesiva; glóbulos rojos excesivamente grandes o densos

B = situación anormal, velocidad de sedimentación escasa; glóbulos pequeños, o de poca densidad.

Naturalmente, las situaciones anormales tienen significado clínico.

Para conseguir en el laboratorio que la velocidad de sedimentación sea mucho mayor, los tubos de ensayo se introducen en una centrifugadora, que al girar a gran velocidad aumenta la gravedad efectiva (la g de la fórmula 3.9).

- **Viscosidad de mezclas binarias.** Cuando se mezclan dos sustancias puras de viscosidades conocidas η_1 y η_2, la viscosidad de la mezcla resultante se obtiene a partir de las fracciones molares x_1 y x_2 de ambas sustancias, pero sólo en muy contadas ocasiones la viscosidad resultante obedece a una relación lineal de la forma

$$\eta = \eta_1 \cdot x_1 + \eta_2 \cdot x_2$$

Un caso especialmente interesante en formulación farmacéutica es el que se presenta en las mezclas de monoalcoholes y agua, en las que se producen asociaciones por puentes de hidrógeno entre los grupos -OH del alcohol y moléculas de agua.

Este hecho provoca un aumento del tamaño del paquete molecular y el consiguiente aumento de la viscosidad de la mezcla. El máximo de viscosidad se produce para una proporción de tres moléculas de agua por cada molécula de alcohol que se corresponde a una fracción molar del alcohol de 0,25. En la gráfica adjunta se presenta la variación de la viscosidad de los monoalcoholes de hasta tres átomos de carbono diluidos en agua a temperatura ambiente, en función de la fracción molar del alcohol correspondiente.

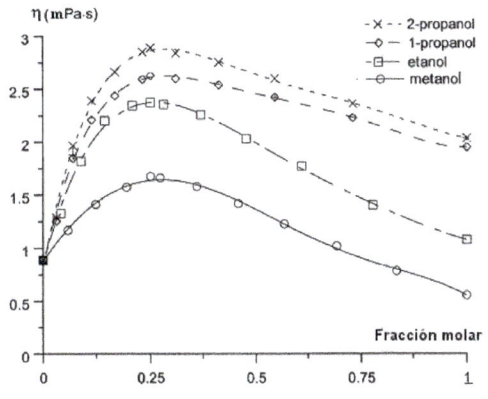

✎ **Ejemplo 3.5 Velocidad de sedimentación**

Un alimento molido está formado por partículas de radio 0,05 mm y densidad 2 g/cm³. Cuando se mezcla con un determinado líquido de viscosidad 1,2 mPa·s, se observa que las partículas descienden 4 mm cada segundo. Calcula la densidad del líquido.

Solución: 1,12 g/cm³

3.6. FLUIDOS NO NEWTONIANOS

Anteriormente hemos mencionado que la forma más clara de clasificar los fluidos, es atendiendo a las características de su reograma. En las figuras A y B, tenemos representados los casos que vamos a estudiar.

Figura A- Fluidos sin umbral de fluencia

Curva b) Fluido Newtoniano: la viscosidad coincide con la pendiente y es constante en cualquier valor de $\dot{\gamma}$.

Curva a) Fluido Seudoplástico: al no haber pendiente constante, no hay viscosidad constante, sólo se puede hablar de viscosidad aparente. Al ir aumentando $\dot{\gamma}$, la pendiente de la gráfica disminuye (tg α > tg β luego η_α > η_β) y, por tanto, la viscosidad en la zona de poca agitación (valores bajos de $\dot{\gamma}$), es superior a la viscosidad en zonas de agitación elevada. Es decir, en estos fluidos la viscosidad disminuye cuando aumenta la agitación.

Curva c) Fluido Dilatante: el razonamiento es análogo pero inverso al caso a), es decir la viscosidad aumenta con la agitación

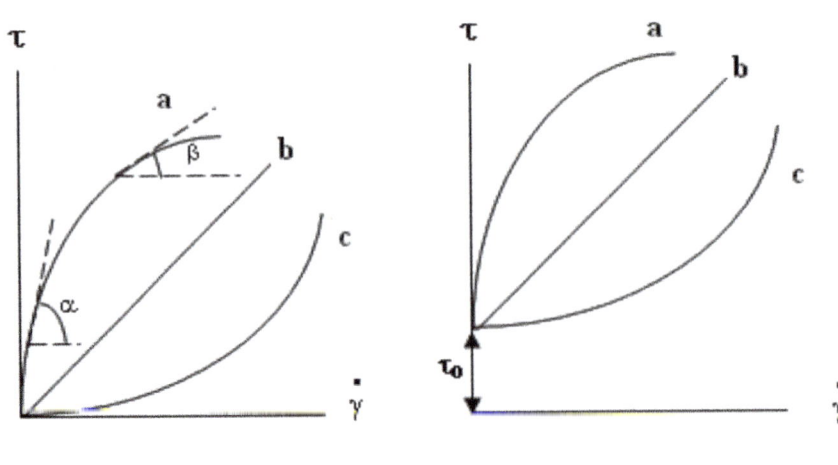

Figura A   Figura B

Figura B- Fluidos con umbral de fluencia o fluidos plásticos

Se caracterizan por necesitar un esfuerzo de cizalla mínimo τ_0, necesario para comenzar a fluir. La formulación de ese valor, denominado esfuerzo umbral, se debe más a un problema de sensibilidad de medida, que a la existencia real del mismo, pero lo mantenemos aquí, dado que en la mayor parte de la bibliografía sigue permaneciendo.

Curva b) Fluido **Plástico lineal**, (o fluido de Bingham)

Curva a) Fluido **Plástico de carácter seudoplástico**

Curva c) Fluido **Plástico de carácter dilatante**

En la figura C tenemos la representación gráfica de la viscosidad η en función de $\dot{\gamma}$, para un fluido newtoniano (línea horizontal, viscosidad constante); para un fluido seudoplástico (la viscosidad decrece con $\dot{\gamma}$) y para un fluido de carácter dilatante, en el que la viscosidad aumenta conforme aumente la agitación.

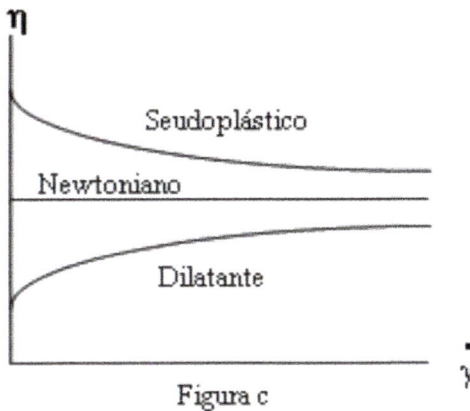

Figura c

Desde un punto de vista práctico, podemos resumir la clasificación anterior considerando que los fluidos no Newtonianos se clasifican en dos grandes grupos. En la primera de las figuras siguientes, vemos el caso de un fluido en el que la agitación disminuye la viscosidad, este fenómeno se da en polímeros y en general sustancias orgánicas de cadena larga.

Fluido de carácter seudoplástico

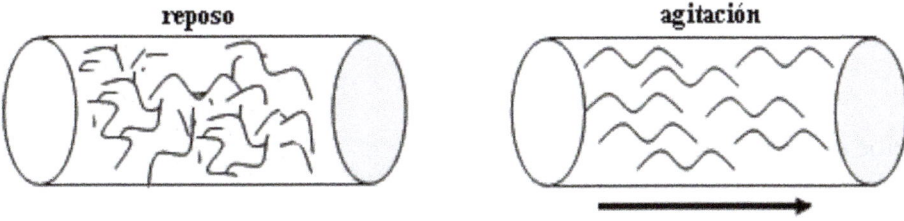

Cuando el fluido está en reposo, las moléculas están orientadas de un modo aleatorio y entrecruzadas entre sí, mientras que el movimiento las orienta en el sentido del desplazamiento, con la consiguiente disminución de la fuerza de fricción y, por tanto, de la viscosidad (carácter seudoplástico).

Fluido de carácter dilatante

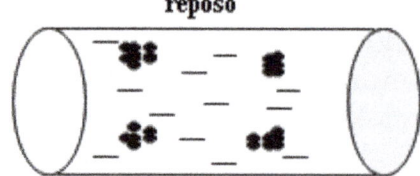

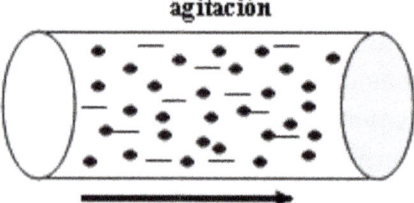

El caso de los fluidos en los que la viscosidad aumenta con la agitación (carácter dilatante) está ilustrado en la segunda de las figuras. Es un comportamiento que se da en suspensiones concentradas de partículas esféricas en un líquido. Al estar en reposo dicha suspensión, las partículas tienden a agruparse en paquetes compactos que disminuyen la superficie de contacto entre las partículas y el líquido. La agitación provoca la dispersión de las partículas aumentando la superficie de contacto, y por consiguiente, la fuerza de fricción.

Modelos reológicos

Llamamos modelos reológicos a ecuaciones capaces de reproducir el comportamiento de τ en función de $\dot{\gamma}$. Existe gran diversidad de modelos, pues el comportamiento de los fluidos no Newtonianos también es muy variado. El modelo de uso más extendido es el modelo de Ostwald, o modelo de la potencia

$$\tau = m\,\dot{\gamma}^{\,n} \tag{3.10}$$

utilizado para fluidos sin umbral de fluencia, y que puede servir tanto para los seudoplásticos ($n < 1$), como para los dilatantes ($n > 1$). Evidentemente para $n = 1$ estaríamos ante un fluido Newtoniano.

Este mismo modelo se modifica para fluidos con umbral de fluencia con la ecuación

$$\tau = \tau_0 + m\,\dot{\gamma}^{\,n} \tag{3.11}$$

que recibe el nombre de modelo de Bingham.

Tixotropía

Se llama tixotropía a un descenso continuo de la viscosidad aparente con el tiempo de cizalla y la subsiguiente recuperación de la viscosidad cuando cesa el flujo. Se supone que la sustancia tixotrópica se encuentra en reposo un tiempo suficientemente largo antes de que se desarrolle el experimento. Por tanto, la tixotropía está asociada con efectos de dependencia temporal, cuya relación con la velocidad de cizalla podría ser complicada.

Una prueba cualitativa tradicional de la existencia de tixotropía es la llamada prueba del ciclo. Supongamos que un fluido tixotrópico, tras un periodo de reposo suficientemente largo, se somete a una velocidad de cizalla que aumenta continuamente desde cero hasta algún valor máximo, y después de alcanzar este punto empieza a disminuir continuamente hasta cero. Debido a la rotura de la estructura del fluido que ocurre durante el experimento se obtiene una curva de flujo o reograma con un ciclo de histéresis análoga a la que se observa en la figura.

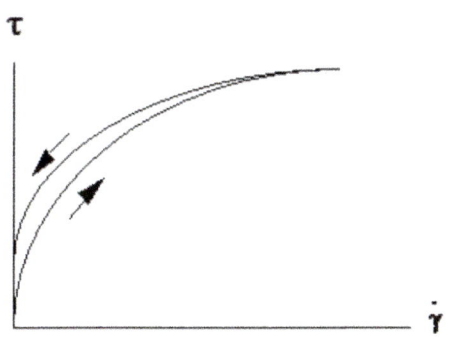

La tixotropía se puede explicar como una consecuencia de la agregación de las partículas suspendidas. Si la suspensión está en reposo, la agregación de partículas puede dar lugar a la formación de una red espacial y la suspensión desarrolla una estructura interna.

Una forma de estudiar la tixotropía es mediante los ciclos de histéresis, pues se puede caracterizar numéricamente la rapidez de derrumbamiento estructural. Su determinación se puede realizar de la siguiente forma: se obtiene el reograma de ascenso (Figura adjunta) y se deja girando a $\dot{\gamma}_{máx}$ durante t_1. A continuación, se obtiene el de descenso, se sube hasta $\dot{\gamma}_{máx}$ rápidamente y al cabo de t_2 se obtiene el siguiente reograma de descenso; y así sucesivamente. A partir del estudio del área bajo las curvas en función del tiempo se puede obtener información del carácter tixotrópico de un fluido.

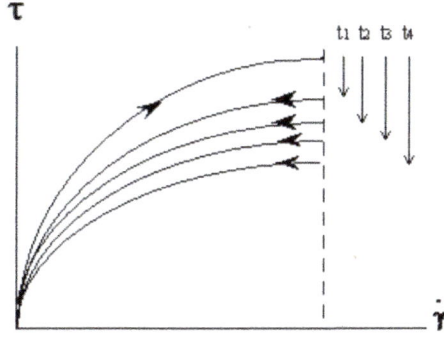

Aplicaciones en la industria

La Reología es una ciencia multidisciplinar que estudia el flujo y la deformación de los materiales sometidos a la acción de fuerzas externas. Intuitivamente se relaciona la deformación con los sólidos y el flujo con los fluidos, que incluyen a los líquidos y los gases. Sin embargo, el mundo tecnológico actual está repleto de sustancias donde la frontera entre sólido-fluido, elástico-viscoso no es tan obvia. La Reología habla hoy en día de "materiales viscoelásticos", con características y comportamientos intermedios. Este es el caso de la mayoría de las preparaciones farmacéuticas, cosméticas y alimentarias.

La Reología tiene un papel importante en la industria, tanto en la gestión de calidad del producto, en el procesado en la fábrica y en la formulación de nuevos productos. Evidentemente, es necesario conocer cómo se comporta un producto a la hora de transportarlo desde los reactores a la planta de envasado y en el propio proceso de envasado. Por otro lado, es importante controlar las características del producto acabado para asegurar su reproducibilidad y adecuación a lo establecido previamente. Y por supuesto, el control y conocimiento a priori del comportamiento de los productos y las materias primas implicadas, permitirá optimizar la formulación de nuevos productos o la mejora de los existentes.

La aceptación del consumidor y la funcionalidad de los productos finales, líquidos, sólidos o semisólidos, será determinante en la industria y la comercialización. Es importante que una crema o una pomada sea fácil de aplicar sobre la piel, que se extienda adecuadamente, o que se pueda extraer del recipiente con comodidad. Lo mismo aplica a un queso untable, una mermelada o a una crema de cacao, que extendemos sobre una tostada (cizalla). El cliente desea que la pasta de dientes permanezca en el cepillo tras extraerla del tubo, pero que no cueste excesivamente cepillarse los dientes con ella (pseudoplasticidad). La sensación de "cuerpo" de un gel capilar, o la recuperación de una laca de uñas que fluye fácilmente al aplicarla pero que no gotea posteriormente (tixotropía), son propiedades reológicas que caracterizan definitivamente a estos preparados cosméticos. La viscosidad de los zumos, el batido de cacao o del aderezo de ensalada determinarán la posible sedimentación de las partículas en suspensión. Por ello, es necesario conocer el comportamiento físico de estos productos, cuya textura o consistencia son una característica importante por su funcionalidad y por su forma de aplicación.

La idea de textura lleva implícita una cuestión sensitiva, en la que incluimos incluso características de aspecto visual. La viscosidad es uno de los atributos definidos oficialmente en la textura en las materias más o menos líquidas. Además de las medidas instrumentales (que en otros atributos se deben hacer con texturómetros), para evaluar la textura percibida por el consumidor es necesario realizar un análisis sensorial científicamente adecuado (y que conlleva un diseño experimental cuidado y un análisis estadístico potente). Evidentemente, el análisis sensorial se correlaciona muchas veces con algunas propiedades reológicas (que siempre son necesarias y cuya correlación debe ser determinada en cada caso), pero en la aceptación del producto final la apreciación humana de las propiedades de las formulaciones es muy importante. Al fin y al cabo, el consumidor es el destinatario de esos productos y es el que decidirá cuál de ellos es más adecuado, no solo por sus efectos sino por sus propiedades organolépticas.

Para modificar la textura de alimentos o productos farmacéuticos o cosméticos se utilizan diferentes productos. En la industria alimentaria son muy utilizados los hidrocoloides, que se añaden como aditivos a la formulación de determinados alimentos. Los hidrocoloides forman dispersiones microscópicas viscosas o geles ya que atrapan el agua dentro de su estructura ramificada y polimérica. Se utilizan para espesar o gelificar un producto (muy conocidos ahora en la famosa gastronomía molecular). Con ellos se consigue recuperar la textura requerida si se formulan alimentos a los que se les disminuye la grasa o el azúcar (los alimentos "light"). También se usan para estabilizar emulsiones (cremas cosméticas, mayonesas) y evitar la separación de fases o para estabilizar dispersiones y suspensiones (pastas de dientes, batidos de cacao) y evitar sedimentaciones. La mayor parte de los hidrocoloides proviene de fuentes vegetales (como el almidón, la celulosa, el alginato) o microorganismos (como la xantana).

EJERCICIOS

3.1. Un líquido viscoso de densidad 0,90 circula por una conducción horizontal de 13 cm de diámetro. Si el número de Reynolds es de 900 y la disminución de presión por unidad de longitud (pérdida de carga) es de 420 Pa/m, calcula: a) La velocidad media. b) La viscosidad del líquido. c) El gasto cúbico

La expresión de la pérdida de carga la podemos reescribir en la forma siguiente

$$\frac{\Delta P}{L} = \frac{G_c 8\eta}{\pi R^4} = \frac{Sv8\eta}{\pi R^4} = \frac{\pi R^2 v8\eta}{\pi R^4} = \frac{8v\eta}{R^2} = 420 = \frac{8v\eta}{0,065^2} \qquad (1)$$

Por otra parte, del número de Reynolds obtenemos la siguiente expresión

$$Re = \frac{\rho v D}{\eta} = 900 = \frac{900 \cdot v \cdot 0,13}{\eta} \qquad (2)$$

Las expresiones (1) y (2) constituyen un sistema de dos ecuaciones con dos incógnitas que resolviéndolo nos proporciona los valores de η y v

$\eta = 0,17$ Pa·s ; $v = 1,31$ m/s   (con las unidades en el sistema internacional)

Por último, el gasto $G_c = S \cdot v = \pi R^2 \cdot v = \pi 0,065^2 \cdot 1,31 = 0,0174$ m³/s $= 17,4$ l / s

3.2. Por una conducción horizontal de radio R y longitud L tenemos que hacer circular un líquido de viscosidad η con un gasto cúbico G. Por razones de seguridad, se pretende sustituir esta conducción por dos conducciones iguales cuya sección sea mitad de la original, de forma que entre las dos nos proporcionen el mismo gasto cúbico que la conducción única. ¿Obligará esto a modificar las bombas de impulsión? ¿En qué proporción?

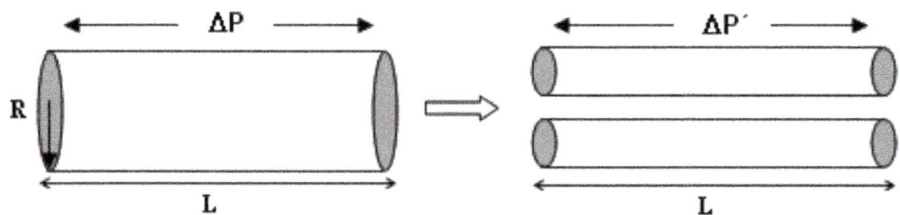

$S = \pi R^2 = 2S' = 2\pi R'^2$; $R'^2 = R^2/2$ *siendo R' el radio de las conducciones más estrechas*; $R'^4 = R^4/4$

El gasto de cada una de las conducciones menores G' será la mitad de G; G' = G/2

Si llamamos ΔP a la potencia de impulsión de la conducción única y $\Delta P'$ a la de las conducciones de menor sección, podremos poner (Pérdida de carga)

$$\left. \begin{array}{l} \Delta P / L = G\, 8\, \eta / \pi R^4 \\ \Delta P' / L = G'\, 8\, \eta / \pi R'^4 \end{array} \right\} \qquad \frac{\Delta P}{\Delta P'} = \frac{G \cdot R'^4}{G' \cdot R^4} = \frac{G \cdot (R^4/4)}{(G/2) \cdot R^4} = \frac{1}{2}$$

$\Delta P' = 2\ \Delta P$; *esto nos indica que la potencia de impulsión de cada una de las conducciones menores es el doble de la conducción mayor.*

3.3. Por la conducción de la figura circula agua en el sentido indicado por la flecha (viscosidad η =1,002 mPa·s). El radio R de la conducción es R = 2 cm; L = 1 m ; h₁ = 25 cm ; h₂ = 20 cm.

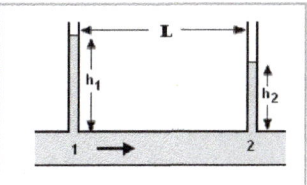

Calcular el gasto cúbico y la velocidad media con la que se desplaza el agua.

Al ser conducción horizontal de sección constante la diferencia de presión entre los puntos 1 y 2 se deberá exclusivamente a la pérdida de carga

$$\frac{\Delta P}{L} = \frac{P_1 - P_2}{L} = \frac{(\rho g h_1 + P_{atm}) - (\rho g h_2 + P_{atm})}{L} = \frac{\rho g (h_1 - h_2)}{L} = \frac{10^3 \cdot 9,8 \cdot (0,25 - 0,20)}{1} = 490 \ \frac{Pa}{m}$$

$$Gasto \ G = \frac{\pi R^4 \Delta P}{8 \eta L} = \frac{\pi \cdot 0,02^4}{8 \cdot 1,002 \cdot 10^{-3}} \cdot 490 = 0,03068 \ m^3/_s$$

$$Velocidad \ media \ \ v_m = \frac{R^2 \Delta P}{8 \eta L} = \frac{0,02^2}{8 \cdot 1,002 \cdot 10^{-3}} \cdot 490 = 24,45 \ \frac{m}{s}$$

3.4. El recipiente de la figura contiene un líquido de densidad 1,1 y viscosidad 100 mPas y con un tubo de salida en su parte inferior de 1m de longitud y 1 cm de radio. Calcular cuál debe ser la altura h para que en ese instante el líquido fluya con un gasto de 0,1 l/s.

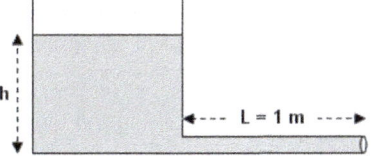

Aplicando la ley de Poiseulle entre los extremos

$$G = \frac{\pi R^4 \Delta P}{8 \eta L}$$

y despejando en ella el valor de ΔP → $\Delta P = \dfrac{G 8 \eta L}{\pi R^4} = \dfrac{0,1 \cdot 10^{-3} \cdot 8 \cdot 0,1 \cdot 1}{\pi \cdot 0,01^4} = 2546,48 \ Pa$

Esta diferencia de presión estará generada por la altura h del depósito

$$\Delta P = \rho g h$$

en la que sustituyendo datos en el sistema internacional y despejando h quedará

$$h = \frac{\Delta P}{\rho g} = \frac{2546,48}{1100 \cdot 9.8} = 0,236 \ m$$

3.5. ¿Cuánta agua fluirá en 30 s por un tubo delgado de 200 mm de longitud y 1,5 mm de diámetro interno, en posición horizontal si a lo largo del tubo se produce una pérdida de presión de 5 cm de mercurio?

Viscosidad del agua = 0,901 mPa s; densidad mercurio = 13,6 g/cm³

La pérdida de presión o pérdida de carga la expresaremos en el sistema internacional

$$\Delta P = \frac{5}{76} \cdot 1,013 \cdot 10^5 = 6664,47 \ Pa \qquad \rightarrow \qquad G = \frac{\pi R^4 \Delta P}{8 \eta L} = \frac{V}{t} \ ;$$

$$V = \frac{\pi R^4 \Delta P}{8 \eta L} t = \frac{\pi \cdot (0,75 \cdot 10^{-3})^4 \cdot 6664,47}{8 \cdot 0,901 \cdot 10^{-3} \cdot 0,2} 30 = 0,000137 \ m^3 = 0,137 \ litros$$

3.6. Calcula la máxima diferencia de presión que puede haber entre los extremos de una conducción cilíndrica de 20 cm de longitud y de 3 cm de diámetro, para que por su interior circule un líquido de viscosidad 2,1 cp y cuya densidad es de 0,9, sin que su régimen llegue a turbulento, en el caso de que dicha conducción sea vertical y que el líquido ascienda.

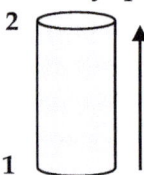

Para hacer circular el líquido por la conducción, hemos de vencer, por un lado, la presión de Bernoulli ΔP_B entre los puntos 1 y 2 y, por otro, la debida al rozamiento viscoso dado por la expresión de Poiseuille ΔP_P

ΔP_B: Aplicamos el Teorema de Bernoulli entre los puntos 1 y 2 con las siguientes restricciones)
($v_1 = v_2$; $h_1 = 0$; $h_2 = h = 0,2m$) $\rightarrow p_1 = p_2 + \rho g h$

$\Delta P_B = p_1 - p_2 = \rho g h$; $\Delta P_B = \rho g h = 0,9 \cdot 10^3 \cdot 9,8 \cdot 0,2 = 1764\ Pa$

ΔP_P: Aplicamos el valor de ΔP obtenido de la ley de Poiseuille

$$\Delta P = \frac{v_m 8 \eta L}{R^2}$$

en la que el valor de v_m lo calculamos mediante el número de Reynolds máximo en régimen laminar (2400)

$Re = \dfrac{\rho v_m D}{\eta}$ $\rightarrow$ $2400 = 900 \cdot v_m\ 0,03\ /\ 2,1\ 10^{-3}$ $\rightarrow v_m = 0,187\ m/s$

$\Delta P_P = 0,187 \cdot 8 \cdot 2,1\ 10^{-3} \cdot 0,20\ /\ 0,015^2 = 2,78\ Pa$
$\Delta P_T = \Delta P_B + \Delta P_P = 1764 + 2,78 = 1766,78\ Pa$

3.7. La base de cierto producto farmacéutico es una sal insoluble en agua. Para seleccionar las partículas más pequeñas se echa en agua y dos horas después de agitar el producto, el agua estaba turbia a partir de 2 cm por debajo de la superficie libre. Calcúlese el radio de las partículas más pequeñas (Viscosidad del agua 1,2 cp. Densidad de la sal 2,5 g/cm³).

La velocidad de sedimentación de las más pequeñas es 1 cm/h = $10^{-2}/3600$ m/s

$v_s = \dfrac{2}{9} \dfrac{r^2 g (\rho_c - \rho_l)}{\eta}$ *en la que sustituyendo en el sistema internacional pondremos*

$v_s = \dfrac{10^{-2}}{3600}$ $\rightarrow$ $v_s = \dfrac{2}{9} \dfrac{r^2 9,8 \cdot (2,5 \cdot 10^3 - 1 \cdot 10^3)}{1,2 \cdot 10^{-3}}$;   *$r = 1,01 \cdot 10^{-6}\ m = 1,01 \cdot 10^{-4}\ cm$*

3.8. Dos líquidos A y B de igual densidad circulan por una conducción cilíndrica horizontal en régimen laminar. El gasto de ambos líquidos en función de la diferencia de presión entre los extremos de la conducción viene dado por la figura adjunta. Calcular la velocidad con que sedimentará una

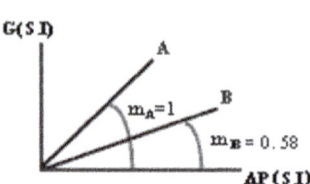

partícula esférica en el líquido B, si la velocidad con que dicha partícula sedimenta en el líquido A es de 3 m/s.

La gráfica que se nos presenta nos permite obtener la relación entre las viscosidades de ambos líquidos

$$G = \frac{\pi R^4 \Delta P}{8\eta L}$$

puesto que tenemos representado $G = f(\Delta P)$, en la que la pendiente de la recta es:

$$m = \pi R^4 / 8\eta L$$

Si esta expresión la aplicamos al líquido A y al líquido B, y dividimos miembro a miembro, obtendremos:

$m_A = \pi R^4 / 8\eta_A l$

$m_B = \pi R^4 / 8\eta_B l$ $\left.\right\}$ $m_A / m_B = \eta_B / \eta_A$ $\rightarrow$ $\eta_A = 0,58\, \eta_B$

Procediendo de un modo análogo con las velocidades de sedimentación

$$v_s = \frac{2}{9}\frac{r^2 g(\rho_c - \rho_l)}{\eta} \rightarrow v_{sA} / v_{sB} = \eta_B / \eta_A \rightarrow v_{sB} = v_{sA} \cdot \eta_A / \eta_B = 3 \cdot 0,58 = 1,74\ m/s$$

3.9. La gráfica adjunta muestra la velocidad de sedimentación de partículas esféricas de una misma sustancia en función del radio, para dos líquidos A y B de igual densidad.

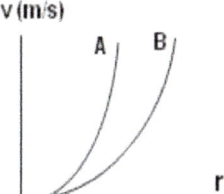

a) ¿De qué tipo de función se trata?

b) ¿Cuál de los dos líquidos es más viscoso?

$$v_s = \frac{2}{9}\frac{r^2 g(\rho_c - \rho_l)}{\eta}$$

La dependencia de v en función de r es del tipo $v = f(r^2)$, por lo tanto, las gráficas de la figura son parábolas.

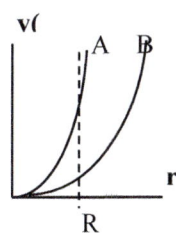

Para determinar cuál de los dos líquidos es más viscoso, compararemos la velocidad de sedimentación para un determinado radio R, tal como se muestra en la figura, observando que $v_A > v_B$; luego necesariamente $\eta_B > \eta_A$, ya que la viscosidad y la velocidad son inversamente proporcionales.

3.10. El modelo reológico de determinado fluido es $\tau = 2 + 3\dot\gamma + 5\dot\gamma^2$ (S.I.) siendo τ el esfuerzo y $\dot\gamma$ la velocidad de cizalla respectivamente. Justifica de qué clase de fluido se trata, y representar cualitativamente su reograma.

La ecuación es un polinomio de segundo grado, con término independiente, cuya representación gráfica se muestra en la figura adjunta en la que se observa que para $\dot\gamma = 0 \rightarrow \tau = \tau_0 = 2$ (umbral *de fluencia); es por tanto un fluido plástico; y como la pendiente de la curva aumenta conforme aumenta el valor de $\dot\gamma$ (la agitación), concluimos que es plástico de carácter dilatante.*

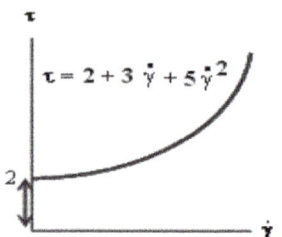

3.11. Un fluido real de densidad 1,12 circula por una conducción cilíndrica horizontal de 2 cm de radio. Si el gasto con el que fluye es de 200 cm³/s y el número de Reynolds es de 1000, calcula: a) La velocidad con que circula el líquido. b) La viscosidad. c) La pérdida de carga en la conducción.

$\rho = 1,12 \cdot 10^3\ kg/m^3$; $R = 2\ cm = 0,02\ m$; $G = 200\ cm^3/s = 200 \cdot 10^{-6}\ m^3/s$

$G = S \cdot v \rightarrow$ $v = G/S = 200 \cdot 10^{-6} / \pi \cdot (0,02)^2 = 0,159154 \approx 0,16\ m/s$

$R_e = \rho\ v_m\ D/\eta \rightarrow \eta = \rho \cdot v_m \cdot D/R_e = 1,12 \cdot 10^3 \cdot 0,16 \cdot (0,02 \cdot 2) / 1000 = 7,168 \cdot 10^{-3}\ Pa\ s$

Pérdida de carga:

$\Delta P/L = G \cdot 8 \cdot \eta / \pi \cdot R^4 = 200 \cdot 10^{-6} \cdot 8 \cdot 7,168 \cdot 10^{-3} / \pi \cdot (0,02)^4 = 22,82\ Pa/m$

3.12. El reograma adjunto representado en el S.I. corresponde a un fluido real newtoniano de densidad 1,2 que circula por una conducción horizontal de 10 cm de diámetro. ¿Cuál será el máximo gasto que podrá fluir en régimen laminar?

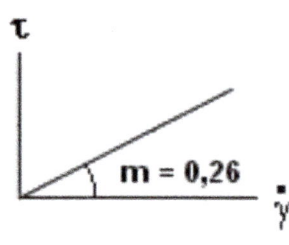

De acuerdo con la ecuación fundamental $\tau = \eta\ \dot\gamma$

La viscosidad es la pendiente de la gráfica y, como está en unidades del sistema internacional, concluimos que

$$\eta = 0,26\ Pas$$

La condición de laminaridad nos la impone el nº de Reynolds, expresión en la que sustituyendo en el sistema internacional quedará:

$$Re = \frac{\rho v D}{\eta} = 2400 = \frac{1200 \cdot v \cdot 0,1}{0,26}$$

De la que despejamos v: $v = 5,20\ m/s$

Por último, el gasto $G = S \cdot v = \pi R^2 \cdot v = \pi\ 0,05^2 \cdot 5,20 = 0,0408\ m^3/s = 40,8\ L/s$

3.13. Para suministrar 0,1 cm³ por segundo de un determinado medicamento se utiliza una jeringuilla con un émbolo circular de 1 cm de radio y con una aguja de 40 mm de longitud y 0,25 mm de radio. Calcula la fuerza necesaria para inyectar un medicamento de 0,8 mPa.s.

Aplicando la ley de Poiseuille $G = \dfrac{\pi R^4 \Delta P}{8\eta L}$ a la aguja y despejando $\Delta P = 2086,1\ Pa$.

Por tanto, esa será la diferencia de P dentro y fuera del líquido. Para hacer esa presión se usa el émbolo, aplicando al émbolo $F = P \cdot S = 2086,1 \cdot \pi\ 10^{-4} = 0,655\ N$

3.14. Un fluido de densidad relativa 0,9 circula por una conducción cilíndrica de radio 3 cm con un gasto de 0,1 L/s. Calcula el valor de la viscosidad del fluido a partir del cual comenzaría a circular en régimen turbulento (Re > 2400).

$$G = v_m s \rightarrow v_m = G/s = G/(\pi R^2) \qquad Re = \rho v_m D/\eta$$

Sustituyendo v_m en la fórmula del número de Reynolds (Re) y despejando la viscosidad se obtiene finalmente $\eta = 7{,}96 \cdot 10^{-4}$ Pa·s

3.15. El aceite de un instrumento pasa por un tubo de 0,9 mm de radio y 55 mm de longitud. La diferencia de presiones entre los extremos del tubo es 4000 Pa. Calcula el caudal en el tubo si la viscosidad del aceite es 0,2 Pa·s.

Aplicando la ley de Poiseuille se obtiene $G = 9{,}37 \cdot 10^{-8}$ m³/s

3.16. Si para una persona en reposo el corazón bombea 5 l/min, calcula la velocidad de la sangre en la arteria aorta si tiene un radio de 9 mm. ¿Cuál será la velocidad para una persona que realiza ejercicio si el corazón bombea 25 l/min?

Para el primer caso, aplicando la ecuación de continuidad $G = v\, s$
se obtiene que la $v = 0{,}327$ m/s.
En el segundo caso, $v = 1{,}637$ m/s

3.17. Calcula la caída de presión por unidad de longitud a lo largo de la arteria aorta cuando el corazón bombea 25 l/min.
    (Radio aorta: 9 mm; viscosidad sangre: 4 cP)

Aplicando la ley de Poiseuille, despejando $\Delta P/L = 646{,}87$ Pa/m

Tema 4 Fenómenos superficiales

- 4.1. Introducción
- 4.2. Concepto de tensión superficial
- 4.3. Sustancias que modifican la tensión superficial
- 4.4. Ángulo de contacto
- 4.5. Ley de Laplace
- 4.6. Capilaridad. Ley de Jurin
- 4.7. Ley de Tate. Cuentagotas

En los temas anteriores hemos estudiado algunas propiedades de los fluidos en su conjunto, es decir, sin referirnos a una zona específica del fluido. Cerraremos el bloque dedicado al estudio de los fluidos analizando lo que ocurre justo en la superficie del fluido, generalmente en contacto con el aire o con cualquier otra fase.

Veremos que existen ciertos fenómenos en la naturaleza que se relacionan con el hecho de que la superficie de los líquidos tiene un comportamiento parecido a una membrana elástica y por tanto esta superficie tiende a ser lo más pequeña posible. Sin embargo, las fuerzas responsables de este fenómeno no son elásticas, y darán lugar al concepto de tensión superficial. En este tema estudiaremos esta propiedad que tiene su importancia en la fabricación de alimentos (por ejemplo, elaboración de salsas emulsionadas) o productos farmacéuticos y cosméticos (por ejemplo, elaboración de colirios).

4.1. INTRODUCCIÓN

Existen determinados fenómenos físicos (insectos que caminan sobre el agua, ascensos capilares, formación de gotas, formación de pompas, "flotabilidad" del

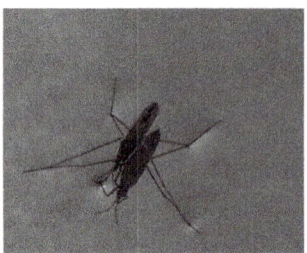

acero o aluminio en agua, etc.) que sólo pueden ser explicados si tenemos en cuenta que las superficies libres de los líquidos se comportan de un modo distinto a como lo hace el líquido alejado de la superficie. (En las fotografías se muestra una moneda de aluminio depositada cuidadosamente sobre la superficie del agua).

Para justificar estos fenómenos tendremos en cuenta las interacciones entre las moléculas y para ello consideraremos una molécula en el seno del fluido y una molécula de superficie, tal como se muestra en la figura inferior. Por razones de simetría es fácil comprender que, en el primer caso, la resultante de dichas fuerzas es nula (Figura a), mientras que en el segundo caso es una fuerza perpendicular a la superficie y dirigida hacia el seno del líquido (Figura b). Con esto se comprende que desplazar una molécula por el seno del fluido, no consume energía, siempre que nos mantengamos alejados de la superficie (prescindiendo de las fuerzas de fricción), pero si pretendemos llevar la molécula hasta la superficie del mismo, deberemos vencer la fuerza (F_c o fuerza de cohesión), representada en la Figura b, que es tanto mayor cuanto más cerca estemos de la superficie libre del líquido, y que se anula para distancias a la superficie equivalentes a 4 o 5 diámetros moleculares, tal como se muestra en la Figura c.

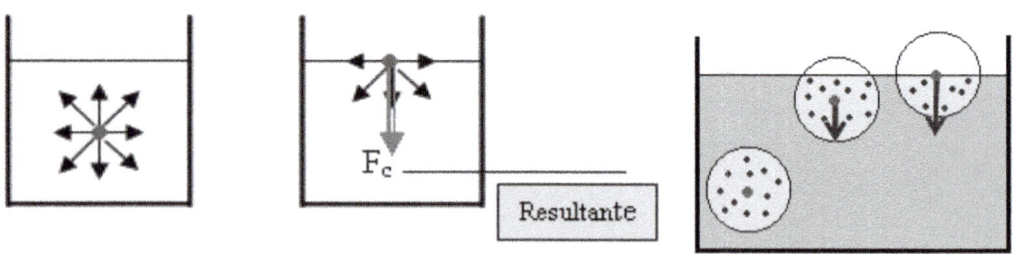

Figura a   **Figura b**   **Figura c**

En conclusión, llevar una molécula de líquido hasta la superficie libre del mismo (es decir, aumentar su superficie) consume energía. Esto es lo que dará lugar a la tensión superficial.

4.2. CONCEPTO DE TENSIÓN SUPERFICIAL

Llamamos coeficiente de tensión superficial, σ, de un líquido (en rigor habría que decir de una interfase) al coeficiente de proporcionalidad entre el trabajo dW realizado sobre una superficie, y el incremento dS que se produce en el valor de la misma. Por tanto

$$d\,W = \sigma\,d\,S \quad \rightarrow \quad \sigma = \frac{dW}{dS} \tag{4.1}$$

Unidades: S. I. $J/m^2 = N/m$

                     c.g.s. $ergio/cm^2 = dina\,/cm$

                                         $1\,N/m\ = 10^3\,dinas/cm$

La tensión superficial de los líquidos depende de la temperatura. Al aumentar la temperatura la tensión superficial disminuye (ver por ejemplo en la tabla del Apéndice I, cómo cambia la tensión superficial del agua con la temperatura).

También cambia la tensión superficial con el medio externo, por ejemplo, no es lo mismo la tensión superficial de agua rodeada de aire, que de la interfase agua - aceite.

4.3. SUSTANCIAS QUE MODIFICAN LA TENSIÓN SUPERFICIAL

Reciben el nombre de sustancias tensioactivas, y deberán actuar necesariamente sobre la superficie del líquido. Las sustancias solubles se diluyen en el seno del líquido y lógicamente no actúan de un modo perceptible sobre la tensión superficial.

Pero si tomamos una molécula de cadena larga que tenga un radical con afinidad por el líquido (se llama radical **liófilo**), estos radicales tenderán a intercalarse entre las moléculas de superficie, mientras que si el resto de la molécula no posee dicha afinidad (**liófobo**), será repelido por el líquido dándose una situación como la de la Figura, por lo que las 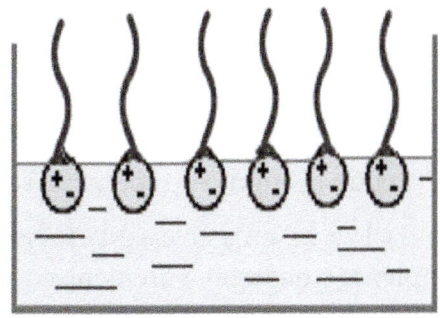 moléculas intercaladas entre las de la superficie del líquido disminuirán las interacciones entre éstas y, por tanto, disminuirá la tensión superficial. El ejemplo más característico es el del agua jabonosa, de menor tensión superficial que el agua pura.

Tensioactivos en farmacia y alimentación

Los tensioactivos se utilizan tanto en farmacia, como en cosmética, en medicina y en alimentación. Algunos líquidos en el cuerpo humano contienen tensioactivos, como la bilis o las lágrimas. El objetivo de las lágrimas es mantener humedecida la superficie de los ojos. Para la elaboración de lágrimas artificiales y colirios también se utilizan tensioactivos. Diseñando el tensioactivo adecuado se puede conseguir mezclar compuestos que de otra forma serían inmiscibles, como agua y aceite. Esto es fundamental en la fabricación de cremas.

También se usan tensioactivos para obtener alimentos en forma de espumas y mousses, o compuestos antimicrobianos. Por ejemplo, la mayonesa es una emulsión de aceite en agua que se forma gracias a la acción de la lecitina de la yema del huevo, que es un tensioactivo natural. Hay otros tensioactivos naturales como los monoacilglicéridos o diacilglicéridos, que se obtienen de los triglicéridos de aceites naturales de origen vegetal y animal.

Disueltos en bajas concentraciones, los tensioactivos pueden dar lugar a espumas, suspensiones, emulsiones, mousses… Se usan para salsas, masa de pan, madalenas, gelatinas y helados. Algunos cacaos se hacen más solubles en agua o leche cuando se formulan con lecitinas de soja, dando lugar a suspensiones de gran estabilidad.

4.4. ÁNGULO DE CONTACTO

Si consideramos una molécula de superficie pegada a la pared del recipiente, la resultante de las interacciones con el resto de las moléculas del líquido F_c, tomará la dirección que se indica en las figuras siguientes. A su vez, aparecerán unas fuerzas de adherencia con las paredes del recipiente, F_a. Ambas fuerzas (F_a y F_c) darán como resultante F_R. Si tenemos en cuenta que las superficies libres de los líquidos se sitúan siempre perpendicularmente a la fuerza resultante que actúa sobre ellos, es evidente que en el punto de contacto del líquido con la pared del recipiente, la superficie libre del líquido se deberá situar perpendicularmente a F_R. Se llama **ángulo de contacto Φ** al ángulo formado por la superficie del líquido y la pared del recipiente, medido siempre por dentro del líquido.

Según el ángulo de contacto, se pueden dar tres casos:

1) $F_a > F_c$, en este caso la fuerza resultante F_R se orienta hacia el exterior del recipiente y da lugar a un menisco ascendente o cóncavo, ya que la superficie libre del líquido se sitúa perpendicularmente a la fuerza resultante; en estas condiciones se dice que el líquido moja a las paredes del recipiente (caso del agua y vidrio).

2) $F_a \approx F_c$, siendo F_c ligeramente mayor que F_a la fuerza resultante F_R queda aproximadamente perpendicular a la horizontal, dando lugar a un menisco neutro.

3) $F_a < F_c$, en este caso la fuerza resultante se orienta hacia el interior del líquido, dando lugar a un menisco descendente o convexo, y se dice que el líquido no moja (caso del mercurio y vidrio).

El ángulo de contacto Φ es menor de 90°, en el caso del menisco ascendente, y mayor de 90° en el caso del menisco descendente, mientras que en el menisco neutro $\Phi = 90°$.

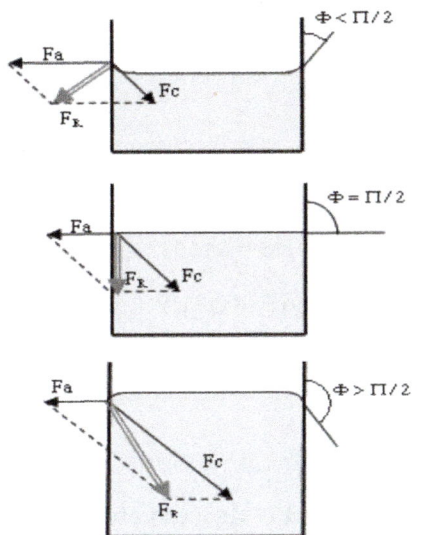

$F_a > F_c$ En este caso el menisco es ascendente, y se dice que el **líquido moja** ($\Phi < \pi / 2$)

$F_a \approx F_c$ (con F_c ligeramente mayor). Este caso da lugar a un menisco neutro ($\Phi = \pi / 2$)

$F_a \ll F_c$ Aquí el menisco es descendente y se dice que el líquido **no moja** ($\Phi > \pi / 2$)

Si aplicamos los casos anteriores a la forma de las gotas, obtendríamos el siguiente esquema:

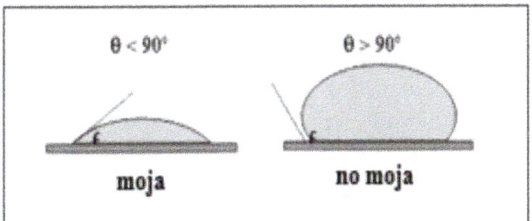

4.5. LEY DE LAPLACE

Si tenemos una superficie de un líquido, y consideramos sólo las moléculas superficiales, la resultante de las fuerzas de interacción entre ellas será nula si la superficie es plana; pero, si por cualquier circunstancia, la superficie no fuera plana sino que tuviera curvatura, tal como se muestra en la figura adjunta, daría una resultante F dirigida hacia la parte cóncava de la curvatura, que evidentemente será tanto mayor cuanto mayor sea la curvatura de la superficie. Esta fuerza F, considerada por unidad de superficie, da lugar a una

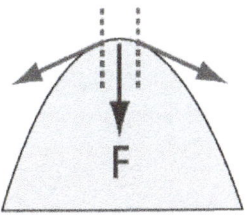

sobrepresión en la zona cóncava, debida exclusivamente a la curvatura de la superficie.

Para demostrar el valor de esta sobrepresión, tomaremos un volumen esférico de radio r de un líquido de tensión superficial σ. A continuación, supondremos que el radio de la esfera se incrementa en dr; evidentemente esto supone un incremento de la superficie en un dS y el volumen se incrementará en un dV. Si el trabajo de expansión de un fluido lo igualamos al trabajo necesario para aumentar la superficie del líquido (energía debida a la tensión superficial), y recordando las expresiones del volumen y superficie de una esfera, podremos poner

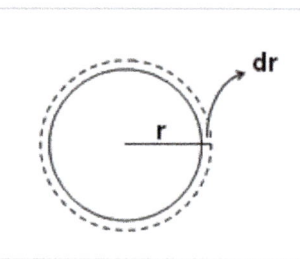

$$V = \frac{4}{3}\pi r^3 \quad \text{(Volumen de la esfera)} \quad dV = 4\pi r^2 dr$$

$$S = 4\pi r^2 \quad \text{(Superficie de la esfera)} \quad dS = 8\pi r\, dr$$

$$dW_{exp} = \Delta P \cdot dV = dW_\sigma = \sigma \cdot dS \rightarrow \Delta P\ 4\pi r^2\ dr = \sigma\ 8\pi r\ dr$$

Expresión que simplificada y despejando ΔP quedará

$$\Delta P = \frac{2\sigma}{r} \tag{4.2}$$

Siendo σ la tensión superficial del líquido y r el radio de curvatura de la superficie.

Esta es la **sobrepresión** que existe en el interior de una gota de agua o de una burbuja. Para el caso de una pompa (el líquido está entre dos superficies muy juntas, hay aire dentro y aire fuera), ese valor se multiplica por 2, puesto que hay dos superficies interfase. Por tanto, la presión interior P_i será

Gota de agua-burbuja: $\qquad P_i = P_{ext} + \dfrac{2\sigma}{r}$ $\qquad\qquad\qquad$ (4.3)

Pompa de jabón: $\qquad\quad P_i = P_{ext} + \dfrac{4\sigma}{r}$ $\qquad\qquad\qquad$ (4.4)

siendo P_{ext} la presión externa. Para una pompa o gota en el aire será la atmosférica.

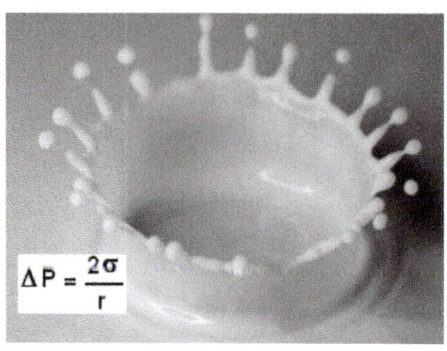

/ **Ejemplo 4.1 Sobrepresión en una pompa de jabón**

Si se forma una pompa de jabón de 2 cm de diámetro ¿cuál será la presión en el interior de la pompa si la presión externa es 1 atm? (tensión superficial del agua jabonosa = 35 mN/m).

Solución: $P_i = P_e + 4\,\sigma/R = 101325 + 4 \cdot 0,035/0,01 = 101325 + 14 = 101339\,Pa$

Los alvéolos pulmonares pueden considerarse como pequeñas esferas que cierran los bronquiolos (figura), en las que se produce el intercambio de oxígeno y dióxido de carbono.

La tensión de las paredes se debe tanto al tejido de la membrana como a un líquido que contiene una larga lipoproteína tensioactiva (surfactante pulmonar), con una tensión superficial ($\sigma \approx 0,050\,N/m$) menor que la del agua ($\sigma_a = 0,072\,N/m$) y que varía con la concentración del surfactante (a mayor concentración de surfactante, menor tensión superficial). Dado que se ha de satisfacer la ecuación $\Delta P = 2\sigma/r$, nos encontraríamos que con un valor del radio pequeño r' (espiración), ΔP tomaría un valor elevado mientras que con r grande (inspiración) ΔP disminuiría.

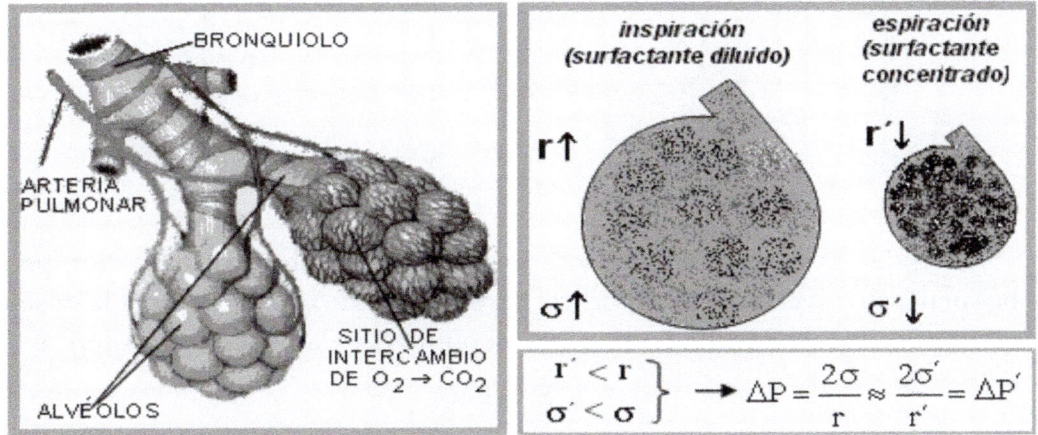

La misión del surfactante es regular el valor de σ, puesto que al disminuir el radio disminuye también la superficie del alveolo, en consecuencia el surfactante se concentra (detalle lateral) y, por tanto, disminuye la tensión superficial del mismo compensando, de esta manera, la variación de presión debida al radio de forma que el cociente $2\sigma/r = \Delta P$ permanece estable.

4.6. CAPILARIDAD. LEY DE JURIN

Entendemos como capilar, un tubo lo suficientemente estrecho como para que los meniscos opuestos entren en contacto, dando lugar a una superficie esférica.

Estos meniscos pueden ser cóncavos o convexos, y la resultante de las fuerzas de tensión superficial dan lugar a fuerzas ascendentes en los meniscos cóncavos y descendentes en los convexos, como se muestra en las figuras adjuntas, en las que están representados los casos del agua (menisco ascendente) y mercurio (menisco descendente). Pero observamos que el ascenso o descenso capilar es tanto más acentuado, cuanto más pequeño es el radio del capilar (figura inferior). Para cuantificar el valor del ascenso capilar, razonamos de la forma siguiente:

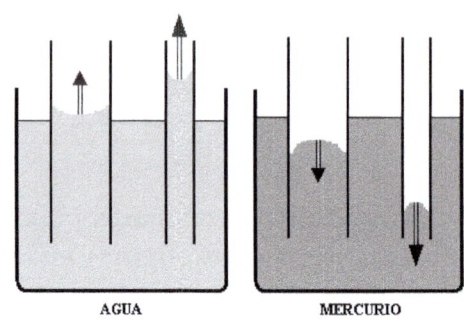

AGUA   MERCURIO

El líquido ascenderá por el capilar hasta que la presión debida a la columna de líquido de altura h sea contrarrestada por la sobrepresión debida a la curvatura del menisco de radio r.

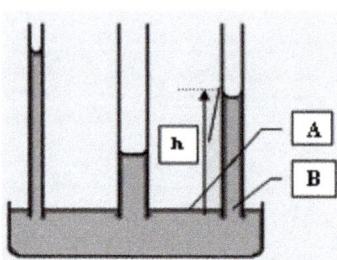
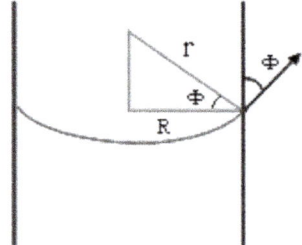

Si consideramos dos puntos A y B, uno exterior al tubo y otro interior, pero ambos al mismo nivel (el de la superficie libre del líquido), deberán tener la misma presión (principio de Pascal). La presión del punto A es la presión atmosférica:

$$P_A = P_{atm}$$

mientras que la presión del punto B, la obtenemos sumando a la presión de una columna de líquido de altura h, la presión debida al menisco (negativa puesto que la fuerza es ascendente), y añadiendo la presión atmosférica.

$$P_B = \rho gh - \frac{2\sigma}{r} + P_{atm}$$

Pero por el principio de Pascal, se deberá cumplir que

$$P_A = P_B \quad \rightarrow \quad \text{es decir: } P_{atm} = \rho gh - \frac{2\sigma}{r} + P_{atm} \quad \rightarrow \quad \frac{2\sigma}{r} = \rho gh$$

Despejando h queda   → $h = 2\sigma/(\rho g r)$

Si ponemos el radio del menisco en función del radio del capilar R y del ángulo de contacto ϕ (figura de la derecha)   → $r = R/\cos\phi$, que sustituida en la expresión de la altura queda definitivamente

$$h = \frac{2\sigma \cos\Phi}{\rho g R} \qquad (4.5)$$

En meniscos ascendentes el coseno es positivo y h también (ascenso capilar), mientras que en meniscos descendentes el coseno es negativo y también h (descenso capilar). Cuanto menor es el radio del capilar, mayor es el ascenso o descenso del líquido en el mismo.

✎ Ejemplo 4.2 Ascenso capilar

La savia, que en verano consiste sobretodo en agua, sube en los árboles por un sistema de capilares de $R = 2,5\cdot10^{-5}$ m. Si el ángulo de contacto es 0° ¿cuál es la máxima altura a la que puede subir la savia en un árbol a 20 °C? ($\sigma = 0,073$ N/m).

Solución: $h = \dfrac{2\sigma \cos\alpha}{\rho\, g\, R} = \dfrac{2\cdot0,073\cdot1}{1000\cdot9,8\cdot2,5\cdot10^{-5}} = 0,596\ m$

4.7. LEY DE TATE. CUENTAGOTAS

Cuando pretendemos dejar fluir libremente un líquido por un tubo suficientemente estrecho, el flujo se produce en forma de goteo, como consecuencia de las fuerzas de tensión superficial ejercidas entre el contorno de salida del tubo, y el líquido. La caída de la gota se produce cuando el peso de la misma es igual a la fuerza de tensión superficial, tal como se aprecia en la secuencia adjunta. La fuerza peso será proporcional al coeficiente de tensión superficial, y a una constante característica del cuentagotas que se mide en unidades de longitud:

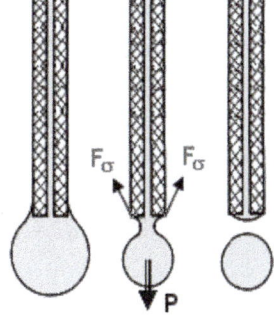

$$mg = k\sigma \qquad (4.6)$$

Esta ley constituye el fundamento del estalagmómetro o cuentagotas, que es uno de los métodos más habituales de medida de tensión superficial.

EJERCICIOS

4.1. Mediante un estalagmómetro se hace gotear 2 volúmenes de 5 cm³ de agua y de cierto medicamento líquido de densidad 1,25. El número de gotas es respectivamente de 25 y 32.

a) Calcula la constante del estalagmómetro.

b) ¿Qué altura alcanzaría el medicamento en un capilar de 0,4 mm de diámetro si el ángulo de contacto es de 30⁰?

c) Si con el medicamento líquido se obtiene una pompa de 8 cm de diámetro, ¿Cuál será la sobrepresión en el interior de dicha pompa? (σ_{agua}= 0,073 N/m).

a) $mg = k\sigma$ → $k = mg / \sigma$ *siendo m la masa de una gota de agua, que la obtenemos de la forma siguiente:*

$m = M_T / n^o\ gotas = V\rho /n = 5·10^{-6} · 10^3 / 25 = 0,2 · 10^{-3}\ kg$

$k = 0,2 · 10^{-3} · 9,8 / 0,073 = 0,0268\ m$

Esto nos permite hallar la tensión superficial del medicamento σ'

Masa de una gota de medicamento = m'

$m' = M_{T'} / n^o\ gotas = V'\rho' /n' = 5·10^{-6} · 1,25· 10^3 / 32 = 0,195 · 10^{-3}\ kg$

$\sigma' = mg / k = 0,195 · 10^{-3} · 9,8 / 0,0268 = 0,0714\ N/m$

b) $h = 2\sigma \cos \phi / (\rho g R) = 2 · 0,0714 · \cos 30 / (1,25·10^3 ·9,8·0,2· 10^{-3}) = 0,05\ m$

c) $\Delta P = 4\sigma' /R = 4·0,0714 /0,04 = 7,14\ Pa$

4.2. Los radios de las ramas de un tubo de vidrio en forma de U son iguales a R_1 = 1 mm y R_2 = 3 mm respectivamente. ¿Qué diferencia habrá entre las alturas alcanzadas en ambas ramas si se introduce agua, suponiendo que el ángulo de contacto es de 0° y la tensión superficial de 73 din/cm?

Tomamos como referencia de alturas la línea de puntos.

Por el Principio de Pascal $P_A = P_B$

$P_A = \rho gh – 2\sigma/R_1 + P_{atm}$

$P_B = - 2\sigma/R_2 + P_{atm}$

$\rho gh – 2\sigma/R_1 = - 2\sigma/R_2$

$h = (1/ \rho g)·(2\sigma (1/R_1 - 1/R_2)) = 0,0099\ m = 1\ cm$

4.3. El agua contenida en un tubo capilar asciende en él una altura, h. Si se le añade al agua una sustancia tensioactiva que modifica la tensión superficial del agua en un 25%. ¿Cuál será la relación entre las alturas? (En ambos casos el ángulo de contacto es el mismo, así como sus densidades).

Recordemos que las sustancias tensioactivas disminuyen la tensión superficial de líquido sobre el que actúan.

Si llamamos σ *a la tensión superficial del agua y* σ' *a la del agua con sustancia tensioactiva, tendremos:*

$\sigma x = \sigma – 0,25\sigma = 0,75\sigma$

Los cálculos de las alturas los hacemos aplicando la ley de Jurin

$$h = 2\sigma \cos \phi / \rho g R$$

$$h' = 2\sigma x \cos \phi / \rho g R$$

$$\left.\right\} \quad h'/h = \sigma'/\sigma = 0{,}75\sigma/\sigma = 0{,}75$$

4.4. El agua contenida en un tubo capilar asciende en él una altura, h, siendo el ángulo de contacto de 0°. Si se le añade al agua una sustancia tensioactiva que modifica la tensión superficial del agua en un 20%, y el ángulo de contacto pasa a ser de 60°. ¿Cuál será la altura h´ de este segundo caso en relación a la altura h del primer caso? σ_agua = 0,073N/m

La tensión superficial del agua con sustancia tensioactiva será el 80% de la inicial

$$h = \frac{2\sigma \cos 0}{\rho g R} = \frac{2\sigma}{\rho g R}$$

$$h' = \frac{2 \cdot 0{,}8 \cdot \sigma \cos 60}{\rho g R}$$

$$\left.\right\} \quad \frac{h}{h'} = \frac{1}{0{,}8 \cdot \cos 60} \qquad h' = 0{,}4\,h$$

4.5. En la figura adjunta se representa la sobrepresión en el interior de dos pompas en función del radio producidas con un mismo líquido, al que en uno de los casos se le ha añadido una sustancia tensioactiva. ¿Cuál de las gráficas responde a este último caso? ¿Por qué?

Si al agua le añadimos una sustancia tensioactiva, el resultado será un líquido con menor tensión superficial que el agua, por lo que en el caso de la figura adjunta, comparamos las sobrepresiones en el interior de dos pompas de ambos líquidos, para un radio cualquiera R, observando que

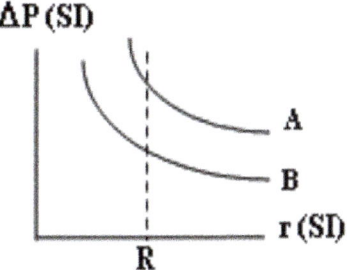

$$\Delta P_A > \Delta P_B \quad y\ como \quad \Delta P = 4\sigma/R \quad \rightarrow \quad \sigma_A > \sigma_B$$

Luego el líquido B es al que se le ha añadido la sustancia tensioactiva.

4.6. Si ponemos dos pompas de jabón de radios R₁ y R₂ en los extremos de un tubo, y abrimos la llave que las comunica ¿cómo evolucionará el sistema? ¿Por qué?

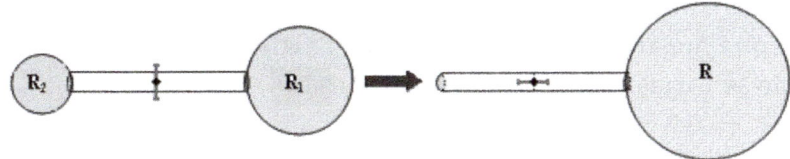

Las pompas de nuestra figura tienen radios R_1 y R_2 con $R_1 > R_2$ y como

$$\Delta P = 4\sigma / R \qquad será \qquad \Delta P_2 > \Delta P_1$$

es decir, la sobrepresión en el interior de la pompa pequeña es mayor que la sobrepresión de la pompa grande, y por lo tanto pasará aire de la pompa pequeña a la grande. El resultado final será una pompa única completada entre las dos ramas (la pompa pequeña completa el casquete que le falta a la grande).

4.7. Calcula el radio de un capilar sabiendo que la máxima altura a la que puede ascender el agua por el mismo es de 30 cm (σ_{agua} = 73 mN/m, ángulo de contacto 0º).

Sustituyendo en la fórmula del ascenso capilar y despejando R sale 4,97 10⁻⁵ m.

4.8. Los alveolos pulmonares están recubiertos de un fluido mucoso que normalmente tiene una tensión superficial de 0,050 N/m; su disposición es tal que se puede aproximar a una burbuja. Si antes de una inspiración el radio de estas cavidades es de 0,5·10⁻⁴ m,

   a) ¿Cuál sería la sobrepresión existente en el alveolo?

   b) Determínese en qué tanto por ciento se tendría que modificar la tensión superficial mediante una sustancia tensioactiva para que, al llenar el alveolo de aire, sólo hiciese falta una diferencia de presión entre el interior y el exterior de 1 mm de Hg, con igual radio que antes.

a) $\sigma = 0,05\ N/m;\ R = 0,5 \cdot 10^{-4}\ m;\ \Delta P = \dfrac{2\sigma}{R}$

$$\Delta P = \frac{2 \cdot 0,05}{0,5 \cdot 10^{-4}} = 2000 Pa = \frac{2000}{101300} 760 = 15\ mmHg$$

b) Pasamos a Pascales la presión de 1 mmHg

$$1\ mmHg = 1 \cdot 101300/760 = 133,28\ Pa$$

y calculamos la nueva tensión superficial σ'

$$133,28 = \frac{2\sigma'}{0,5 \cdot 10^{-4}} \qquad\qquad \sigma' = 3,3 \cdot 10^{-3}\ N/m$$

Y, por último, para hallar el tanto por ciento de variación de la tensión superficial, procederemos de la forma siguiente

$$\%T = \frac{\sigma' - \sigma}{\sigma} 100 = \frac{0,0033 - 0,05}{0,05} = -93,4\%$$

4.9. Se introduce un capilar de radio R = 2 mm, una longitud h = 0,4 m, en un líquido de tensión superficial σ = 0,073 N/m y densidad 1.

   ¿Con qué presión hay que soplar por el extremo libre para que en el extremo sumergido se forme menisco semiesférico?

Dos puntos, como los marcados con A y B situados al mismo nivel, deben estar a la misma presión (Principio de Pascal) $P_A = P_B$

   $P_A = \rho g \,(h + R) + P_{atm}$

   $P_B = -2\sigma / R + \Delta P + P_{atm}$

igualando queda:

   $\rho g \,(h + R) = -2\sigma / R + \Delta P$

   $\Delta P = \rho g \,(h + R) + 2\sigma / R =$

$10^3 \cdot 9,8 \cdot (0,4 + 0,002) + 2 \cdot 0,073 / 0,002 = 4012,6 \; Pa$

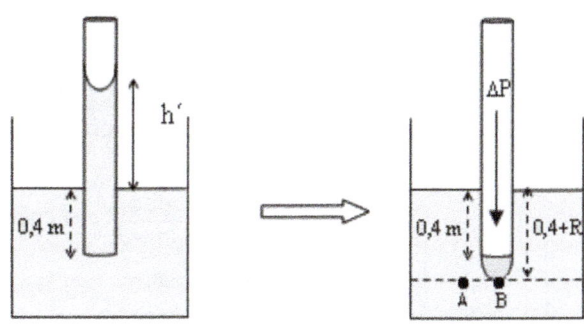

También podríamos resolver el problema comparando la situación inicial con la que se produce al introducir el ΔP. Si no soplamos, el líquido ascendería una altura h´ sobre la superficie libre, y la diferencia entre los dos estados la marcaría la presión que produce una columna de líquido de altura (0,4 + h´ + R), en la que $h´ = 2\sigma \cos \varphi / \rho g R$; $\varphi = 0$; $\cos \varphi = 1$;   (Ascensos capilares) luego la presión de una columna de líquido de altura h´, será $\rho g h´ = \rho g \cdot 2\sigma \cos \varphi / \rho g R = 2\sigma / R$ y definitivamente podremos escribir

   $\Delta P = \rho g \,(R + h + h´) = \rho g \,(h + R) + \rho g \, h´ = \rho g \,(h + R) + 2\sigma / R = 4012,6 \; P$

4.10. Una burbuja de aire de 1 mm de radio se forma a 5 m de profundidad en un estanque de agua salada de densidad 1,03.

¿Cuál es la presión en el interior de la burbuja? ($\sigma_{aire\text{-}agua}$ = 0,073 N/m)

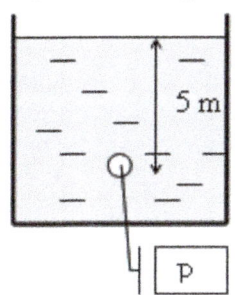

La presión P en el interior de la burbuja la obtenemos sumando la debida a la tensión superficial, la hidrostática y la ambiental.

$$P = \frac{2\sigma}{R} + \rho g h + p_{atm}$$

$P = \; 146 + 50470 + 101300 = 151916 \; Pa$

Obsérvese la escasa influencia del término debido a la tensión superficial.

4.11. Un líquido de densidad 1, asciende por un tubo capilar de 1 mm de radio y alcanza una altura de 1,47 cm (ángulo de contacto 0º). Posteriormente, de este mismo líquido se pesan 50 gotas, obteniéndose un valor de 3,125 g. Calcular la tensión superficial del líquido, así como la constante del cuentagotas.

Del valor del ascenso capilar podemos obtener el valor de σ

$$h = \frac{2\sigma \; \cos \varphi}{\rho g R} \quad \rightarrow \quad 1.47 \cdot 10^{-2} = \frac{2\sigma \cdot 1}{10^3 \cdot 9,8 \cdot 10^{-3}} \quad \rightarrow \quad \sigma = 0,07203 \; N / m$$

La masa de una gota será:

$m = M_T / nº \, gotas \; = 3,125 / 50 = 0,0625 \; g$

La constante del cuentagotas la obtenemos de la ley de Tate

$$m g = k \, \sigma \; \rightarrow \quad k = \frac{m g}{\sigma} = \frac{0,0625 \cdot 10^{-3} \cdot 9,8}{0,07203} = 8,503 \cdot 10^{-3} \; m$$

4.12. Se sumergen en un mismo líquido dos tubos capilares de 0,5 y 1 mm respectivamente, la diferencia de alturas alcanzada por el líquido en ambos capilares es de 2,32 cm. Si la tensión superficial del líquido es de 120 mN/m y su densidad 1, calcular el ángulo de contacto.

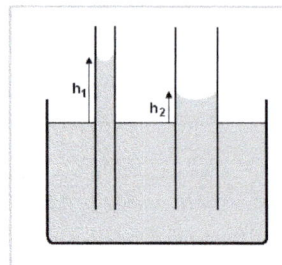

$$h = \frac{2\sigma \cos \varphi}{\rho g R}$$ *si aplicamos la presente fórmula a ambos tubos,*

podremos escribir

$$h_1 = \frac{2\sigma \cos\varphi}{\rho g R_1} \qquad y \quad h_2 = \frac{2\sigma \cos\varphi}{\rho g R_2};$$

restando ambas expresiones quedará

$$h_1 - h_2 = \frac{2\sigma \cos\varphi}{\rho g}\left[\frac{1}{R_1} - \frac{1}{R_2}\right]$$

en la que sustituyendo y despejando

$$2,32 = \frac{2 \cdot 120 \cos\varphi}{1 \cdot 980}\left[\frac{1}{0,05} - \frac{1}{0,1}\right] \quad \rightarrow \quad \cos\varphi = 0,94733 \quad \rightarrow \quad \varphi = 18,68^{\circ} = 18^{\circ}\,40'40''$$

4.13. La presión en el interior de una burbuja con un determinado radio es de 1,292 atm cuando se encuentra en el fondo de una piscina de 3 m de profundidad. Calcula el radio de la burbuja ($\sigma_{agua} = 0,073$ N/m).

La presión en el interior será $P_i = P_e + 2\,\sigma/R = \rho\,g\,h + P_{atm} + 2\,\sigma/R$
Sustituyendo todo en el S.I. y despejando R sale 0,8 mm.

Tema 5   Calor y temperatura

Existen ejemplos en la naturaleza en los que aparentemente no se cumple la conservación de la energía (por ejemplo, un objeto que desliza sobre una superficie y acaba deteniéndose, o un péndulo que se detiene al cabo de un cierto tiempo). Sin embargo, esto es debido a que no estamos considerando todos los tipos de energía. En los ejemplos anteriores, lo que observamos es que no se cumple la conservación de la energía mecánica (suma de energías cinética y potencial). Esto es debido a la existencia del rozamiento entre los objetos y la superficie por la que se desplazan (o entre el péndulo y el aire). Por otra parte, sabemos que el rozamiento entre dos superficies genera calor. Pues bien, cuando a la energía mecánica se le añade la pérdida de energía por calor, observamos que se sigue cumpliendo la conservación de la energía.

En general, los fenómenos físicos que antes considerábamos puramente mecánicos, deberemos estudiarlos en un marco más amplio considerando también esas pérdidas energéticas por calor. La Termodinámica es la parte de la física que estudia el calor y su relación con otras formas de energía, por lo que esta parte de la física resulta fundamental para comprender los distintos fenómenos en su sentido más amplio. Estudiaremos en este tema la diferencia entre el calor y la temperatura, las diferentes formas de transferencia del calor, la capacidad de los cuerpos para producir energía y cómo afectan estos cambios a los seres vivos.

5.1. CALOR Y TEMPERATURA

Los sistemas termodinámicos están definidos por lo que llamamos variables termodinámicas, (Presión, Volumen y Temperatura) y si alguna de estas variables se modifica, decimos que el sistema ha sufrido una evolución. En esta evolución, el sistema puede tomar o ceder calor y realizar o recibir trabajo. Los intercambios térmicos se realizan a través de las superficies de separación, que se llaman diatérmicas si permiten el paso del calor y adiabáticas si no lo permiten. El criterio de signos de las variaciones de estas magnitudes está representado en el esquema de la Figura 5.1.

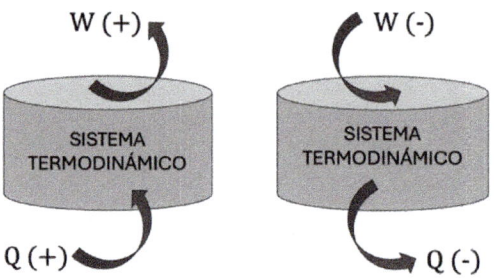

Figura 5.1. El calor (Q) es positivo si entra en el sistema (absorbido) y negativo si sale (cedido). El trabajo (W) es positivo si lo realiza el sistema, y negativo si se realiza sobre él.

Cuando dos sistemas termodinámicos entran en contacto se establece un intercambio energético entre ambos que cesa cuando la propiedad llamada temperatura se iguala en ambos sistemas. Esa energía que se ha transmitido entre los dos sistemas termodinámicos es lo que denominamos calor.

Hasta el siglo XVIII se mantuvo la teoría del calórico: es una sustancia material en los cuerpos. Cuanto mayor es su temperatura, más calórico tienen. En el siglo XVIII Black introdujo el concepto de que el calor es un fluido, que no se puede crear (falso) y que pasa de unos cuerpos a otros incrementando la T del segundo. Definió el calor específico y el calor latente de fusión y vaporización. Quedó clara la diferencia entre Q y T.

Benjamín Thompson (Conde Rumford, 1753-1814) llegó a negar la naturaleza material del calor. Se dio cuenta, al supervisar la perforación de cañones, que necesitaban añadir agua continuamente que hervía al contacto con el hierro. Se suponía que al dividir la materia perdía el calórico que pasaba al agua. Pero Thompson observó que el agua hervía aunque no se taladrara el cañón, cuando las brocas se desgastaban, solo por el rozamiento. Llegó a la conclusión de que la fuente de calor generado por rozamiento es inagotable. Asoció el calor al movimiento.

Lavoisier y Laplace hicieron experiencias biológicas con cerdos viendo cual era el calor desprendido por el animal después de haber comido.

En 1764 Watt fue contratado como ayudante de Black. Inventó la máquina de vapor, quedando bien clara en ese momento la relación entre calor y trabajo.

Hacia 1840-50 se llegó al principio de conservación de la energía, descubierto a la vez por Mayer, Joule y Helmholtz. Mayer era médico, que navegando por los trópicos se dio cuenta de que la sangre allí era más roja que en Alemania. Observó que la energía del cuerpo se obtiene de la combustión del oxígeno, en el trópico hace más calor y es necesaria menos energía por lo que no se gasta tanto oxígeno. Joule midió por primera vez la relación Q – W. Observó que había una diferencia de temperatura entre la parte superior e inferior en una cascada. Para medirla, lo hizo suministrando una cantidad de energía conocida: unas pesas que dejaba caer y movían el agua de un recipiente con unas palas. Dejaba caer las pesas varias veces y se dio cuenta de que la variación de temperatura era proporcional a la energía suministrada (número de veces que dejaba caer las pesas) e inversamente proporcional a la cantidad de agua (masa) Q = m c (Tf – Ti). Lo realizó con otros líquidos y llegó a obtener una relación constante W/Q.

En conclusión, si ponemos dos cuerpos en contacto, el calor es la energía que pasa del cuerpo con mayor T a otro con menor T. Los sistemas termodinámicos no tienen calor, del mismo modo que los sistemas mecánicos no tienen trabajo. Sólo tiene sentido hablar de estas magnitudes cuando el sistema está en evolución, es decir, ambas magnitudes, Q y W, son magnitudes de transformación.

Dicho de otra forma, el trabajo mecánico se manifiesta como consecuencia de las fuerzas aplicadas a un sistema mecánico, y el calor sólo se manifiesta como la energía de transición entre dos sistemas, como consecuencia de su diferencia de temperatura.

Se define la temperatura como la propiedad que tienen en común dos sistemas termodinámicos cuando están en equilibrio entre sí (es decir, cuando sus variables termodinámicas no cambian con el tiempo). Este hecho constituye el llamado principio cero de la termodinámica.

Para sistemas materiales, la temperatura es una medida del estado de agitación de las partículas del mismo, de forma que a mayor agitación tendremos mayor temperatura, mientras que el reposo absoluto de las partículas nos determina el cero absoluto.

Recordemos que, en el caso de los gases ideales, la relación de la temperatura con las otras variables viene dada por la ecuación

$$P\,V = n\,R\,T \tag{5.1}$$

donde P es la presión, V el volumen, T la temperatura, n el número de moles y R la constante de los gases, que vale 8,31 J/mol K.

Escalas termométricas

La forma más práctica de medir la temperatura es utilizar alguna propiedad de la materia que se modifique sensiblemente con las variaciones térmicas. El caso más habitual es usar como referencia la longitud de una columna líquida contenida en un tubo capilar. Como se ve en la Figura 5.2, para definir una escala termométrica necesitamos dos puntos fijos, que cumplan la condición de ser fácilmente reproducibles y que son el punto de fusión del hielo y el punto de ebullición del agua, ambos a la presión atmosférica normal.

En la escala Celsius dichos puntos se numeran con el 0 y el 100 °C, respectivamente. En la escala Fahrenheit con el 32 y el 212, mientras que en la escala Kelvin o escala absoluta de temperaturas, con 273 y 373 K, respectivamente (Figura 5.2).

Para entender la escala Kelvin, debemos tener en cuenta, como hemos mencionado anteriormente, que la temperatura es una medida del estado de agitación de las partículas del sistema, y el cero de la escala Kelvin corresponde al punto en el que dichas partículas han quedado en reposo absoluto (punto teóricamente inalcanzable). Por tanto, en la escala Kelvin no pueden existir temperaturas negativas. Las divisiones de una determinada escala son iguales entre sí, puesto que la propiedad que medimos (la longitud de una columna líquida), varía linealmente con la temperatura. Sin embargo, los incrementos de temperatura son iguales para las escalas Celsius y Kelvin, pero distintos para la escala Farenheit.

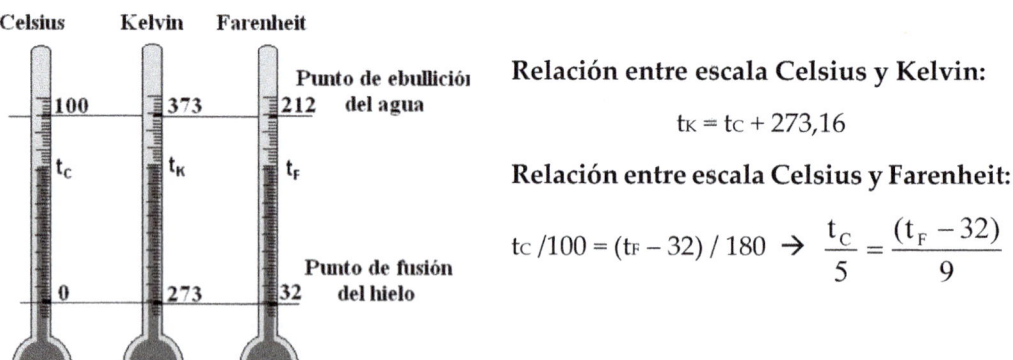

Relación entre escala Celsius y Kelvin:

$$t_K = t_C + 273,16$$

Relación entre escala Celsius y Farenheit:

$$t_C / 100 = (t_F - 32) / 180 \rightarrow \frac{t_C}{5} = \frac{(t_F - 32)}{9}$$

Figura 5.2. Escalas de temperatura Celsius, Kelvin y Farenheit. En el caso de las escalas Celsius y Kelvin, se consideran 100 divisiones entre los puntos de fusión y ebullición del agua, mientras que en el caso de la escala Farenheit el número de divisiones es de 180.

5.2. CALORES ESPECÍFICOS DE SÓLIDOS Y LÍQUIDOS

Si suministramos una cantidad de calor Q a un objeto, se producirá sobre él un aumento de la temperatura ΔT que será proporcional a Q. Este incremento de la temperatura será inversamente proporcional a la masa, por lo que podemos escribir

$$Q = c_e \, m \, \Delta T \qquad (5.2)$$

Esa constante de proporcionalidad c_e dependerá de la sustancia de la que está formado el objeto, por lo que definimos el calor específico c_e como la variación del calor con respecto a la temperatura por unidad de masa

$$c_e = \frac{1}{m} \cdot \left(\frac{dQ}{dT} \right) \qquad (5.3)$$

El calor específico es una característica propia de cada sustancia, cuyas unidades son:

S. I. $J/(kg \, ^{\circ}C) = J/(kg \cdot K)$

c.g.s $ergio/(g \, ^{\circ}C) = ergio/(g \cdot K)$

Es frecuente utilizar como unidad de energía y de calor la caloría, definida como la cantidad de energía necesaria para aumentar la temperatura de 1 gramo de agua en 1 °C.

$$1 \, cal = 4,18 \, J$$

En ese caso el c_e se expresa en $cal/(g \, ^{\circ}C) = cal/(g \, K) = 4180 \, J/(kg \, K)$. En nutrición humana y dietética se usa la "Caloría dietética" que equivale a 1 kcal.

En general, para calcular el calor necesario para llevar a un cuerpo de una temperatura T_1 a otra T_2 es necesario calcular la integral:

$$Q = m \int_{T_2}^{T_1} c_e dT \qquad (5.4)$$

pero para variaciones no muy grandes de temperatura el c_e puede ser considerado como constante, por lo que podremos utilizar la expresión dada por la Ecuación (5.2). En Tabla 5.1 se muestran a modo de ejemplo algunos calores específicos.

Tabla 5.1   Calores específicos de algunas sustancias

Sustancia	Agua	Aceite oliva	Aluminio	Cobre	Mercurio Plomo	Alcohol	Hielo (-10 ºC)
Calor específico (cal/(g K))	1	0,5	0,2	0,09	0,03	0,6	0,5

Se puede ver que el calor específico del agua es considerablemente más grande que el de las demás sustancias. Por ello, el agua es un buen regulador térmico: almacena el calor, o refrigera. El clima junto al mar o grandes lagos o ríos es más suave pues el agua absorbe o desprende gran cantidad de calor variando poco su temperatura.

✏ Ejemplo 5.1 Calor necesario para elevar la temperatura

¿Qué cantidad de calor es necesaria para elevar la temperatura de 3 kg de aceite de oliva y 3 kg de agua de 20 °C a 50 °C? (Obtener de c_e de la Tabla 5.1)

Utilizando la Ecuación (5.2) para el caso del aceite y del agua:
$$Q_{aceite} = 3000 \cdot 0,5 \cdot 30 = 45000 \ cal$$
$$Q_{agua} = 3000 \cdot 1 \cdot 30 = 90000 \ cal$$
Por tanto, se necesita mucha más energía para calentar agua.

✏ Ejemplo 5.2 Eliminar calorías

Una persona de 60 kg piensa que ha comido en exceso 500 Calorías (kcal) y para eliminarlas quiere hacer un trabajo equivalente subiendo escaleras o una montaña ¿qué altura debe subir?

En primer lugar, tenemos que recordar que la energía en este caso se trata de una energía potencial, dada por la expresión: E = m g h.
$$h = E/(mg) = 500\ 000 \cdot 4,2/(60 \cdot 9,8) = 3600 \ m$$
Realmente es aproximadamente el 20 % de esta cantidad, es decir sobre 700 m.

✏ Ejemplo 5.3 Temperatura de equilibrio en una mezcla

Si se vierten 200 cm³ de té a 95 °C en una taza de 150 g a 25 °C ¿cuál será la temperatura final de equilibrio? (ce_{taza} = 840 J/(kg °C); ce_{te} = ce agua).

A partir de la Ecuación (5.2), y considerando que el calor perdido por el té es igual al calor ganado por la taza, en valor absoluto:
$$|\ Q_{te}\ | = |\ Q_{taza}\ | \ \rightarrow \ m_{te}\ ce_{te}\ (95 - T) = m_{taza}\ ce_{taza}\ (T - 25) \rightarrow T = 85,8 \ °C$$

5.3. CALORES ESPECÍFICOS DE GASES

Para el caso de sólidos y líquidos, y dado que ambos son prácticamente incompresibles, no tiene importancia desde el punto de vista calorimétrico, el tipo de evolución. Sin embargo, en los gases, debido a su alta compresibilidad, el calor necesario para alcanzar una determinada temperatura es distinto si la evolución es a presión constante o si es a volumen constante y, por tanto, tendremos que considerar las transformaciones a presión constante (isóbaras), y las realizadas a volumen constante (isócoras).

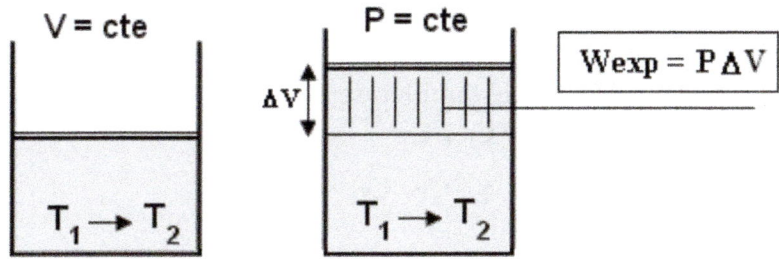

Figura 5.3. Representación esquemática de un proceso en el que se suministra calor a un sistema manteniendo constante su volumen, y otro proceso en el que se intercambia calor manteniendo la presión constante y permitiendo una variación de volumen.

Es evidente que la cantidad de calor necesaria para obtener un mismo incremento de temperatura va a ser mayor en la evolución a presión constante puesto que, además del incremento de temperatura, se produce un incremento de volumen que necesita el consumo de energía correspondiente a un trabajo de expansión (Figura 5.3).

$$dQ_P = dQ_V + dW_{exp} \qquad (5.5)$$

Esto nos obliga a definir un calor específico a volumen constante c_V y otro a presión constante c_P

$$c_P = \frac{1}{m} \cdot \left(\frac{\partial Q}{\partial T}\right)_P \quad y \quad c_V = \frac{1}{m} \cdot \left(\frac{\partial Q}{\partial T}\right)_V$$ pero teniendo en cuenta que en los gases es

más frecuente expresar la masa en moles, las expresiones de uso habitual son:

$$C_p = \frac{1}{n}\left[\frac{\partial Q}{\partial T}\right]_p \rightarrow \quad C_P = \text{Calor molar a presión constante} \qquad (5.6)$$

$$C_v = \frac{1}{n}\left[\frac{\partial Q}{\partial T}\right]_v \rightarrow \quad C_V = \text{Calor molar a volumen constante} \qquad (5.7)$$

En las que n representa el número de moles. Tal como lo hemos expresado las unidades se darán en cal/(mol K) o bien en J/(mol K) (en el S.I.).

Tabla 5.2	Calores molares de gases y coeficiente adiabático (γ)		
	C_V (cal/mol K)	C_P (cal/mol K)	$\gamma = C_P / C_V$
Monoatómicos	3	5	5/3
Diatómicos	5	7	7/5
Poliatómicos	6	8	8/6

Para los gases ideales estos calores específicos no dependen de la masa molecular del gas y se consideran constantes. Su valor según la naturaleza del gas se presenta en la Tabla 5.2, donde también se ha incluido el coeficiente adiabático γ definido como el cociente entre C_P y C_V:

$$\gamma = C_P / C_V \tag{5.8}$$

Relación de Mayer

La relación de Mayer nos proporciona una relación entre C_P y C_V. Para deducir su expresión, se parte de la Ecuación (5.5), realizando las siguientes sustituciones:

$$dQ_P = n \, C_P \, dT \qquad dQ_P = n \, C_V \, dT \qquad dW_{exp} = P \, dV$$

Por otra parte, diferenciando la ecuación de estado $P \, V = n \, R \, T$, obtenemos

$$P \, dV + V \, dP = n \, R \, dT$$

Al tratarse de una evolución a $P = cte \rightarrow dP=0$, por tanto para las isóbaras obtenemos

$$P \, dV = n \, R \, dT$$

por tanto

$$n \, C_P \, dT \;=\; n \, C_V \, dT + P \, dV \;=\; n \, C_V \, dT + n \, R \, dT$$

que nos permite escribir

$$C_P = C_V + R \tag{5.9}$$

que se conoce como relación de Mayer.

5.4. CALORES DE TRANSFORMACIÓN

Cuando una sustancia está sufriendo un cambio de estado, la temperatura permanece constante, ya que toda la energía intercambiada se invierte en el cambio de estado.

Llamamos calor latente de transformación de una sustancia, al calor necesario por unidad de masa, para que se produzca el cambio de estado de la misma

$$L = Q/m \tag{5.10}$$

El cambio de estado se realiza a una temperatura determinada y constante para cada sistema, y la energía transferida es la necesaria para romper (o rehacer) los enlaces moleculares.

✓ Ejemplo 5.4 Calor necesario para vaporizar agua

Determinar el calor que hay que suministrar para convertir 1g de hielo a -20 °C en vapor a 100 °C. Realiza los cálculos tanto en unidades SI como en calorías. Los datos son los siguientes:

Calor específico del hielo:	c_h = 2090 J/(kg K) = 0.5 cal/(g K)
Calor de fusión del hielo:	L_f = 334·10^3 J/kg = 80 cal/g
Calor específico del agua:	c_e = 4180 J/(kg K) = 1 cal/(g K)
Calor de vaporización del agua:	L_v = 2260·10^3 J/kg = 540 cal/g

Para resolver el ejercicio debemos identificar las distintas etapas a lo largo de todo el proceso, teniendo en cuenta los cambios de estado y utilizando la ecuación correspondiente en cada etapa. En unidades SI:

1.Se eleva la temperatura de 1g de hielo de -20 °C a 0 °C

$$Q_1 = m\,c_h\,\Delta T = 0{,}001·2090·(0-(-20)) = 41{,}8\ J$$

2.Se funde el hielo

$$Q_2 = m\,L_f = 0{,}001·334·103 = 334\ J$$

3.Se eleva la temperatura del agua de 0 °C a 100 °C

$$Q_3 = m\,c_e\,\Delta T = 0{,}001·4180·(100-0) = 418\ J$$

4.Se convierte 1 g de agua a 100 °C en vapor a la misma temperatura

$$Q_4 = m\,L_f = 0{,}001·2260·103 = 2260\ J$$

El calor total Q = Q_1 + Q_2 + Q_3 + Q_4 = 3053,8 J.

Si utilizamos calorías, en este caso el cálculo resulta más sencillo:

$$Q_1 = 1·0{,}5·20 = 10\ cal$$
$$Q_2 = 80·1 = 80\ cal$$
$$Q_3 = 1·1·100 = 100\ cal$$
$$Q_4 = 540·1 = 540\ cal$$

Calor total: Q = Q_1 + Q_2 + Q_3 + Q_4 = 730 cal

La representación gráfica de T = f (Q) de todo el proceso para el agua es la siguiente:

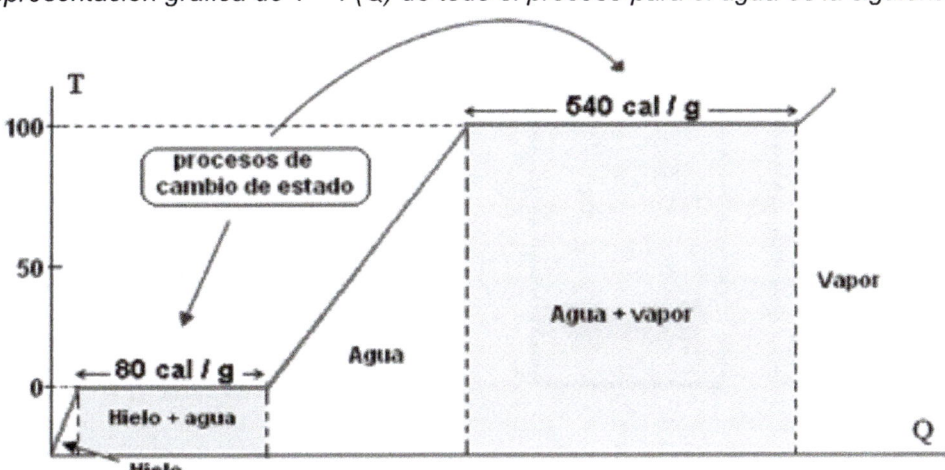

⁄ Ejemplo 5.5 Pérdida de calor del cuerpo humano

Calcula el calor que debe perder un cuerpo humano de 60 kg con fiebre para pasar de 39 a 37 °C. Calcula cuánto hielo a 0 °C se fundiría con ese calor. Considera que el calor específico del cuerpo humano es c_e = 0,83 cal/(g K). $L_{f\ hielo}$ = 80 cal/g

$$Q = -60000·0{,}83·2 = -99\ 600\ cal \rightarrow m = Q/L = 1245\ g\ de\ hielo$$

5.5. CAMBIOS DE ESTADO Y APLICACIONES

Presión de vapor y temperatura de ebullición

Supongamos un recipiente abierto como el de la Figura 5.4 conteniendo agua a una temperatura T. Si ese recipiente se deja a temperatura ambiente, observamos que conforme pasa el tiempo la cantidad de agua va disminuyendo hasta que desaparece por completo, es decir, el agua se ha evaporado. Si ese mismo recipiente se deja a una temperatura superior, se observa que el agua desaparece tanto más rápidamente cuanto mayor sea la temperatura.

Supongamos ahora que el recipiente de la experiencia anterior lo cerramos herméticamente y hacemos el vacío manteniendo la temperatura constante. El líquido también se evaporará con el paso del tiempo como en el caso anterior, pero en lugar de hacerlo en su totalidad, lo hará solo parcialmente debido a que el vapor contenido en el recipiente hermético tiende a impedir que continúen evaporándose nuevas moléculas de líquido; es decir, se ha alcanzado un equilibrio entre la tendencia del líquido a evaporarse y la presión que ejerce el vapor contenido en el recipiente, que es lo que se conoce como presión de vapor a la temperatura T a la que se ha realizado la experiencia. En la Figura 5.5 mostramos la presión de vapor en función de la temperatura para los cuatro líquidos indicados.

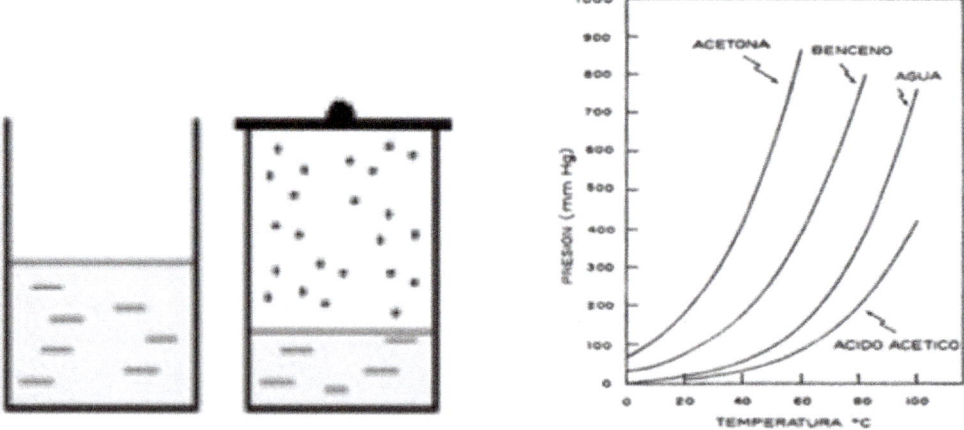

Figura 5.4. Recipiente con agua abierto y recipiente con agua cerrado al que se le ha realizado el vacío.

Figura 5.5. Presión de vapor en función de la temperatura para varios líquidos.

Podría pensarse que, si aumentamos la temperatura a valores muy elevados, también la presión de vapor del líquido aumentaría de una manera extraordinaria. Sin embargo esto no ocurre. Supongamos que en un recipiente abierto (presión de 1 atmósfera) introducimos un líquido y procedemos a un calentamiento progresivo del mismo. Conforme aumenta la temperatura, aumenta la presión de vapor, y moléculas de la superficie del líquido pasan al vapor. Sin embargo, llegará un instante en el que a una determinada temperatura la presión de vapor se iguale a la presión exterior del recipiente (presión atmosférica); en ese momento las moléculas del seno del líquido pasan al vapor, se dice entonces que el líquido hierve.

El concepto de Temperatura de ebullición, puede quedar más claro ahora: un líquido hierve cuando a una determinada temperatura, su presión de vapor se ha igualado con la presión exterior que actúa sobre la superficie del líquido. El agua hierve a 100 °C y 1 atm, ya que a esa temperatura la presión de vapor del agua vale 1 atm.

Una aplicación muy interesante de esta propiedad es la olla a presión que es un recipiente hermético para cocinar que no permite la salida de aire o líquido por debajo de una presión establecida como medida de seguridad. Debido a que el punto de ebullición del agua aumenta cuando se incrementa la presión, podemos subir la temperatura de ebullición por encima de 100 °C, en concreto hasta unos 130 °C. La temperatura más alta hace que los alimentos se cocinen más rápidamente con un considerable ahorro de tiempo y energía.

Con el mismo principio físico que la olla a presión, funcionan las autoclaves. Una autoclave es un recipiente hermético de acero que sirve para esterilizar material de laboratorio, utilizando vapor de agua a alta presión y temperatura. El fundamento de la autoclave es que coagula las proteínas de los microorganismos debido a la presión y temperatura. En las autoclaves comunes se obtienen unas sobrepresiones de 103 kPa, lo cual provoca que el vapor alcance una temperatura de 121 °C. Un tiempo típico de esterilización a esta temperatura y  presión es de 15-20 minutos. Las autoclaves más modernas, permiten realizar procesos a mayores temperaturas y presiones, con ciclos estándares a 134 °C y 200 kPa durante 5 min para esterilizar material metálico; llegando incluso a realizar ciclos de vacío para acelerar el secado del material esterilizado.

Ebulloscopía y crioscopía

Otra cuestión de gran relevancia relacionada con las temperaturas de congelación y ebullición, son los fenómenos conocidos como ebulloscopía y crioscopía.

Elevación del punto de ebullición (ebulloscopía)

La temperatura a la que hierve una disolución es mayor que la del disolvente puro si el soluto es no volátil. En disoluciones diluidas y siendo el soluto no disociable (no iónico), la elevación del punto de ebullición es directamente proporcional a la concentración de soluto. Si llamamos ΔT_e al incremento del punto de ebullición, se cumple:

$$\Delta T_e = K_e \cdot m \tag{5.11}$$

siendo m la molalidad de la disolución y K_e la constante molal del punto de ebullición del disolvente o constante ebulloscópica del disolvente. El valor numérico de K_e es una propiedad del disolvente y es independiente de la naturaleza del soluto dentro de los requisitos generales (no volátil y no disociable en iones).

Descenso del punto de congelación (crioscopía)

Cuando las disoluciones diluidas se enfrían, el disolvente empieza a cristalizar antes de que cristalice el soluto. El instante en el que comienzan a aparecer los primeros cristales, se denomina punto de congelación de la disolución y es siempre inferior al punto de congelación del disolvente puro. Si llamamos ΔT_c al descenso del punto de congelación, se cumple:

$$\Delta T_c = - K_c \cdot m \tag{5.12}$$

siendo m la molalidad de la disolución y K_c la constante crioscópica del disolvente. El valor numérico de K_c es como en el caso de la ebullición, una propiedad del disolvente independiente de la naturaleza del soluto.

⟋ Ejemplo 5.6 Aumento del punto de ebullición
Si la K_e del agua es de 0,513 °C m^{-1} y disolvemos un mol de azúcar (342 g) en 1000 g de agua ¿en cuánto aumentará el punto de ebullición?

$\Delta T_e = K_e \cdot m = 0,513 \cdot 1 = 0,513$ °C, luego esa disolución hervirá a 100,513 °C

⟋ Ejemplo 5.7 Descenso del punto de congelación
Si la K_c del agua es de 1,86 °C m^{-1} y disolvemos un mol de azúcar (342 g) en 1000 g de agua ¿en cuánto disminuirá el punto de congelación?

$\Delta T_c = - K_c \cdot m = - 1,86 \cdot 1 = - 1,86$ °C, luego esa disolución congelará a -1,86 °C

Liofilización

Otra aplicación de los cambios de estado muy usada tanto en la industria farmacéutica como alimentaria es la liofilización, que consiste en la eliminación del agua contenida en un alimento por sublimación. Es un método eficaz para la conservación del producto alimentario o farmacéutico porque los microorganismos que provocan su deterioro necesitan agua para desarrollarse. El proceso consta de tres fases: en primer lugar se congela el alimento a bajas temperaturas (entre -50 °C y -80 °C) de forma rápida para que el tamaño de los cristales de hielo sea pequeño y así estos no provoquen rupturas celulares; en segundo lugar, se hace el vacío, es decir se disminuye la presión para que el agua congelada se evapore sin pasar previamente por el estado líquido (proceso de sublimación) y finalmente se aplica calor al producto congelado y se condensa para convertirlo de nuevo en sólido.

Lo que obtenemos al final del proceso es un alimento íntegro, que conserva casi intactos su color y su aroma y que permanece con su forma original, aunque presenta poros debido a la ausencia de agua. Cuando lo queramos consumir, bastará con mezclarlo con agua caliente para rehidratarlo. Este método de conservación presenta grandes ventajas para los alimentos: se conservan durante largo tiempo a temperatura ambiente; conservan su color, aroma y sabor mejor que con otros métodos de conservación, como la deshidratación o la congelación y además ocupan poco volumen y poco peso.

5.6. MÉTODOS CALORIMÉTRICOS

Por métodos calorimétricos se entiende el conjunto de métodos utilizados para medir calores específicos. Generalmente consisten en la mezcla de dos sistemas a distinta temperatura en un recipiente adiabático llamado calorímetro, de forma que al cabo del tiempo los dos sistemas alcanzan el equilibrio térmico. En un "calorímetro de mezclas" (Figura 5.6) se consideran dos sistemas líquidos o un sistema líquido y otro sólido (el sistema líquido suele ser agua) sin producirse ningún cambio de fase, mientras que en el "calorímetro a temperatura constante" (Figura 5.6) se introduce un sólido en contacto con una cantidad de hielo, produciéndose un cambio de fase.

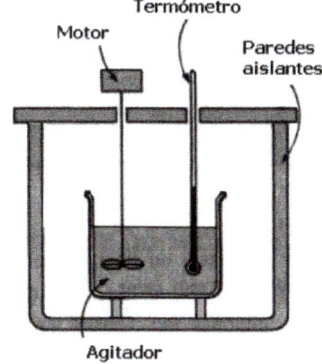

Figura 5.6. Calorímetro de mezclas (izquierda) y calorímetro de temperatura constante (derecha).

Calorímetro de mezclas

En el interior del calorímetro tenemos un líquido (1) de las siguientes características:

masa = m_1, calor específico = c_1, temperatura inicial = t_1

Introducimos un segundo líquido problema (2) con las siguientes características:

masa = m_2, calor específico = c_2, temperatura inicial = t_2

La temperatura del recipiente interior del calorímetro evoluciona juntamente con la del líquido 1, y suponemos que tiene una masa m′ y un calor específico c′. El sistema alcanzará una temperatura de equilibrio t_e, intermedia entre t_1 y t_2. Por ser un sistema adiabático se cumplirá

$$\Sigma Q = 0 \rightarrow \quad m_1 c_1(t_e\text{-}t_1) + m'c'(t_e\text{-}t_1) + m_2 c_2(t_e\text{-}t_2) = 0$$

Si llamamos m′c′= k (equivalente en agua del calorímetro), la incógnita c_2 vendrá dada finalmente por:

$$c_2 = -\frac{(m_1 c_1 + k)\cdot(t_e - t_1)}{m_2 \cdot(t_e - t_2)} \tag{5.13}$$

Calorímetro de temperatura constante

Se utiliza para medir calores específicos de sólidos. Es una modificación del anterior, en el que se coloca hielo fundente (a 0 ºC) en su interior, y presenta un orificio por el que cae el agua que se funde al introducir un sólido de masa *m* a temperatura *t*, de forma que el conjunto acaba a 0 ºC. Si la masa de agua recogida es *M*, podremos escribir:

$$M L_f = m\, c_e\, (t\text{-}0)$$

y despejando el calor específico:

$$C_e = \frac{M L_f}{m\, t} \tag{5.14}$$

Aplicaciones de la calorimetría

El calor específico es una propiedad física de un material y, al igual que otras propiedades físicas vistas en los temas anteriores, su medida es de gran utilidad a la hora de diseñar, procesar y utilizar un producto tanto farmacéutico como alimentario. Una de las técnicas más utilizada en los laboratorios y la industria para este tipo de medidas es la **calorimetría diferencial de barrido** (*Diferential Scanning Calorimetry*, **DSC** en inglés), ya que permite caracterizar una amplia gama de materiales, como polímeros, productos farmacéuticos, alimentos, productos biológicos, productos químicos orgánicos y materiales inorgánicos. Con esta técnica es posible medir el calor específico de una muestra, además de otras propiedades como el punto de fusión, el punto de cristalización o la temperatura de transición vítrea.

La técnica DSC se utiliza en el estudio de los hidratos de carbono para caracterizar la gelatinización y la retrogradación de los almidones (procesos relacionados con la cocción del pan, espesado de salsas, etc.).
También se utiliza en el estudio de las grasas y aceites, especialmente en el procesado de alimentos (por ejemplo estudio de la cristalización de la manteca de cacao en la elaboración de chocolates o punto de fusión de bombones, entre otros). Otra de las aplicaciones de la técnica DSC está relacionada con el proceso de envasado, ya que permite caracterizar las propiedas térmicas de los materiales utilizados en los envases.

5.7. PROPAGACIÓN DEL CALOR

Encontramos tres procedimientos para la transferencia de calor de unos sistemas a otros.

Conducción

Se produce transferencia de energía, pero sin transporte de masa; es un fenómeno típico de sustancias sólidas, en el que las partículas más energéticas (más rápidas) ceden parte de su energía mediante colisiones a las menos energéticas (menos rápidas, de menor temperatura), pero sin que exista variación en la posición relativa de las partículas (Figura 5.7).

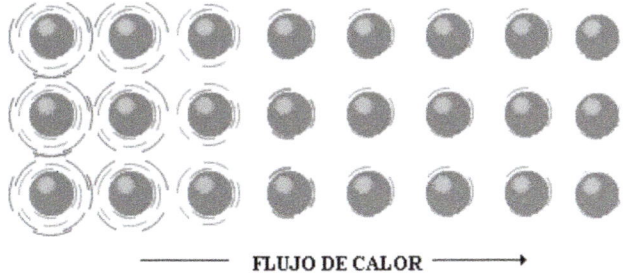

FLUJO DE CALOR

Figura 5.7. Representación esquemática de la transferencia de calor por conducción, en la que se produce una transferencia de energía sin transporte de masa.

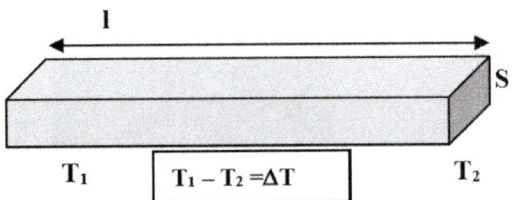

Figura 5.8. Barra de sección constante S y longitud l considerada para obtener la Ecuación (5.16).

Este mecanismo se rige por la ley de Fourier, que nos dice que el flujo de calor transferido es proporcional a la sección por la que se transporta y al gradiente de temperatura entre los puntos considerados

$$\frac{dQ}{dt} = KS\frac{dT}{dl} \tag{5.15}$$

El coeficiente de proporcionalidad K es característico de cada material y recibe el nombre de coeficiente de conducción o conductividad térmica. La integración de esta expresión puede resultar más o menos compleja según la geometría del sistema. Para el caso más sencillo de una barra (Figura 5.8) de sección constante S, y longitud l, la expresión quedaría:

$$\frac{dQ}{dt} = KS\frac{\Delta T}{l} \tag{5.16}$$

Como ejemplo comparativo, se muestra en la Tabla 5.3 los valores de conductividades térmicas para sustancias metálicas, sólidos no metálicos y gases.

Tabla 5.3		Coeficiente de conducción o conductividad térmica para varios materiales			
Sustancia	**K (W/mK)**	**Sustancia**	**K (W/mK)**	**Sustancia**	**K (W/mK)**
Aluminio	205	Ladrillo rojo	0,6	Aire	0,024
Latón	109	Ladrillo aislante	0,15	Argón	0,016
Cobre	385	Corcho	0,04	Helio	0,14
Plomo	34,7	Fibra de vidrio	0,04	Hidrógeno	0,14
Mercurio	8,3	Madera	0,12 – 0,04	Oxígeno	0,023
Plata	406	Hielo	1,6	Nitrógeno	0,16
Acero	50,2	Lana mineral	0,04	Vapor de agua	0,087

Convección

Las variaciones de temperatura en un fluido comportan variaciones de densidad que provocan desplazamientos de masa como consecuencia del empuje hidrostático, es decir, se trata de un fenómeno gravitacional, en el que hay transporte energético como consecuencia del transporte de masa y cuya complejidad depende del sistema. En la Figura 5.8 se muestra las corrientes de convección en un recipiente con un líquido calentado por la parte inferior, que provoca una disminución de densidad del líquido en la zona calentada y, por tanto, su ascenso vertical por la zona central del recipiente, que es compensado por un descenso similar del líquido de la parte superior que se efectúa por la zona periférica. Las fotografías de la derecha se corresponden a las corrientes de convección de un tubo horizontal calentado en el aire, y la segunda imagen se corresponde con un sistema de tubos similares, mostrando las interacciones de dichas corrientes.

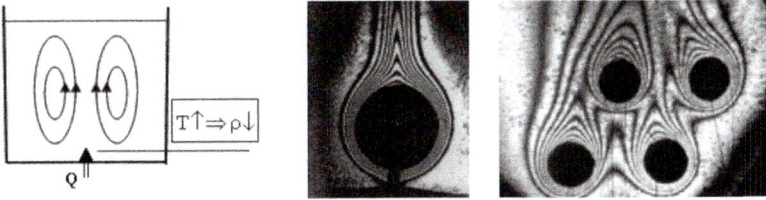

Figura 5.8. Ejemplo de corrientes de convección.

Los fenómenos convectivos se rigen por la ley de Newton

$$\frac{dQ}{dt} = h_c \, S \, \Delta T \tag{5.17}$$

Siendo ΔT la diferencia de temperatura entre los puntos extremos del sistema y h_c el coeficiente de convección, que depende del fluido y de la geometría del sistema.

Los fenómenos convectivos son de gran importancia en meteorología, debido al distinto calentamiento del aire en distintas zonas de la Tierra. Por otra parte, las corrientes de convección en el manto de la Tierra tienen gran influencia en fenómenos geológicos internos, como el movimiento de las placas, los terremotos, volcanes, formación de cordilleras, etc.

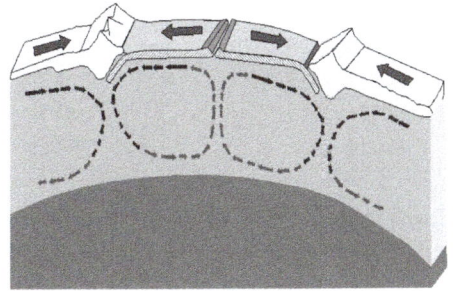

Radiación

Es el proceso de transferencia de calor por radiación electromagnética, no precisa medio material para su transporte. Este fenómeno se rige por la ley de Stephan-Boltzman, que nos dice que la energía radiante que emite cualquier cuerpo es proporcional a la potencia cuarta de su temperatura absoluta.

$$\frac{dQ}{dt} = \varepsilon \sigma \, S \, T^4 \tag{5.18}$$

siendo S la superficie del cuerpo emisor, σ es la constante de Stephan-Boltzman ($\sigma = 5{,}67 \cdot 10^{-8}$ W m^{-2} K^{-4}) y ε recibe el nombre de poder emisivo (o emisividad), que depende de la naturaleza de la superficie, por ejemplo una superficie pintada de negro es mucho más absorbente que si estuviera pintada de blanco (Figura 5.9), en la que la superficie de la izquierda ε tiene un valor igual a 1 (cuerpo negro), mientras que la segunda se corresponde con una superficie con un valor de ε comprendido entre 0 y 1. El cuerpo negro es un caso ideal en el que la radiación incidente es absorbida en su totalidad.

Cuando un cuerpo a una temperatura T y emisividad ε está en un ambiente a temperatura T_a con emisividad $ε_a$, el balance entre la energía que recibe y la energía que irradia se obtendrá mediante la expresión:

$$\frac{dQ}{dt} = \varepsilon_a \sigma S\, T_a^4 - \varepsilon \sigma S\, T^4 \approx \varepsilon \sigma S(T_a^4 - T^4) \tag{5.19}$$

en la que se ha considerado la aproximación $\varepsilon_a \approx \varepsilon$.

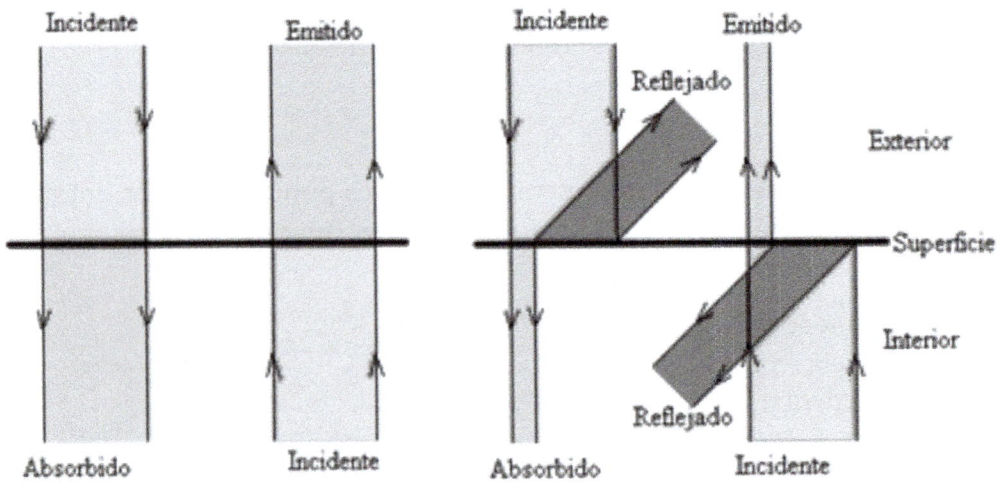

Figura 5.9. Representación esquemática de una superficie de cuerpo negro con una emisividad igual a 1 (izquierda), y de una superficie con una emisividad comprendida entre 0 y 1 (derecha).

✎ Ejemplo 5.8 Pérdida de calor por conducción

Calcula la pérdida de calor por minuto y metro cuadrado de superficie del cuerpo de un hombre, suponiendo que su piel se halla a 28°C, la temperatura exterior es de 8°C y va recubierto de un tejido de lana de 4 mm de espesor. La conductividad térmica de la lana es K = 0,044 kcal/(m h K).

Pasaremos la conductividad térmica K a unidades del SI
K = 0,044 kcal/ (m h K) = (0,044·1000·4.18)/3600 = 0,051 W/mK
como la sección es constante, la ecuación 5.15 la podemos escribir como
Q = 0,051 · 1 · (28 – 8) · 60 / 0,004 = 15300 julios = 3,66 kcal

---

✎ Ejemplo 5.9 Pérdida de calor por convección

El vidrio de una ventana se encuentra a 10 °C y su área es 1,2 m². Si la temperatura del aire exterior es 0 °C, ¿cuánta energía se pierde por convección en cada segundo? El coeficiente de convección en este caso es 4 W/(m² K).

$$\frac{dQ}{dt} = h_c\, S\, \Delta T \ = 4 \cdot 1,2 \cdot (10 - 0) = 48\ W$$

✎ Ejemplo 5.10 Pérdida de calor por convección

En una habitación caliente, una persona desnuda en reposo tiene la piel a una temperatura de 33 °C. Si la temperatura de la habitación es de 29 °C y si el área de la superficie del cuerpo es 1,5 m², ¿cuál es la velocidad de pérdida de calor por convección? Suponer que para una persona desnuda, se puede utilizar el valor medio hc = 7,1 W/m² K.

$$\frac{dQ}{dt} = h_c\, S\, \Delta T \ = \ 7,1 \cdot 1,5 \cdot (33 - 29) = 42,6\ W$$

Una persona en reposo en esta situación produciría calor a una tasa doble que ésta, puesto que la tasa metabólica para dormir es de 1,1 W/kg. Así pues, en estas condiciones moderadas, la convección proporciona el mecanismo para la pérdida del 50% del calor del cuerpo. Si hubiese una ligera corriente de aire, o si la temperatura ambiente fuera menor, la pérdida de calor por convección aumentaría sensiblemente.

5.8. LEY DE ENFRIAMIENTO

Estudia la variación de temperatura con el tiempo cuando un cuerpo caliente se está enfriando. En este proceso pueden presentarse simultáneamente procesos de conducción, convección y radiación.

El fenómeno se rige por la ley de Newton del enfriamiento. Supongamos un cuerpo de superficie S, masa m y calor específico c_e, y cuya temperatura en un instante es T. Si la temperatura ambiente es T_a, el calor perdido por unidad de tiempo será

$$\frac{dQ}{dt} = -\beta\, S\,(T - T_a) \tag{5.20}$$

es decir, el calor perdido (negativo) por el cuerpo es proporcional a la superficie del mismo, a la diferencia de temperatura con el ambiente, y a un coeficiente β, característico del material llamado coeficiente de enfriamiento. Si en la Ecuación (5.20) sustituimos dQ (calor perdido) por dQ = m c_e dT:

$$m\ c_e\ dT/dt\ = -\beta\, S \cdot (T - T_a)$$

en la que separando variables e integrando quedará

$$\int_{T0}^{T} \frac{dT}{T-T_a} = -\beta\, S/m\, c_e \int_{0}^{t} dt = -k \int_{0}^{t} dt$$

La constante $k = \beta\, S/m\, c_e$ se denomina constante de enfriamiento del cuerpo, y tiene dimensiones de t^{-1}. Resolviendo la integral y despejando la temperatura T, obtenemos finalmente la expresión de la ley de Newton del enfriamiento:

$$T = T_a + (T_0 - T_a)\, e^{-kt} \tag{5.21}$$

La Ecuación (5.21) nos propociona la temperatura T del cuerpo, en función del tiempo t transcurrido. Evidentemente, para t = 0, T = T_0, que es la temperatura inicial del cuerpo, y la función se corresponde con una exponencial decreciente con una asíntota horizontal en T_a (Figura 5.10).

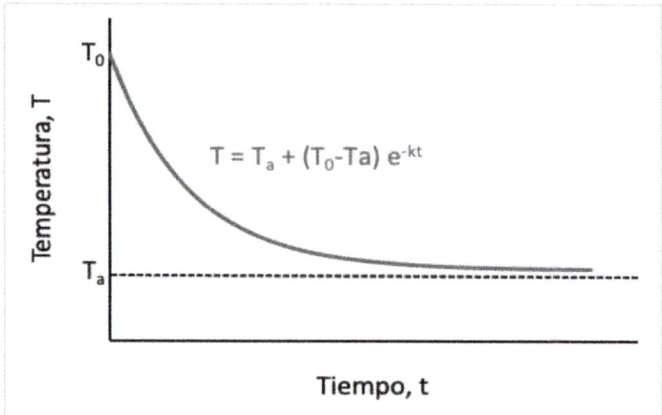

Figura 5.10. Representación gráfica de la ley de enfriamiento de Newton.

5.9. PROCESOS BIOLÓGICOS

Termorregulación en los seres vivos

Los procesos biológicos son en esencia reacciones químicas, y la velocidad de esas reacciones depende fuertemente de la temperatura. Por ejemplo, la correcta acción enzimática requiere no salirse de una relativamente estrecha banda de temperaturas, por debajo de la cual las enzimas no funcionan y por arriba pueden llegar a desnaturalizarse. Es por eso, por lo que los animales denominados homeotermos (de sangre caliente) precisan de un mecanismo capaz de regular la temperatura corporal a fin de que su actividad biológica sea independiente del medio; en cambio, los denominados poiquilotermos (sangre fría), carecen de esos mecanismos reguladores y su actividad biológica va a depender de la temperatura del medio pudiendo llegar a una inactividad casi total.

Evidentemente, la temperatura corporal está determinada por dos fenómenos contrapuestos:

a) **Termogénesis:** es la producción de calor por las funciones propias del organismo. El metabolismo basal de una persona media es de alrededor 70 kcal/h, cuando la persona está desnuda y con una temperatura ambiente de 32 °C. Si sobrepasamos esa temperatura aumenta la producción de calor del organismo ya que con la temperatura aumenta la velocidad de los procesos fisiológicos. Pero evidentemente ese aumento de producción de calor no es adecuado para mantener constante la temperatura del cuerpo. Curiosamente, una disminución de la temperatura ambiente también provoca un aumento de la producción de calor, pero en este caso viene provocado por un aumento de la actividad muscular en forma de temblor; en este caso sí que es un mecanismo adecuado para mantener constante la temperatura del cuerpo.

b) **Termólisis:** es el conjunto de mecanismos por los que el organismo pierde calor. Está claro que en el caso en el que la termogénesis contribuye a aumentar la temperatura corporal, el organismo debe habilitar mecanismos de pérdida de calor a fin de mantener la temperatura corporal constante. Esta pérdida de calor se puede efectuar por cuatro mecanismos diferentes: conducción, convección, radiación y evaporación.

La conducción y la convección tienen una importancia relativa en el conjunto de la termólisis, en cambio la radiación de la piel supone aproximadamente el 65 % del total de la termólisis. Debe tenerse en cuenta que, debido a la ley de Stephan-Boltzman cuanta más superficie expongamos al ambiente, mayor será la radiación (un mecanismo de defensa del frío es encogerse, con lo que disminuimos nuestra superficie). Por lo que a la evaporación se refiere, tengamos en cuenta que un gramo de agua a 100 °C absorbe 540 cal/g al evaporarse, pero si la evaporación se produce a temperatura ambiente la cantidad de calor pasa a ser de unas 580 cal/g. En estado de reposo y de un modo imperceptible, perdemos una pequeña cantidad de agua a través de la piel (perspiración). Al mismo tiempo, por la respiración también perdemos una pequeña cantidad de líquido en forma de vapor de agua, de forma que en conjunto se pierden unos 50 ml/hora. Cuando hay una fuerte actividad muscular, la cantidad de agua eliminada por sudoración aumenta notablemente pudiendo llegar a unos tres litros por hora aumentando la pérdida de calor, pero al mismo tiempo con el sudor se pierden también las sales minerales que se eliminan con él. Cuando la humedad ambiente es elevada, el mecanismo de la sudoración no funciona igual que en un ambiente seco, razón por la cual tenemos mayor "sensación" de calor en verano en zonas húmedas que secas.

Mecanismos de regulación

El organismo debe disponer de algún procedimiento que le permita determinar qué mecanismo debe poner en marcha de la termogénesis o termólisis. Para ello, disponemos de receptores de temperatura distribuidos en la piel y en el sistema nervioso central; los primeros registran la temperatura cutánea y los segundos la temperatura interna o profunda, ambos envían sus datos al hipotálamo que termina funcionando de un modo similar a un termostato. Si el organismo detecta un ambiente de temperatura elevada responde aumentando la circulación periférica (vasodilatación, las personas se ponen "coloradas"), con lo cual la sangre lleva calor al exterior por convección, la piel irradia más calor y al mismo tiempo aumenta la sudoración. Las grandes orejas de los elefantes son precisamente para refrescar la sangre; los perros sacan la lengua con el calor... Por el contrario, en ambiente frío se produce vasoconstricción periférica y para disminuir la radiación, el animal procura disminuir su superficie acurrucándose.

Puede suceder que el sistema termorregulador fracase en su función de mantener la temperatura corporal, y que ésta disminuya o aumente por debajo o por encima de 37 °C. En el primer caso se produce hipotermia, y a medida que la temperatura corporal disminuye, disminuye también el ritmo de la respiración y la frecuencia cardiaca y se pierde la conciencia. Cuando la temperatura corporal baja a 28 °C, el hipotálamo deja de funcionar y la temperatura comienza a descender rápidamente hasta la muerte del sujeto. Sin embargo, si en este punto se le aplica calor externo todavía puede recuperarse. Puede disminuirse la temperatura corporal hasta cerca del punto de congelación, y recuperarse si luego se aplica calor. Pero si la temperatura disminuye por debajo de 0 °C se forman cristales de hielo que rompen los tejidos y producen daños irreversibles

Cuando la temperatura aumenta excesivamente se produce hipertermia o golpe de calor. En este caso aparece dolor de cabeza, confusión, pérdida de la conciencia, aumento de la frecuencia cardiaca, disminución de la presión arterial (porque todas las arterias se dilatan tratando de eliminar calor), y si la temperatura aumenta a 42-43 °C se produce daño cerebral. El golpe de calor es más grave si el sujeto está deshidratado, porque entonces su capacidad de eliminar calor sudando es menor.

Ejemplo 5.11 Pérdida de agua por evaporación
Un corredor de maratón tiene una razón metabólica promedio para la carrera de 1000 kcal/h ¿Cuánta agua perderá por evaporación de la piel en una carrera de 2,5 h si todo el calor fuera perdido por evaporación del sudor? L = 540 cal/g

$$M = Q/L = 2500/540 = 4,6 \ kg$$

Calorimetría biológica y metabolismo basal

Se llama calorimetría animal a los métodos utilizados para medir la energía absorbida y el calor producido por los seres vivos en sus funciones fisiológicas. Las primeras medidas fueron realizadas por Lavoisier y Laplace colocando una cobaya en un calorímetro, en el que el calor producido por el animal se medía a partir de la cantidad de hielo fundido colocado en el calorímetro; al mismo tiempo medían la cantidad de dióxido de carbono producido por el animal, para compararla con la producida por la combustión de una determinada cantidad de carbono. Si bien las conclusiones no fueron totalmente válidas, si que se estableció el hecho de que el calor animal se produce por combustión de un modo análogo al producido en un laboratorio.

Los procedimientos calorimétricos fisiológicos podemos realizarlos mediante calorimetría directa y calorimetría indirecta.

Calorimetría directa

Se trata de medir de un modo directo el calor producido por el animal; para ello se le sitúa en un calorímetro adecuado similar al de la figura adjunta, y en el que el calor producido por el animal en un tiempo concreto, se puede determinar por la cantidad de hielo fundido, que se recoge mediante un recipiente colocado en la parte inferior del calorímetro. Este procedimiento se utiliza en experimentación, y es de fácil realización cuando se trata de animales pequeños.

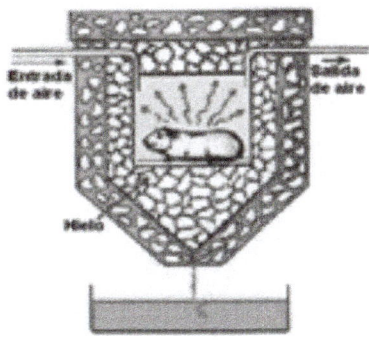

Calorimetría indirecta

Se puede realizar por dos procedimientos distintos:

a) Calorimetría indirecta por balance energético: consiste en medir el valor calórico de los alimentos ingeridos durante un cierto tiempo y restarle el valor calórico de los residuos eliminados. La diferencia entre ambas cantidades será el calor consumido en el organismo. Este método tiene el inconveniente de que durante el período de observación el ser vivo puede quemar sus propias reservas además de los alimentos ingeridos, o tal vez no quemar la totalidad de lo que se ingiere aumentando las propias reservas. Por tanto, para que el método sea fiable, es necesario un período de observación relativamente largo en el que el peso del animal permanezca estable. Los valores calóricos de los alimentos vienen representados en la Tabla 5.4 según que la combustión se efectúe en laboratorio o en combustión fisiológica.

Tabla 5.4	Valores calóricos de los alimentos	
	Valor calórico (kcal/g)	
	En laboratorio	Fisiológico
Glúcidos	4,2	4,1
Lípidos	9,4	9,3
Prótidos	5,4	4,1

De esta forma el calor producido en el intervalo de la observación, se obtendría mediante la expresión

$$Q = M_{\text{glúcidos}} \cdot 4,1 + M_{\text{lípidos}} \cdot 9,3 + M_{\text{prótidos}} \cdot 4,1$$

b) <u>Calorimetría indirecta por cociente respiratorio</u>: se llama cociente respiratorio al cociente entre el volumen de CO_2 producido en la combustión de un alimento y el volumen de O_2 consumido en esa combustión, estando ambos volúmenes en las mismas condiciones de presión y temperatura.

$$CR = \frac{V_{CO_2}}{V_{O_2}}$$

Por ejemplo, la reacción de combustión de la glucosa sería

$$C_6H_{12}O_6 + 6\ O_2 \rightarrow 6\ CO_2 + 6\ H_2O$$

que evidentemente da un cociente respiratorio igual a 1.

Del mismo modo podemos calcular valores promedio del cociente respiratorio de lípidos (0,707) y prótidos (0,801).

Ahora deberemos establecer el concepto de valor calórico del oxígeno que es la cantidad de calor que se desprende del organismo, al ser empleado un litro de oxígeno en la combustión de un determinado alimento. Este valor calórico depende de la sustancia que estemos consumiendo, de modo que resulta diferente para cada tipo de alimento (Tabla 5.5).

Tabla 5.5	Valor calórico del oxígeno
	Valor calórico del oxígeno (kcal/l)
Glúcidos	4,95
Lípidos	4,60
Prótidos	4,48

Tabla 5.6　　　Valor calórico del oxígeno

Porcentaje de glúcidos	Porcentaje de lípidos	Valor calórico de la mezcla (kcal/g)	Cociente respiratorio (no proteico)	Valor calórico del oxígeno (kcal/l)
0	100	9,3	0,707	4,60
20	80	8,3	0,726	4,63
40	60	7,2	0,760	4,67
60	40	6,2	0,817	4,73
80	20	5,1	0,890	4,81
100	0	4,1	1,000	4,95

Si supiéramos el porcentaje exacto de cada uno de los alimentos que se ingieren tendríamos el problema resuelto, pero como normalmente no es así se utiliza el siguiente dato fisiológico: "Un gramo de N_2 eliminado por orina se corresponde con la combustión de 6,15 gramos de prótidos con la combustión de 5,95 litros de O_2, produciéndose 4,75 litros de CO_2".

Este dato permitirá por tanto conocer cuánto oxígeno del total consumido, ha sido utilizado en la combustión de prótidos. Lógicamente el resto habrá sido consumido con lípidos y glúcidos, recibiendo el nombre de oxígeno no proteico; naturalmente también conoceremos los correspondientes volúmenes de CO_2. Todo lo dicho nos permite definir el cociente respiratorio no proteico, que es el definido exclusivamente con el oxígeno quemado con glúcidos y lípidos y el CO_2 producido también con glúcidos y lípidos, es decir excluyendo en ambos casos el O_2 y el CO_2 proteico. El valor calórico del oxígeno quemado con la mezcla de lípidos y glúcidos depende de la proporción en la que consumamos ambas sustancias, y su valor lo obtendremos a partir del cociente respiratorio no proteico (Tabla 5.6).

De esta forma, para obtener el calor total producido por el hombre seguiremos los siguientes pasos.

1) Determinar los volúmenes de O_2 (V O_{2T}) y CO_2 (V CO_{2T}) totales (y por tanto el cociente respiratorio).

$$CR = \frac{V_{CO_2}}{V_{O_2}}$$

2) Conocer la masa de N_2 (masa N_2) eliminada por la orina, que nos permitirá determinar los volúmenes de O_2 (V O_{2P}) y CO_2 (V CO_{2P}) proteicos

Vol O_2 proteico = masa N_2 · 5,95;   Vol CO_2 proteico = masa N_2 · 4,75

3) Obtenemos los volúmenes de O_2 (V O_{2NP}) y CO_2 (V CO_{2NP}) no proteico

V O_{2NP} = V O_{2T} - V O_{2P};   V CO_{2NP} = V CO_{2T} - V CO_{2P}

De esta forma podemos obtener el cociente respiratorio no proteico

$$CR_{NP} = \frac{V_{CO_{2NP}}}{V_{O_{2NP}}}$$

Que nos permitirá de acuerdo con la tabla anterior, obtener el valor calórico del oxígeno no proteico (V_Q)

4) Por último obtendremos el calor total, sumando las aportaciones del oxígeno proteico y no proteico

$$Q = V\ O_{2P} · 4,48 + V\ O_{2NP} · V_Q$$

Metabolismo basal: Es la cantidad de calor que produce un sujeto por metro cuadrado de superficie corporal y por hora, hallándose despierto y en ayunas desde doce horas antes de la determinación; el individuo debe estar en reposo físico y a temperatura agradable. Puede interpretarse por tanto como la cantidad mínima de energía que se necesita para realizar las principales actividades fisiológicas en condiciones de reposo y ayuno. El metabolismo básico es un dato de importancia médica, pues está relacionado con la función tiroidea, aunque en la actualidad se usan medios más eficaces como por ejemplo la fijación del yodo radiactivo por la glándula tiroidea. El metabolismo básico normal oscila alrededor de 40 kcal / $m^2 \cdot h$.

✓ Ejemplo 5.12 Calorimetría indirecta

Una persona, al cabo de un determinado tiempo de observación, consume 1100 litros de oxígeno y excreta por la orina 80 gramos de nitrógeno. Calcular el calor producido por la persona en ese tiempo, sabiendo que el cociente respiratorio total es 0,8.

Empezaremos por obtener el O_2 y el CO_2 proteico:
 80 · 5,95 = 476 litros de O_2 proteico 80 · 4,75 = 380 litros de CO_2 proteico

Del cociente respiratorio obtenemos el volumen de CO_2 total
 V CO_{2T} = 0,8 · V O_{2T} = 0,8 ·1100 = 880 litros de CO_2

Datos que nos permiten obtener los respectivos datos del O_2 y CO_2 no proteicos.
 V O_{2NP} = 1100 − 476 = 624 litros V CO_{2NP} = 880 − 380 = 500 litros

Por interpolación en la Tabla 5.6 encontramos que el valor calórico del oxígeno no proteico para ese CR_{NP} es de 4,713 kcal/l, por lo que finalmente obtenemos
 Q_{NP} = 4,713 · 624 = 2940,9 kcal Q_P = 4,48 · 476 = 2132,5 kcal

---

✓ Ejemplo 5.13 Metabolismo basal

El metabolismo basal (MB) diario (expresado en kcal/día) de una persona puede calcularse de manera muy aproximada como MB = m·24, siendo m la masa de la persona (en *kg*). Una persona de 70 kg tiene la piel a una temperatura de 33 °C, y se encuentra en una habitación con una temperatura ambiente de 29 °C. Calcula su MB y compáralo con la pérdida de calor por convección y radiación. Datos: superficie del cuerpo de la persona, 1.5 m^2; coeficiente de convección, 7.1 W/m^2K; emisividad de la piel, 0.98.

El MB será aproximadamente de 70·24 = 1680 kcal/día. Calculando la pérdida de calor por convección y radiación:
 Convección: dQ/dt = h_c·S·ΔT = 7,1·1,5·(302-306) = 42,6 J/s = 880 kcal/día
 Radiación: dQ/dt = ε·σ·S·(T_a^4-T^4) = 0,98·5,67·10^{-8}·1,5·(302^4-306^4) = 774 kcal/día

En los cálculos anteriores la temperatura se ha expresado en K y se ha utilizado el factor de transformación 1 J/s = 20,65 kcal/día. Por tanto, se puede observar que la pérdida de calor por convección y radiación (880+774=1654 kcal/día) es aproximadamente igual al MB (1680 kcal/día). Este cálculo aproximado nos indica que simplemente la pérdida de calor de una persona en reposo puede compensar el MB, por lo que será necesario aportar energía al organismo (ingerir calorías) para mantener las actividades fisiológicas necesarias para la vida.

EJERCICIOS

5.1. ¿A qué temperaturas coinciden las escalas Celsius y Fahrenheit?

Si tomamos la ecuación de equivalencia de ambas escalas
$t_C /5 = (t_F - 32) / 9$
y hacemos $t_C = t_F = x$, la expresión anterior quedará:
$x /5 = (x - 32) / 9$,
que resolviendo nos da: $x = -40$

5.2. Se quiere enfriar un vaso de té de 100 cm³ a 90 °C. Para ello se introduce un cubito de hielo de 10 cm³ a 0 °C. Sabiendo que el calor latente de fusión del hielo es 334 J/g y que el calor específico del agua y del té es 4,18 J g⁻¹ ºC⁻¹, calcula la temperatura final del té. (Densidad del hielo 0,9; densidad del té 1).

A partir de sus densidades y volúmenes, obtenemos las masas de té (m_t) y hielo (m_h):
$$m_t = 1 \cdot 100 = 100 \text{ g}, \quad m_h = 0,9 \cdot 10 = 9 \text{ g}$$
Al tratarse de una mezcla, $\Sigma \ Q = 0$, por tanto
$$m_a \cdot c \cdot \Delta T + m_h \cdot L + m_h \cdot c \cdot \Delta T' = 0$$
$$100 \cdot 4,18 \cdot (T_e - 90) + 9 \cdot 334 + 9 \cdot 4,18 \cdot (T_e - 0) = 0$$
$$T_e = 75,97 \ ºC$$

5.3. Determina: a) el equivalente en agua de un calorímetro (con su termómetro y agitador correspondientes) si se han colocado en el mismo 50 g de agua, se agita hasta el equilibrio térmico indicando el termómetro 15,2 °C. Posteriormente se introducen 250 g de agua a 22,6 °C y se agita nuevamente alcanzando una temperatura de equilibrio de 20,5 °C. b) Si en estas condiciones se introduce además 128,9 g de alcohol etílico a 30,5 °C siendo la temperatura de la mezcla de 23 °C, calcular el calor específico de dicha substancia.

Estamos ante dos partes independientes del problema
a) Con los datos del primer apartado calcularemos el equivalente en agua del calorímetro
$m_1 c_1 (T_e - T_1) + m'c'(T_e - T_1) + m_2 c_2 (T_e - T_2) = 0$ $m'c' = k$ *(equivalente en agua del calorímetro)*
$m_1 c_1 (T_e - T_1) + k (T_e - T_1) + m_2 c_2 (T_e - T_2) = 0$ *sustituyendo los siguientes datos*
$m_1 = 50$ g; $m_2 = 250$ g; $k = $ desconocido
$T_1 = 15,2$ °C; $T_2 = 22,6$ °C; $T_e = 20,5$ °C; $c_1 = c_2 = 1 cal/g$ ºC
$50 \cdot 1 \cdot (20,5 - 15,2) + k \cdot (20,5 - 15,2) + 250 \cdot 1 \cdot (20,5 - 22,6) = 0$; $k = 49,1$ g

b) Ahora en el calorímetro tenemos $(300 + k) = 349,1$ gramos de agua a 20,5 °C y al añadir alcohol se alcanza una temperatura de equilibrio de 23 °C. Esto nos permite plantear:
$m_1 c_1 (T_e - T_1) + m_2 c_2 (T_e - T_2) = 0$ *en esta ocasión los datos a sustituir son*
$m_1 = 349,1$ g ; $m_2 = 128,9$ g
$T_1 = 20,5$ °C; $T_2 = 30,5$ °C; $T_e = 23$ °C; $c_1 = 1 cal/g$ °C; $c_2 = $ desconocido
$349,1 \cdot 1 \cdot (23 - 20,5) + 128,9 \cdot c_2 \cdot (23 - 30,5) = 0$ $\rightarrow$ $c_2 = 0,9 cal/g$ ºC

5.4. Un trozo de hielo de 10 g está inicialmente a 0 °C. Calcula el calor necesario para transformarlo en agua a 50 °C (L_f = 80 cal/g; $c_{e(agua)}$ = 1 cal/g °C).

Se funde el hielo y se convierte en agua a 0 °C
Q_1 = m L_f = 10·80 = 800 calorías
Se eleva la temperatura del agua de 0 °C a 50 °C
Q_2 = m ce (ΔT) = 10·1· (50-0) = 500 calorías
Q_T = Q_1 + Q_2 = 800 + 500 = 1300 calorías

5.5. Un cuerpo inicialmente a 80 °C se está enfriando en un ambiente a 20 °C y tarda 15 minutos en pasar a 50 °C, calcula: a) La constante de enfriamiento (k). b) El tiempo que tardará en alcanzar una temperatura de 30 °C.

Aplicamos la ley de enfriamiento T = T_a+ (T_0-T_a) e^{-kt}
Sustituimos en esta ecuación las condiciones de nuestro problema :
T = 50 °C;   Ta = 20 °C;   t = 15·60 = 900 s
50 = 20 + (80-20) $e^{-k\,900}$;   k = ln (30/60) /(-900);   k = 0,00077 s^{-1} (o bien k = 0,0462 min^{-1})
Conocida la k, la usamos para la segunda pregunta
30 = 20 + (80-20) $e^{-0,00077\,t}$;   t = 2326,5 s   (38.8 minutos)

5.6. En una experiencia como la de Joule, se ha utilizado un peso de m = 10 kg que se ha elevado a una altura de 2 m. Si el calorímetro completo, con el agua y todos sus accesorios, equivale a una masa de agua m′ de 1,5 kg y la temperatura inicial es de 15 °C, determínese la temperatura final que alcanzará el agua, admitiendo que todo el trabajo mecánico se convierte en calor dentro del calorímetro (Considérese el calor específico del agua c = 4,18·10³ J/kg·K).

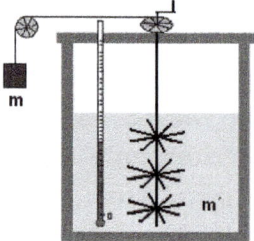

De acuerdo con el principio de conservación de la energía, el trabajo mecánico se convierte íntegramente en calor: W = Q
Siendo en este caso W = m g h   y   Q = m′ c_e ΔT
Igualando ambas expresiones y despejando T_f se tiene: m g h = m′ c_e ΔT
y sustituyendo resulta finalmente: 10 ·9,8 · 2 = 1,5 · 4,18.10³ · ΔT
ΔT = 0,031 °C
luego T_f = T_i + ΔT = 15 + 0,031 =15,031 °C

5.7. Se pretende identificar el metal del que está formada una medalla. Para ello se determina su masa mediante una balanza que arroja el valor de 25 g. A continuación se calienta al «baño María», hasta alcanzar una temperatura de 85 °C y se introduce en el interior de un calorímetro que contiene 50 g de agua a 16,5 °C de temperatura. Al cabo de un cierto tiempo, y tras utilizar varias veces el agitador, la columna del termómetro del calorímetro deja de subir señalando una temperatura de equilibrio de 19,5 °C. ¿Cuál es el calor específico del metal?

Si se aplica la ecuación de conservación de la energía $\Sigma Q = 0$, entonces $Q_1 + Q_2 = 0$

$$m_1\, c_{e1}\, (T - T_1) + m_2\, c_{e2}\, (T - T_2) = 0$$

considerando en este caso el subíndice 1 referido al agua y el 2 referido a la moneda.
Sustituyendo valores en la ecuación anterior se obtiene:

$$50 \cdot 1 \cdot (19{,}5 - 16{,}5) + 25 \cdot c_{e2} \cdot (19{,}5 - 85) = 0$$

Operando y despejando c_{e2} resulta: $\;150 = 1\,637{,}5\, c_{e2.} \;\rightarrow\; c_{e2} = 0{,}09 \; cal/g{}^{\circ}C$

5.8. Se desea obtener 52 g de agua a 20 °C, mezclando agua a 15 °C con agua a 80 °C ¿Qué cantidades deberán tomarse de cada una?

$Q_1 + Q_2 = 0 \;\rightarrow\; m_1\, c_{e1}\, (T_e - T_1) + m_2\, c_{e2}\, (T_e - T_2) = 0 \;\rightarrow\; m_1 \cdot 1 \cdot (20\text{-}80) + m_2 \cdot 1 \cdot (20\text{-}15) = 0$, obteniendo
finalmente la ecuación:

$$5\, m_2 - 60\, m_1 = 0$$

Como tenemos dos incógnitas en la ecuación anterior, necesitamos añadir otra ecuación para resolver
el sistema. Esta ecuación puede obtenerse a partir de la relación entre las dos masas:

$$m_1 + m_2 = 52$$

Finalmente, resolviendo el sistema obtenemos: $m_1 = 4$ g; $m_2 = 48$ g

5.9. Un trozo de hielo de 20 g está a -10 °C y s mezcla con 100 g de agua a 70 °C. Calcula la temperatura final de la mezcla ($c_{e\,hielo} = 0,5$ cal/gK; $c_{e\,agua\,liq} = 1$ cal/gK; $L_f = 80$ cal/g)

Planteando $\; | Q_{\,perdido\;agua}\, | = | \, Q_{\,ganado\;hielo}\, | \;\rightarrow\; 20 \cdot 0{,}5 \cdot 10 + 20 \cdot 80 + 20 \cdot 1 \cdot (T\text{-}0) = 100 \cdot 1 \cdot (70\text{-}T)$
$$T = 44{,}2\ {}^{\circ}C$$

5.10. Se tiene 200 g de agua a 2 °C y se mezclan con una pieza a -60 °C de 100 g de hierro. Calcula la temperatura final de la mezcla y cuánta agua se convierte en hielo ($c_{e\,hierro} = 0,11$ cal/gK; $c_{e\,hielo} = 0,5$ cal/gK; $c_{e\,agua\,liq} = 1$ cal/gK; $L_f = 80$ cal/g)

El problema aquí reside en que la temperatura final de la mezcla ha de estar entre -60 y 2 °C,
pudiendo ocurrir que no todo el agua se congele. Por ello calculamos previamente el calor que
necesitaríamos para calentar el hierro de -60 a 0 °C: $m\, c_e\, \Delta T = 100 \cdot 0{,}11 \cdot 60 = 660$ cal
Por otra parte, el calor que perdería el agua para pasar de 2 a 0 °C: $200 \cdot 1 \cdot 2 = 400$ cal
Como este es menor, significa que parte del agua se congela. Si llamamos x a la masa de agua que
se congela, y planteamos $\; | Q_{\,gana\;hierro}\, | = | \, Q_{\,perdido\;agua}\, | $

$$660 = 400 + x \cdot 80 \;\rightarrow\; m = 3{,}25 \text{ g de agua se congelan.}$$

La T final de la mezcla será 0 °C.

5.11. Un vaso de leche inicialmente a 80 °C se está enfriando en un ambiente a 23 °C y tarda 5 min en pasar a 60 °C. Ahora repartimos la leche en dos vasos iguales con la misma cantidad. Sabiendo que la constante de enfriamiento es inversamente proporcional a la masa, calcula el tiempo que tardaría cada vaso en alcanzar 40 °C.

Aplicando la ley de enfriamiento de Newton al vaso grande, se llega a k = 0,00144 s⁻¹. Ahora, para los vasos mitad, como m es la mitad, k será el doble. Aplicando esta nueva k a la segunda condición se llega a que el tiempo será 270 s = 4,5 min (se entiende que es el tiempo desde que se separó la leche en dos vasos).

5.12. ¿Cuál será la temperatura final de equilibrio de un vaso de leche con 100 ml a 90 ℃ donde introducimos (totalmente) una cucharilla de acero de 80 g que estaba a temperatura ambiente (20 ℃)? Calor específico de la leche entera = 0,93 cal/g K. Densidad leche entera= 1,032 g/cm³. Calor específico acero inoxidable = 510 J/kg K

Calculamos, a partir de la densidad, la masa de la leche = 103,2 g

Planteando / Q ganado cuchara / = / Q perdido leche /

Se obtiene finalmente T = 83,6 ℃

5.13. Calcula la cantidad de calor que se necesita extraer para enfriar 100 toneladas de helado de chocolate líquido que es producido a una temperatura de 65 °C y se debe conservar a una temperatura de -24 °C, sabiendo que su punto de congelación dado el alto contenido en azucares es de -12 °C.
Datos: calor específico chocolate líquido=3,26 kJ/kg·K; calor específico chocolate congelado=2,78 kJ/kg·K; calor latente de fusión del chocolate=209,68 kJ/kg.

$Q = m\ c_{e\ líquido}\ \Delta T + m\ L_f + m\ c_{e\ sólido}\ \Delta T$ *(todos en valor absoluto)*

$= 100\ 000 \cdot 3,26 \cdot (65 + 12) + 100\ 000 \cdot 209,68 + 100\ 000 \cdot 2,78 \cdot 12 =$

$= 25,102 \cdot 10^6 + 20,968 \cdot 10^6 + 3,336 \cdot 10^6 = 49,4 \cdot 10^6\ kJ = 49,4 \cdot 10^9\ J$

Tema 6 Primer principio de la Termodinámica

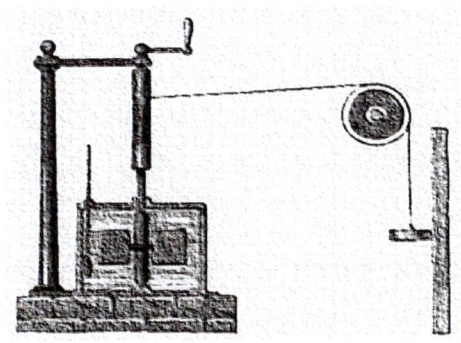

- 6.1. Ley de Joule. Energía interna
- 6.2. Ecuaciones de transformación
- 6.3. Variaciones de calor y trabajo en las distintas transformaciones
- 6.4. Concepto de Entalpía

Como ya indicamos en el tema anterior, es necesario tener en cuenta el intercambio de energía en forma de calor además de la energía mecánica en sus formas de energía cinética o potencial. Veremos en este tema que el Primer Principio de la Termodinámica básicamente es una forma de expresar el principio fundamental de conservación de la energía, incluyendo explícitamente el término energético del calor. Nos centraremos sobre todo en el caso de sistemas formados por un gas ideal, introduciendo el concepto de energía interna y de trabajo de expansión.

El análisis termodinámico (o térmico) de un sistema tiene distintas aplicaciones en la industria fisicoquímica, como la metalurgia, la farmacia o la alimentación. En el tema anterior ya vimos algunos ejemplos de aplicaciones relacionadas con los puntos de fusión o el calor específico, pero el análisis de las variaciones de energía en distintas transformaciones también resulta de gran utilidad.

6.1. LEY DE JOULE. ENERGÍA INTERNA

Si realizamos una evolución termodinámica definida en un diagrama presión-volumen (Figura 6.1), desde el punto A al B, se cumplirá que el calor necesario para ir del punto A al punto B, es distinto si vamos por el camino (1) que si lo hacemos por el camino (2)

$$Q_{AB}(1) \neq Q_{AB}(2)$$

Este hecho nos indica que el calor es una magnitud de transformación y su valor depende de la trayectoria escogida en la evolución. De forma análoga, si consideramos el trabajo involucrado en los dos caminos, tendremos

$$W_{AB}(1) \neq W_{AB}(2)$$

Es decir, el trabajo de la evolución también es magnitud de transformación. Sin embargo, cuando consideramos la diferencia entre ambos:

$$Q_{AB}(1) - W_{AB}(1) = Q_{AB}(2) - W_{AB}(2)$$

Por tanto, el calor y el trabajo considerados independientemente dependen de la forma de realizar la evolución, pero su diferencia depende tan sólo de las coordenadas de los estados final e inicial.

La diferencia entre el calor y el trabajo de una determinada evolución es independiente del camino recorrido. Es, por tanto, una magnitud de estado y recibe el nombre de energía interna, U:

$$\Delta U = Q - W \tag{6.1}$$

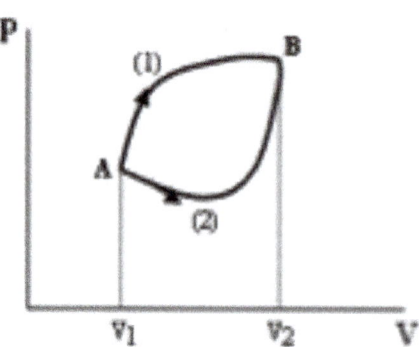

Figura 6.1. Diagrama termodinámico PV (diagrama de Clapeyron). En un diagrama termodinámico los estados del sistema se representan por puntos. Una determinada transformación conecta dos estados (dos puntos del diagrama). En la figura tenemos dos estados (A y B), conectados por dos transformaciones (1 y 2). Cuando una magnitud tiene valores distintos dependiendo del tipo de transformación, se dice que es una magnitud de transformación, mientras que si su valor es el mismo independientemente de la transformación, entonces se trata de una magnitud de estado.

✎ Ejemplo 6.1 Variación de energía interna

Una cantidad de calor de 2500 J se agrega a un sistema y se efectúan 1800 J de trabajo sobre él. ¿Cuál es el cambio en su energía interna? ¿Y si es el sistema el que hace el trabajo?

En el primer caso será Q > 0 y W < 0 → ΔU = Q – W = 2500 – (-1800) = 4300 J
Es decir, aumenta su energía interna en 4300 J.
En el segundo caso será Q > 0 y W > 0 → ΔU = Q – W = 2500 – 1800 = 700 J
Es decir su energía interna aumenta menos, 700 J.

Experiencia de Joule

Disponemos de dos cápsulas encerradas en un sistema adiabático comunicadas por un tubo con una llave como se muestra en la Figura 6.2. Inicialmente un gas está encerrado en una de las cápsulas, mientras que en la otra se ha hecho el vacío. Al abrir la llave, el gas se expansiona contra el vacío (P = 0; W = 0) y se observa que la temperatura permanece constante. Como el calor y el trabajo son nulos, la variación de energía interna del gas también es nula, y como han variado las condiciones de presión y volumen, concluimos que la energía interna del gas no depende ni de la presión ni del volumen; sólo depende de la temperatura.

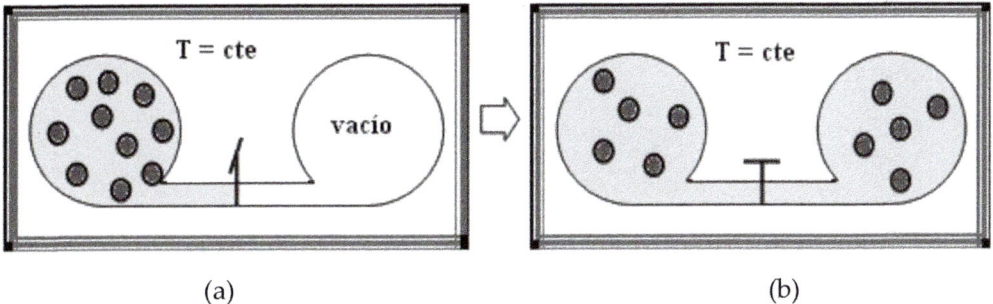

(a)   (b)

Figura 6.2. Representación esquemática del experimento de Joule de la energía interna. Dos recipientes están conectados por un tubo con una llave cerrada, con el gas encerrado en una de las cápsulas y el vacío en la otra cápsula (a). Al abrir la llave, el gas se expansiona ocupando las dos cápsulas (b).

Para encontrar el valor de la variación de energía interna, calentaremos un gas a volumen constante, y como el trabajo de expansión es nulo, el calor coincidirá con la variación de energía interna, ΔU, que queda establecida como magnitud de estado:

$$Q = \Delta U = n\, C_V\, \Delta T \tag{6.2}$$

que expresada en forma diferencial, quedará dU = n Cv dT, expresión aplicable a cualquier transformación, pues la energía interna, como función de estado que es, sólo depende del estado inicial y final de la evolución.

Para cualquier tipo de transformación, el calor suministrado al sistema se invierte en modificar la energía interna del mismo, y en trabajo de expansión. Teniendo en cuenta que este trabajo de expansión es $\Delta W = F \, \Delta l = P \, s \, \Delta l = P \, \Delta V$

$$dQ = dU + PdV \tag{6.3}$$

que es la ecuación del **primer principio de la Termodinámica**, en la que el calor y el trabajo son magnitudes de transformación (su valor depende del tipo de transformación), y la energía interna es función de estado y, por tanto, independiente del tipo de evolución. El primer principio de la Termodinámica se conoce también como principio de **conservación de la energía** y se puede enunciar como "la energía ni se crea ni se destruye, solo se transforma".

6.2. ECUACIONES DE TRANSFORMACIÓN

Llamamos ecuaciones de transformación a las ecuaciones utilizadas para relacionar las variables termodinámicas (P, V y T) de los estados inicial y final de una determinada transformación.

Partiendo de la ecuación de estado de un sistema aplicada al estado inicial (1), $P_1V_1 = nRT_1$, y al estado final (2), $P_2V_2 = nRT_2$, podemos dividir ambas expresiones para obtener finalmente:

$$\frac{P_1 V_1}{T_1} = \frac{P_2 V_2}{T_2} \tag{6.4}$$

A partir de esta ecuación, podemos aplicar las restricciones que imponga el tipo de transformación, como se muestra en la Tabla 6.1.

Tabla 6.1   Ecuaciones de transformación para un gas ideal

Isóbaras (P = cte)	Isócoras (V = cte)	Isotermas (T = cte)	Adiabáticas (Q = 0)
$\dfrac{V_1}{T_1} = \dfrac{V_2}{T_2}$	$\dfrac{P_1}{T_1} = \dfrac{P_2}{T_2}$	$P_1 V_1 = P_2 V_2$	$P_1 V_1^{\gamma} = P_2 V_2^{\gamma}$ $T_1 V_1^{\gamma-1} = T_2 V_2^{\gamma-1}$ $P_1^{\gamma-1}/T_1^{\gamma} = P_2^{\gamma-1}/T_2^{\gamma}$

La deducción de las ecuaciones de transformación para los casos de isóbara, isócora e isoterma es directa a partir de la Ecuación (6.4). Sin embargo, la deducción para las evoluciones adiabáticas (Q = cte, dQ = 0) es más laboriosa, y puede realizarse a través de la ecuación del primer principio.

$$dQ = dU + PdV = 0 \rightarrow nC_v\, dT + PdV = 0 \tag{6.5}$$

Despejando dT de la ecuación de estado en forma diferencial:

$$PdV + VdP = nRdT \rightarrow dT = (PdV + VdP)/nR \tag{6.6}$$

Sustituyendo la expresión de dT de la Ecuación (6.6) en la Ecuación (6.5),

$$n\, C_v\, (PdV + V\, dP)\, /\, nR\ \ + PdV = 0 \rightarrow C_v\, PdV + C_v\, V\, dP + R\, PdV = 0$$

en la que sacando factor común PdV de $(C_v + R)$ y aplicando la relación de Mayer $(C_v + R = C_p)$, podemos obtener

$$(C_v + R)\, PdV + C_v\, V\, dP = 0 \rightarrow C_p\, PdV + C_v\, VdP\ = 0$$

en la que dividiendo los dos términos por C_v y recordando la definición de coeficiente adiabático de un gas, $\gamma = C_p/C_v$, quedará

$$\gamma\, PdV + VdP\ = 0$$

Dividiendo por PV y realizando la integración, obtenemos finalmente

$$\gamma \int \frac{dV}{V} + \int \frac{dP}{P} = 0 \rightarrow \gamma \ln V + \ln P = cte \rightarrow \mathbf{PV^{\gamma} = cte}$$

El resultado anterior puede expresarse también en función de la evolución entre un estado (1) y un estado (2), de forma que

$$\mathbf{P_1 V_1{}^{\gamma} = \ P_2 V_2{}^{\gamma}} \tag{6.7}$$

A partir de esta última ecuación es fácil obtener, combinándola con la ecuación de estado (PV = nRT), otras dos ecuaciones equivalentes:

$$\mathbf{T_1 V_1{}^{\gamma-1} = \ T_2 V_2{}^{\gamma-1}} \tag{6.8}$$

$$\mathbf{P_1{}^{\gamma-1}/T_1{}^{\gamma} = \ P_2{}^{\gamma-1}/T_2{}^{\gamma}} \tag{6.9}$$

Representación gráfica de las distintas transformaciones

En algunas ocasiones resulta conveniente representar gráficamente las distintas transformaciones, como por ejemplo en un diagrama PV. En este caso, la gráfica para el caso de transformaciones isóbaras (P cte) e isócoras (V cte) es fácil de deducir (Figura 6.3a y Figura 6.3b). En el caso de una isoterma, al cumplirse PV=cte, la relación entre P y V será del tipo (P = cte/V), obteniendo en este caso una curva como la mostrada en la Figura 6.3c (se trata de una gráfica del tipo y = 1/x). En el caso de una adiabática, la gráfica es similar a la Figura 6.4c, ya que se cumple

$P=cte/V^\gamma$. Sin embargo, es posible distinguir gráficamente una isoterma de una adiabática, tal y como se explica en el apartado siguiente.

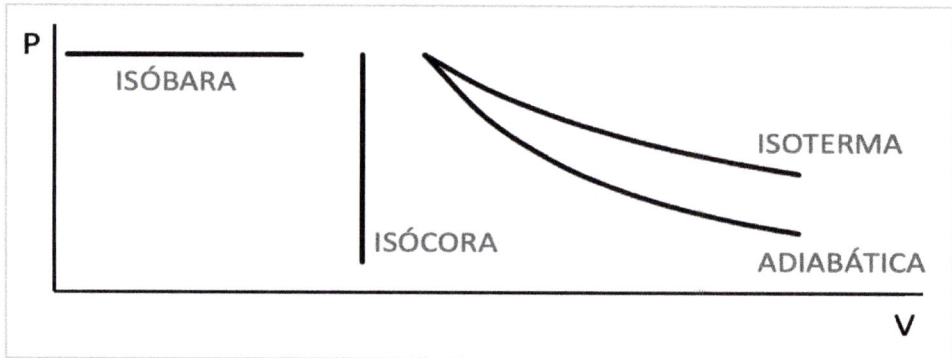

Figura 6.3. Representación gráfica de distintas transformaciones en un diagrama PV: isóbara, isócora, isoterma y adiabática.

Relación entre la pendiente de una isoterma y una adiabática

Las dos curvas de la figura 6.4 son una isoterma (PV = cte), y una adiabática (PV$^\gamma$ = cte).

La pendiente en un punto es $m = \dfrac{dP}{dV}$; como en una isoterma PV = cte →

$$PdV + VdP = 0 \rightarrow \quad \frac{dP}{dV} = -\frac{P}{V}$$

efectuando la misma operación en la adiabática $PV^\gamma = cte \quad \rightarrow \dfrac{dP}{dV} = -\gamma\dfrac{P}{V}$

es decir, en el punto de cruce (punto A) la pendiente de la adiabática es γ veces superior a la de la isoterma. $m_{adiab} = \gamma\, m_{isot}$

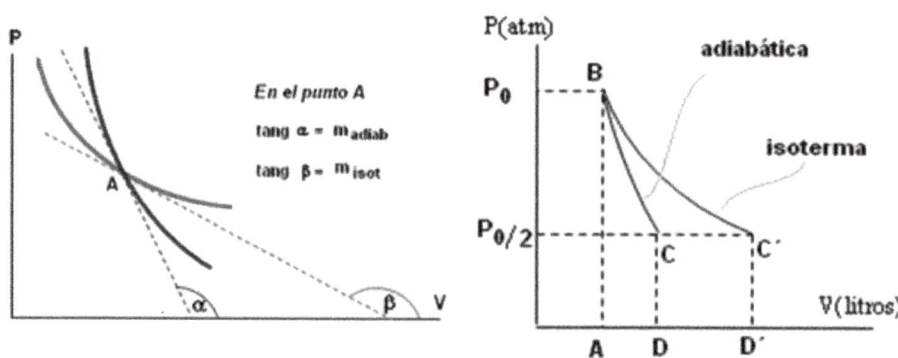

Figura 6.4. Representación gráfica de una isóbara y una isoterma, en la que se observa que la pendiente de la adiabática es más pronunciada que la de la isoterma.

Este hecho es importante a la hora de prever el trazado de una evolución entre dos puntos. Por ejemplo, a partir de un determinado punto (estado) podemos considerar una transformación en la que la presión quede reducida a la mitad de la inicial siguiendo o bien una evolución adiabática o bien una evolución isoterma. En ese determinado estado ambas curvas coincidirían, y para distinguirlas deberíamos tener en cuenta que la pendiente de la adiabática tiene que ser γ veces mayor que la de la isoterma (siendo $\gamma > 0$). Por tanto, la adiabática tiene que ser más "vertical" (con mayor pendiente) que la curva isoterma.

6.3. VARIACIONES DE CALOR Y TRABAJO EN LAS DISTINTAS TRANSFORMACIONES

Para deducir las expresiones del calor y el trabajo para las cuatro transformaciones indicadas en la Tabla 6.1, debemos considerar las expresiones del calor para un gas (sin cambios de fase) vistas en el tema anterior, la definición para el trabajo $dW = PdV$, y el primer principio de la Termodinámica expresado por la Ecuación (6.4). Recuerda que en todos los casos la energía interna viene dada por la Ecuación (6.2), y en el caso particular de una transformación isoterma $\Delta U = 0$.

Isóbaras: P = cte

$$dQ = n\,C_p\,dT \rightarrow Q = n\,C_p\,\Delta T$$

$$dW = P\,dV \rightarrow W = \int_1^2 P(dV) = P\,(V_2 - V_1)$$

Isócoras: V = cte

$$dQ = dU = nC_v\,dT \rightarrow Q = \Delta U = n\,C_v\,\Delta T$$

$$dV = 0 \rightarrow W = 0$$

Isotermas: T = cte

$$\Delta U = 0 \rightarrow Q = W$$

$$Q = W = \int_1^2 P(dV) = \int_1^2 nRT\,\frac{dV}{V} = nRT\,\ln\frac{V_2}{V_1} = nRT\,\ln\frac{P_1}{P_2}$$

Adiabáticas: Q = cte

$$dQ = 0 \rightarrow \Delta U = -W = n\,C_v\,\Delta T$$

Métodos gráficos

La representación de una transformación en un diagrama PV nos permite calcular el trabajo gráficamente. En la evolución del estado 1 al 2 (Figura 6.5a), debemos calcular el trabajo como

$$W = \int_1^2 P(dV)$$

Pero observamos que esa integral coincide con el área bajo la curva y los límites de la integración (tal como calculamos áreas por integración en geometría analítica, Figura 6.5b).

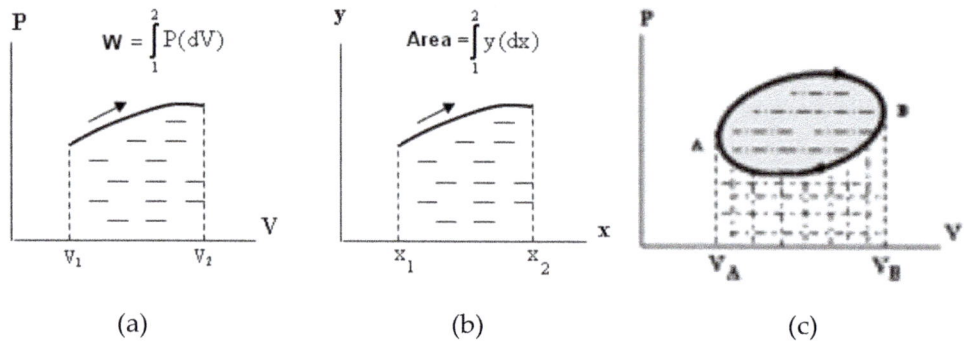

(a)   (b)   (c)

Figura 6.5. Interpretación gráfica del trabajo. En un diagrama PV, el valor del trabajo coincide con el área encerrada bajo la transformación. El sentido de la transformación indicará el signo del trabajo. En el caso de un ciclo cerrado, el trabajo coincide con el área encerrada por el ciclo.

Es evidente que si la evolución es un ciclo cerrado, el trabajo coincidirá con el área del mismo, y este trabajo será positivo si el ciclo se recorre en el sentido de las agujas del reloj, y negativo si se recorre en sentido contrario. En la Figura 6.3c, en la que se recorre un ciclo completo, el trabajo correspondiente al tramo AB es positivo (rayado horizontalmente), ($V_B > V_A$), mientras que el correspondiente al tramo BA (rayado verticalmente), por la misma razón es negativo. Por tanto, la suma de ambos se corresponderá con el área del ciclo (fondo gris).

$$W_T = W_{AB} + W_{BA} = \text{Área del ciclo}$$

✎ Ejemplo 6.2 Cálculo de Q, W, ΔU en un ciclo

Un gas ideal describe el ciclo que se muestran en la figura. Calcula los términos de energía W, ΔU y Q para el ciclo.

El ciclo representado en la figura da lugar a una forma rectangular, por lo que se puede calcular su área mediante el producto de los lados del rectángulo. El lado vertical tiene un valor de 2 – 1 = 1 atm, mientras que el lado vertical tiene un valor de 6 – 4 = 2 L.

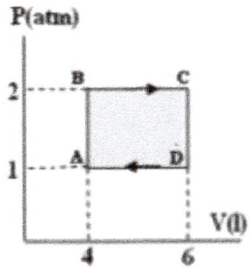

Por tanto, el área del ciclo será: 1·2 = 2 atm·L = 202,6 J (considerando el cambio de unidades de atm a Pa y de L a m³). Como el trabajo del ciclo coincide con el área, y su valor es positivo en sentido de las agujas del reloj, obtenemos finalmente: W = 202,6 J

En un ciclo, el punto inicial (A) es el mismo que el punto final, por tanto:ΔU = nCv(T$_A$-T$_A$)=0

A partir del primer principio de la Termodinámica: Q = ΔU + W → Q = W = 202,6 J

Recuerda que un ciclo siempre se cumple que ΔU=0 y que Q=W.

6.4. CONCEPTO DE ENTALPÍA

Es muy frecuente en reacciones químicas que éstas se realicen a presión constante; el calor de reacción a presión constante lo podremos poner como

$$Q = \Delta U + P \, \Delta V = U_2 - U_1 + (PV_2 - PV_1) = (U_2 + PV_2) - (U_1 + PV_1) = H_2 - H_1$$

La función **H = U+PV** recibe el nombre de Entalpía y su variación representa el calor de reacción a presión constante. Ya que su valor sólo depende del estado inicial y final, significa que es una función de estado. Por tanto, la expresión de la entalpía será

$$\Delta H = n \, C_P \, \Delta T \tag{6.12}$$

✎ Ejemplo 6.3. Variación de entalpía

Un gas experimenta en una transformación una variación de energía interna de 209 J y una variación de entalpía de 292,6 J. Calcula Cp/Cv e indica qué tipo de gas es.

ΔH = nCp ΔT   ΔU = n C$_v$ ΔT

Dividiendo ambas expresiones se obtiene ΔH/ ΔU = Cp / Cv = 1,4 = 7/5.

Se trata de un gas diatómico (ver tabla 5.2 del tema 5).

EJERCICIOS

6.1. Un litro de nitrógeno a la presión de 3 atmósferas y a la temperatura de 27 °C se calienta hasta duplicar su presión y su volumen. Calcula la temperatura final y la masa del gas (M_{N2} = 28 g/mol).

Según las ecuaciones de transformación, podemos poner:

$$\frac{P_1 V_1}{T_1} = \frac{P_2 V_2}{T_2} \quad \rightarrow \quad V_2 = 2V_1 \; ; \qquad P_2 = 2P_1$$

Al sustituir nuestras condiciones obtenemos $T_2 = 4\,T_1$
Las temperaturas deben expresarse necesariamente en grados Kelvin.
Luego $T_1 = 273 + 27 = 300$ K y $T_2 = 1200$ K
Para hallar la masa, comenzamos por hallar el nº de moles:
$n = PV/RT = 3 \cdot 1 / (0,082 \cdot 300) = 0,12195$ moles
$n = m/M \quad \rightarrow \quad m = n\,M = 0,12195 \cdot 28 = 3,415$ g

6.2. Un mol de oxígeno experimenta cambios reversibles desde una presión de 10 atm y 10 litros de volumen hasta que la presión se ve reducida a 1 atm, de acuerdo con los siguientes procesos:
   a) Volumen constante
   b) Temperatura constante
   c) Adiabáticamente.
   Suponiendo que su comportamiento es el de un gas ideal, calcula los valores de W, Q y ΔU en los diferentes procesos.

a)

	P(atm)	V(litros)	T(K)
1	10	10	1219,51
2	1	10	121,95

Con los datos del problema completamos las variables termodinámicas de los dos estados
  $T_1 = P_1 V_1 / nR = 1219,51\,K$
  $T_2 = P_2 V_2 / nR = 121,95\,K$

$$W = \int_1^2 P(dV) = 0; \;\; (dV) = 0$$

$\Delta U = Q = n\,C_v\,\Delta T = 1 \cdot 5 \cdot (121,95 - 1219,51)$

$$\Delta U = -5487,8\;cal$$

b)

	P(atm)	V(litros)	T(K)
1	10	10	1219,51
2	1	100	1219,51

Con los datos del problema completamos las variables termodinámicas de los dos estados
  $V_2 = nRT_2 / P_2 = 100$ litros

$$W = \int_1^2 P(dV) = \int_1^2 nRT\, dV/V =$$

$= nRT\, ln\,(V_2/V_1) =$
$1 \cdot 1,988 \cdot 1219,51 \cdot ln(100/10) = 5580\;cal$
$Q = W = 5580\;cal$
$\Delta U = n\,C_v\,\Delta T = 0; \;\; (\Delta T = 0)$

c)

	P(atm)	V(litros)	T(K)
1	10	10	1219,51
2	1	51,71	630,73

Completamos las variables termodinámicas:

$P_1V_1^\gamma = P_2V_2^\gamma$ $\gamma=7/5 =1,4$

$10 \cdot 10^{1,4} = 1 \cdot V_2^{1,4}$

$V_2 = 51,79$ litros $T_2 = P_2V_2/nR = 631,6$ K

$W = - n\, C_v\, \Delta T =$

$-1 \cdot 5 \cdot (630,73-1219,51) = 2943,90$ cal

$\Delta U = -W = -2943$ cal

$Q = 0$ (Adiabática)

(Obsérvese los valores de C_v y R para obtener las energías en calorías)

6.3. Un mol de un gas diatómico describe el ciclo que se muestra en el diagrama. Las transformaciones B-A y D-C son adiabáticas, mientras que las C-B y A-D son isotermas. Los valores de las variables termodinámicas en ciertos puntos vienen dados en la tabla. Calcula:

a) El resto de variables termodinámicas.

b) El calor para cada transformación.

c) El trabajo y la variación de energía interna para el ciclo completo.

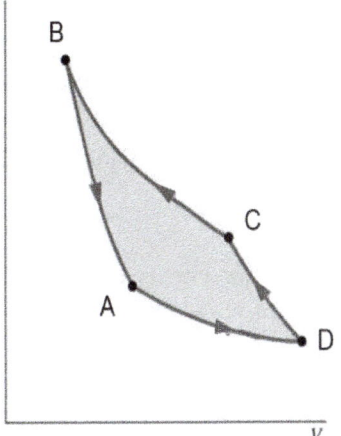

	A	B	C	D
P(atm)	1	3	1.5	
V(l)	24			48
T(K)				

Con los datos de la tabla, $T_A = 292,7$ K $= T_D$, por tanto $P_D = 0,5$ atm

Aplicando la ec. de la adiabática en A y B $1 \cdot 24^{1,4} = 3 \cdot V_B^{1,4}$ sale $V_B = 10,95$ L

$T_B = 400,6$ K $= T_C$ $\rightarrow$ $V_C = 21,9$ L

$Q_{AD} = 405,77$ cal; $Q_{DC} = 0$; $Q_{CB} = -555,35$ cal; $Q_{BA} = 0$

Para el ciclo $Q_{total} = -149,6$ cal $= W_{total}$; $\Delta U = 0$

6.4. Se comprime adiabáticamente un volumen de 22,4 litros de N₂ gaseoso a 0 °C y 1 atm hasta un 10 % de su volumen inicial. Halla:

a) Presión final

b) Temperatura final

c) Trabajo que hay que realizar sobre el sistema

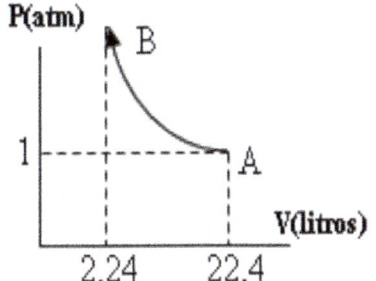

El esquema de la evolución, junto con los datos iniciales, está representado en el gráfico adjunto.

Primeramente calculamos el número de moles: $PV = nRT$; $1 \cdot 22,4 = n \cdot 0,082 \cdot 273$

$n = 1$; y como el gas es diatómico $\gamma = 7/5 = 1,4$

a) Para calcular la presión del estado B, aplicamos la ecuación de transformación de las adiabáticas entre los estados A y B

$P_A V_A{}^\gamma = P_B V_B{}^\gamma;$ $1 \cdot 22,4^{1,4} = P_B \cdot 2,24^{1,4};$ $P_B = 10^{1,4} = 25,12$ atm

b) Ahora podemos aplicar la ecuación de estado en B, y hallar así su temperatura

$P_B V_B = n R T_B;$ $T_B = P_B V_B / n R;$ $T_B = 25,12 \cdot 2,24 / 1 \cdot 0,082 = 686,20$ K

c) En una adiabática el trabajo de la evolución es igual a la variación de energía interna, con el signo cambiado: $W = - \Delta U = -n C_v (T_B - T_A) = -1 \cdot 5 \cdot (686,20 - 273) = -2066$ cal.

6.5. Un mol de un gas diatómico describe el ciclo de la figura. a) ¿En qué transformación el trabajo es mayor? b) Si el trabajo de la transformación BC (isoterma) es de 300 calorías, calcula la temperatura del gas en esa transformación. c) Si V_1 = 1 litro, calcula las variables termodinámicas de los estados, A, B y C.

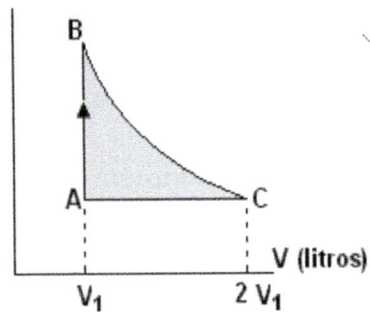

a) Esta pregunta debemos responderla teniendo en cuenta que carecemos de datos suficientes para resolverla numéricamente.

Pero si tenemos en cuenta lo explicado en el apartado "métodos gráficos" de este capítulo, en el que justificábamos que el trabajo de una transformación coincide con el área encerrada por la curva y los límites de integración, y lo aplicamos a nuestro caso, concluimos:

La evolución A B, no determina área, por lo tanto el trabajo es 0. (También llegamos a la misma conclusión teniendo en cuenta que es isócora (dV = 0) y por tanto W = 0).

La evolución B C tiene área positiva (W = +), y la evolución C A tiene área negativa (W = -), por lo tanto es la evolución BC, la de mayor trabajo (también en valor absoluto es mayor que el trabajo de la evolución C A).

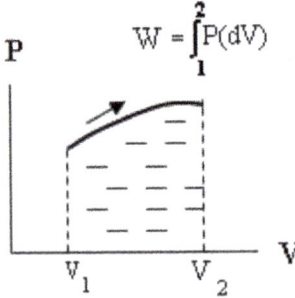

b) Trabajo de una isoterma

$W = nRT \ln (V_2 / V_1) = 300 = 1 \cdot 2 \cdot T \cdot \ln (2V_1 / V_1) =$
$1 \cdot 2 \cdot T \ln 2;$ $T = 216,40$ K

c)

	P(atm)	V(litros)	T(K)
A	*8,87*	1	*108,17*
B	*17,74*	1	216,40
C	*8,87*	2	216,40

Las presiones de los estados B y C, las completamos mediante la ecuación de estado
$P_B = nRT_B / V_B = 1 \cdot 0,082 \cdot 216,40 / 1 = 17,74$ atm
$P_C = nRT_C / V_C = 1 \cdot 0,082 \cdot 216,40 / 2 = 8,87$ atm $= P_A$
Y por último $T_A = P_A V_A / nR = 8,87 \cdot 1 / 1 \cdot 0,082 = 108,17$ K

6.6. Un mol de un gas ideal diatómico describe el ciclo de la figura. Si el trabajo realizado en el ciclo es de 700 J, calcula: a) La temperatura del gas en cada uno de los estados. b) El calor y la variación de energía interna del ciclo completo.

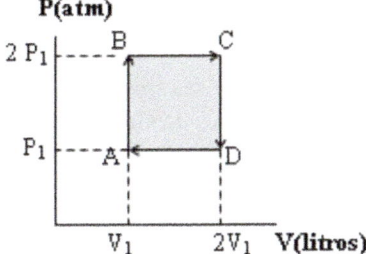

a) El valor del trabajo del ciclo coincide con el área del mismo, pero éste es un rectángulo cuyos lados valen $(2P_1 – P_1)$ y $(2V_1 – V_1)$

$W = (2P_1 – P_1) \cdot (2V_1 – V_1) = P_1 V_1 = 700$ *julios*

Y *como* $P_1 V_1 = nRT_1$; $700 = 1 \cdot 8,31 \cdot T_1$; $T_1 = 84,24 \ K = T_A$

Para hallar el resto de las temperaturas procedemos de la forma siguiente

$A \rightarrow B$ *(Isócora)* $\dfrac{P_A}{T_A} = \dfrac{P_B}{T_B}$ $\rightarrow$ $T_B = 2 \ T_A = 2 \cdot 84,2 = 168,4 \ K$

$B \rightarrow C$ *(Isóbara)* $\dfrac{V_B}{T_B} = \dfrac{V_C}{T_C}$ $\rightarrow$ $\dfrac{V_B}{V_C} = \dfrac{T_B}{T_C} = \dfrac{1}{2}$ $\rightarrow T_C = 336,8 \ K$

$C \rightarrow D$ *(Isócora)* $\dfrac{P_C}{T_C} = \dfrac{P_D}{T_D}$ $\rightarrow$ $T_D = T_C / 2 = 336,8 / 2 = 168,4 \ K$

b) Ya que se nos pide la variación de calor del ciclo completo, podemos responder directamente que el calor es de 700 J, puesto que en un ciclo el calor coincide con el trabajo.

La variación de energía interna del ciclo, al ser función de estado será 0. No obstante podemos comprobar los resultados de la forma siguiente:

$Q_{AB} = (Isócora) = nC_v (T_B\text{-}T_A) = 421 \ cal$

$Q_{BC} = (Isóbara) = nC_p (T_C\text{-}T_B) = 1178,8 \ cal$

$Q_{CD} = (Isócora) = nC_v (T_D\text{-}T_C) = -842 \ cal$

$Q_{DA} = (Isóbara) = nC_p (T_A\text{-}T_D) = -589,4 \ cal$

$Q_{Total} = Q_{AB} + Q_{BC} + Q_{CD} + Q_{DA} = 168,4 \ cal \ = 703,9 \ J$

6.7. Se tienen 0,5 moles de CO que ocupan un volumen de 4 L a 3 atm. Por medio de un proceso isobárico se reduce su volumen a la mitad. Después se aumenta su presión hasta el doble de forma isócora. Finalmente se vuelve al estado inicial a temperatura constante. Calcula la P, T y V de cada estado. Calcula el Q y el trabajo de cada proceso.

$P_A = P_B = 3 \ atm$; $P_C = 6 \ atm$

$V_A = 4 \ L$; $V_C = V_B = 2 \ L$

A partir de la ecuación de los gases sale

$T_A = 292,7 \ K = T_C$; $T_B = 146,3 \ K$;

$Q_{AB} = - 2141,8 \ J$; $Q_{BC} = 1529,9 \ J$; $Q_{CA} = 842,98 \ J$

$W_{AB} = - 607,8 \ J$; $W_{BC} = 0$; $W_{CA} = 842,98 \ J$

6.8. Demostrar que para todo gas ideal las transformaciones isotérmicas son también isoentálpicas (de entalpía constante).

De la definición de entalpía deducimos:
$H = U + PV \rightarrow diferenciamos \rightarrow dH = dU + PdV + VdP$
Si por otra parte diferenciamos la ecuación de estado obtenemos:
$PV = nRT \rightarrow PdV + VdP = nRdT$, *que sustituyendo nos da*
$dH = dU + nRdT = nC_v\, dT + nRdT = n(C_v + R)dT = nC_p\, dT$
Si el gas es ideal, C_p será constante, por lo tanto al ser isoterma dT será 0 y, por tanto, la entalpía será constante.

6.9. A un mol de un gas perfecto diatómico se le suministra calor a presión constante hasta que su temperatura se incrementa en 10 ºC, y su volumen aumenta en 0,1 litros. Calcular a) el incremento de su energía interna y de su entalpía b) La presión del gas.

$\Delta U = nC_v\, \Delta T = 1 \cdot 5 \cdot 10 = 50\ cal$; $\Delta H = nC_p\, \Delta T = 1 \cdot 7 \cdot 10 = 70\ cal$
b) Para el cálculo de la presión expresamos la definición de entalpía en la forma
$\Delta H = \Delta U + P\Delta V$ *y despejando P obtenemos* $\rightarrow$
$$P = \frac{\Delta H - \Delta U}{\Delta V} = \frac{70 - 50}{0,1} = 200\ \frac{calorías}{litro}$$
La caloría / litro es una unidad de energía partido por una unidad de volumen, luego es unidad de presión; para expresar esta presión en unidades del sistema internacional, deberemos pasar las calorías a julios y los litros a m^3.
$$200\ \frac{cal}{litro} = \frac{200 \cdot 4,18}{0,001} = 8,36 \cdot 10^5\ Pa$$

6.10. Un mol de un gas ideal monoatómico experimenta una evolución a presión constante: a) Reduciendo el volumen. b) Aumentando el volumen. ¿En cuál de ellas es mayor la variación de energía interna y de entalpía?

Las evoluciones a presión constante se rigen por la ecuación $\dfrac{V_1}{T_1} = \dfrac{V_2}{T_2}$

Es evidente pues, que un aumento de volumen supone un aumento de temperatura.

Tanto la energía interna como la entalpía son funciones de estado que expresamos respectivamente como: $\Delta U = n\, C_v\, \Delta T$ *y* $\Delta H = n\, C_p\, \Delta T$

Luego un aumento de volumen a presión constante, supone un incremento tanto de energía interna como de entalpía.

Tema 7   Segundo Principio de la Termodinámica

- 7.1. Transformaciones reversibles e irreversibles
- 7.2. Segundo Principio de la Termodinámica
- 7.3. Concepto de entropía
- 7.4. Cálculo de la variación de entropía en las distintas transformaciones
- 7.5. Diagramas entrópicos

Existen procesos en la naturaleza en los que se observa que el sistema puede evolucionar de forma espontánea en un sentido determinado, pero no en sentido contrario. Por ejemplo, si mezclamos un litro de agua a 100 °C con un litro de agua a 0 °C, el proceso evoluciona de forma que finalmente obtenemos dos litros de agua a 50 °C. Sin embargo, el proceso contrario no ocurre de forma espontánea. A pesar de esto, tanto en el proceso en un sentido como en sentido contrario se sigue conservando la energía, y por tanto se sigue cumpliendo el Primer Principio de la Termodinámica. Este hecho nos indica que el Primer Principio no es suficiente para asegurar que un proceso tendrá lugar en un sentido u otro, por lo que debe existir otro tipo de principio natural que sea capaz de informarnos sobre el sentido espontáneo en que se producirá la evolución de un sistema.

Con este tema cerraremos el bloque de Termodinámica, introduciendo las distintas definiciones del Segundo Principio de la Termodinámica y un concepto fundamental tanto en Termodinámica como en la física en general, como es la entropía.

7.1. TRANSFORMACIONES REVERSIBLES E IRREVERSIBLES

Llamamos transformación reversible a aquella que está formada por infinitos estados de equilibrio. La cualidad más importante de las transformaciones reversibles es que nos pueden devolver íntegramente toda la energía que se haya invertido en la evolución, mientras que las irreversibles o reales sólo pueden devolver una parte de la energía invertida.

Las transformaciones reversibles son transformaciones ideales pero que simplifican los cálculos, que deberán ser corregidos cuando se trate de evoluciones reales o irreversibles.

7.2. SEGUNDO PRINCIPIO DE LA TERMODINÁMICA

Podemos encontrar en la naturaleza un gran número de evoluciones termodinámicas que se producen espontáneamente en un sentido, pero jamás ocurren de modo no inducido en sentido contrario. El ejemplo más característico es la mezcla de un litro de agua a 100 °C y otro a 0 °C, como resultado de esta mezcla obtenemos dos litros a 50 °C. Pero si intentamos el proceso contrario, es decir, separar los dos litros en dos mitades, ¿quedará una de ellas a 100 °C y la otra a 0 °C? Es evidente que no. Lo mismo ocurre con una cascada de agua que cae desde una montaña hasta un río (evidentemente el agua del río no asciende hasta la montaña). Sin embargo, si esto ocurriera, no estaríamos violando el principio de conservación de la energía. Por este motivo necesitamos enunciar un nuevo principio que nos informe de la posibilidad de que un proceso determinado se realice espontáneamente.

- **Enunciado de Clausius**

"No es posible un proceso cuyo único resultado sea la transferencia de calor de un cuerpo de menor temperatura a otro de mayor temperatura".

- **Enunciado de Kelvin-Planck**

"No es posible un proceso cuyo único resultado sea la absorción de calor procedente de un foco y la conversión de este calor en trabajo".

7.3. CONCEPTO DE ENTROPÍA

Dado que las evoluciones termodinámicas no siempre son tan sencillas y evidentes como el ejemplo propuesto en el párrafo anterior, nos podemos plantear la cuestión de encontrar una magnitud que nos sirva para determinar inequívocamente la espontaneidad de un proceso termodinámico.

Para ello consideremos un sistema termodinámico constituido por un objeto sólido inmerso en un entorno termodinámico (por ejemplo, un recipiente con agua) y supongamos que el sólido está a una temperatura T_a y el líquido a una temperatura T_b, tal que $T_a > T_b$. Evidentemente, se iniciará un intercambio térmico entre ambas partes, que finalizará cuando las temperaturas del objeto y del entorno se igualen. Si en un determinado instante calculamos, tanto para el objeto como para el entorno, la magnitud

$$dS = \frac{dQ}{T}$$

que en lo sucesivo denominaremos **entropía**, y en donde dQ es el calor puesto en juego en la evolución, que será positivo para el entorno (recibe calor) y negativo para el objeto (cede calor), podremos escribir:

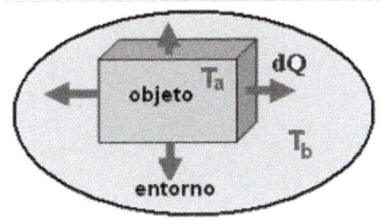

$$dS_{entorno} = \frac{+dQ}{T_b} = positivo$$

$$dS_{objeto} = \frac{-dQ}{T_a} = negativo$$

Dado que $T_a > T_b$, la primera expresión siempre será en valor absoluto mayor que la segunda, por tanto la magnitud conjunta, es decir la variación de entropía del sistema termodinámico será

$$dS_{ST} = dS_{ent} + dS_{obj} = \frac{+dQ}{T_b} + \frac{-dQ}{T_a} = positivo$$

Es evidente que si pretendiéramos realizar el proceso inverso los signos de dQ se invertirían y la entropía del conjunto (Sistema termodinámico) saldría negativa, lo que nos indicaría que la evolución tendría que ser forzada (evidentemente). En general, concluiremos que cuando la variación de entropía de un sistema termodinámico es positiva, la evolución será espontánea, y si es negativa la evolución será forzada.

Se puede demostrar que esta magnitud es función de estado, y por otra parte la variación de entropía siempre es mayor en un proceso irreversible que en uno reversible, tal como se muestra en el siguiente esquema, en el que comparamos las variaciones de entropía de un ciclo y de una evolución cualquiera en transformaciones reversibles e irreversibles.

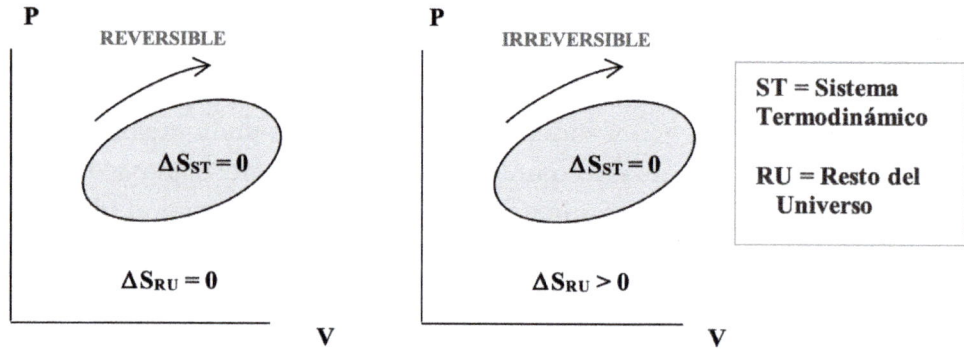

Los dos ciclos de la figura anterior son idénticos. El primero de ellos se ha recorrido de un modo reversible, siendo cero la variación de entropía del sistema y la del resto del Universo. En cambio, el segundo se ha recorrido de modo irreversible, de forma que sigue siendo cero la variación de entropía del sistema pero la del resto del Universo debe ser positiva.

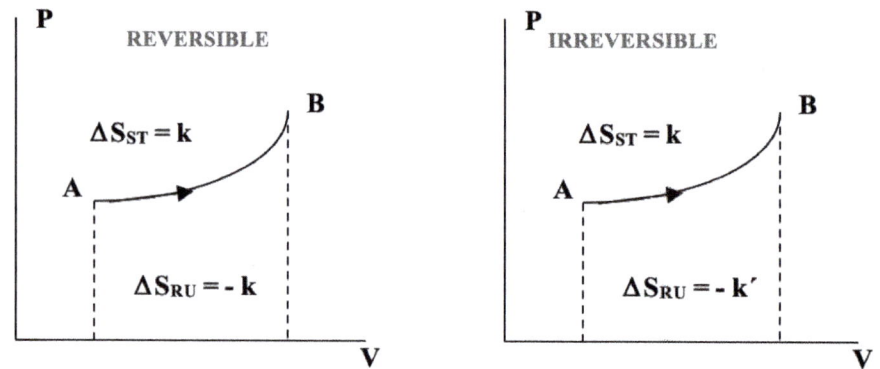

Lo mismo podemos decir de estas dos transformaciones que supondremos espontáneas, la primera reversible y la segunda irreversible, ambas de A a B y por el mismo camino. Dado que la entropía es función de estado se cumplirá que $\Delta S_{AB} = k$ en ambos casos, pero para el resto del universo se cumplirá que:

$\Delta S_{RU} = -k$ en el caso reversible, de forma que $\quad \Delta S_{ST} + \Delta S_{RU} = 0$

$\Delta S_{RU} = k'$ en el irreversible, de forma que $\quad\quad \Delta S_{ST} + \Delta S_{RU} > 0 \ (k + k' > 0)$

En la práctica todos los procesos son irreversibles, tan sólo se puede llegar a conseguir un cierto grado de reversibilidad mediante refinamientos experimentales adecuados. El proceso estrictamente reversible es una abstracción útil que guarda con los procesos reales una relación similar a la que existe entre los gases ideales y los gases reales.

7.4. CÁLCULO DE LA VARIACIÓN DE ENTROPÍA EN LAS DISTINTAS TRANSFORMACIONES

Sólidos y líquidos

Procesos de cambio de estado

$$\Delta S_1^2 = \int \frac{dQ}{T} = [\text{Temperatura constante}] = \frac{1}{T} \int dQ = \frac{mL}{T}$$

Procesos sin cambio de estado (considerando constante C_e)

$$\Delta S_1^2 = \int \frac{dQ}{T} = \int \frac{mc_e dT}{T} = m \, c_e \int_1^2 \frac{dT}{T} = m \, c_e \ln \frac{T_2}{T_1}$$

Ejemplo 7.1. Variación de entropía para convertir hielo en vapor

Determinar la variación de entropía que se produce en el proceso de convertir 1g de hielo a -20 ºC en vapor a 100 ºC. Los datos son los siguientes:
Calor específico del hielo c_h = 0,48 cal/(g K); Calor de fusión del hielo L_f = 80 cal/g
Calor específico agua c_e = 1 cal/(g K); Calor vaporización del agua L_v = 540 cal/g.

Etapas:
1. *Se eleva la temperatura de 1g de hielo de -20 ºC a 0 ºC*
$$\Delta S_1^2 = m \cdot c_h \cdot \ln(T_2/T_1) = 1 \cdot 0,48 \cdot \ln(273/253) = 0,0365 \text{ cal/K}$$
2. *Se funde el hielo (el sistema absorbe calor, luego según el criterio de signos es positivo)*
$$\Delta S_2^3 = 1 \cdot 80/273 = 0,293 \text{ cal/K}$$
3. *Se eleva la temperatura del agua de 0º C a 100 ºC*
$$\Delta S_3^4 = m \cdot c_e \cdot \ln(T_4/T_3) = 1 \cdot 1 \cdot \ln(373/273) = 0,312 \text{ cal/K}$$
4. *Se convierte 1 g de agua a 100ºC en vapor a la misma temperatura*
$$\Delta S_4^5 = 1 \cdot 540/373 = 1,448 \text{ cal/K}$$
La entropía de todo el proceso será $\Delta S = \Delta S_1^2 + \Delta S_2^3 + \Delta S_3^4 + \Delta S_4^5 = 2,089 \text{ cal/K}$

Gases ideales

$$\Delta S_1^2 = \int \frac{dQ}{T} = \int \frac{dU + PdV}{T} = \int \frac{dU}{T} + \int \frac{PdV}{T} = \int_1^2 \frac{nC_v dT}{T} + \int_1^2 \frac{nRTdV}{TV}$$

$$\Delta S_1^2 = nC_v ln \frac{T_2}{T_1} + nRln \frac{V_2}{V_1} \tag{7.1}$$

Si en esta última ecuación sustituimos R = C_p - C_v, (Relación de Mayer) y operamos, obtendríamos

$$\Delta S_1^2 = nC_v \ln \frac{T_2}{T_1} + n(C_P - C_v) \ln \frac{V_2}{V_1} = nC_P \ln \frac{V_2}{V_1} + nC_v \ln \frac{T_2}{T_1} - nC_v \ln \frac{V_2}{V_1} =$$

$$\Delta S_1^2 = nC_P \ln \frac{V_2}{V_1} + nC_v \ln \frac{T_2 V_1}{T_1 V_2} \quad \text{y teniendo en cuenta que} \quad \frac{T_2 V_1}{T_1 V_2} = \frac{P_2}{P_1}$$

quedará definitivamente

$$\Delta S_1^2 = n\, C_P \ln \frac{V_2}{V_1} + n\, C_v \ln \frac{P_2}{P_1} \tag{7.2}$$

Y sustituyendo ahora $C_v = C_P - R$, y operando de un modo análogo obtendríamos

$$\Delta S_1^2 = n\, C_P \ln \frac{T_2}{T_1} - n\, R \ln \frac{P_2}{P_1} \tag{7.3}$$

Hay que señalar que las ecuaciones (7.1), (7.2) y (7.3) son idénticas y, como se han deducido sin ningún tipo de restricción, son aplicables a cualquier tipo de transformación, y evidentemente también a las que tenemos tipificadas en el cuadro del tema anterior, con las simplificaciones correspondientes.

- **Isóbaras**

$P_1 = P_2 \rightarrow \ln(P_2/P_1) = 0 \rightarrow$ **Ec. (7.2):** $\Delta S_1^2 = n\, C_P \ln \dfrac{V_2}{V_1}$ **Ec. (7.3):** $\Delta S_1^2 = n\, C_P \ln \dfrac{T_2}{T_1}$

- **Isotermas**

$T_1 = T_2 \rightarrow \ln(T_2/T_1) = 0 \rightarrow$ **Ec. (7.1):** $\Delta S_1^2 = n\, R \ln \dfrac{V_2}{V_1}$ **Ec. (7.3):** $\Delta S_1^2 = - n\, R \ln \dfrac{P_2}{P_1}$

- **Isócoras**

$V_1 = V_2 \rightarrow \ln(V_2/V_1) = 0 \rightarrow$ **Ec. (7.1):** $\Delta S_1^2 = n\, C_v \ln \dfrac{T_2}{T_1}$ **Ec. (7.2):** $\Delta S_1^2 = n\, C_v \ln \dfrac{P_2}{P_1}$

- **Adiabáticas**

$dQ = 0$, y por la propia definición de entropía $\Delta S_1^2 = \displaystyle\int \frac{dQ}{T} = 0$

Las transformaciones adiabáticas también reciben el nombre de isoentrópicas.

7.5. DIAGRAMAS ENTRÓPICOS

La representación de una transformación en un **diagrama TS**, llamado diagrama entrópico, nos permite calcular el calor gráficamente. Recuerda que en el tema anterior vimos que en un diagrama PV era posible calcular gráficamente el trabajo.

En la siguiente figura (izquierda) se muestra la evolución del estado 1 al 2. Teniendo en cuenta la definición de entropía, el área encerrada por esa transformación (integral de $T \cdot dS$ entre los límites S_1 y S_2) nos proporciona el valor del calor.

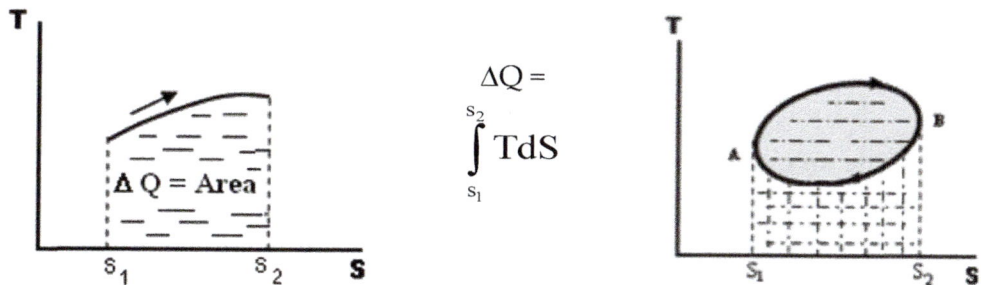

También los diagramas entrópicos son útiles en el caso de ciclos. Es evidente que si la evolución es un ciclo cerrado, como el de la figura (derecha), el calor coincidirá con el área del mismo, y este calor será positivo si el ciclo se recorre en el sentido de las agujas del reloj, y negativo si se recorre en sentido contrario.

En este gráfico se ve claramente que Q_{AB}, es positivo, (área rayada horizontalmente); mientras que Q_{BA}, es negativo, (área rayada verticalmente), por lo tanto, el calor del ciclo completo, (área sombreada), será positivo, mientras que sería negativo si el ciclo estuviera recorrido en sentido contrario.

$$Q_T = Q_{AB} + Q_{BA} = \text{Área del ciclo}$$

Por otra parte, al ser un ciclo la variación de energía interna será 0 ($\Delta U = 0$), por lo tanto, y de acuerdo con el Primer principio, el área del ciclo es el calor y también el trabajo.

EJERCICIOS

7.1. Un mol de un cierto gas ideal diatómico describe el ciclo de la figura, siendo la transformación A-B una isoterma. Determinar los restantes valores de las variables termodinámicas en cada punto y la variación de entropía en cada transformación así como en el ciclo completo.

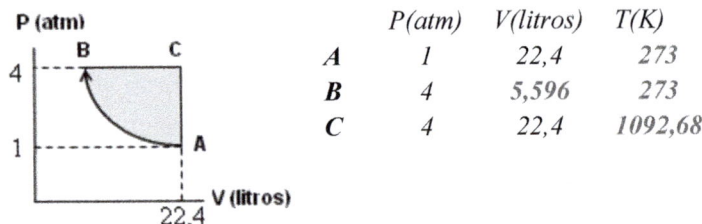

	P(atm)	V(litros)	T(K)
A	1	22,4	273
B	4	5,596	273
C	4	22,4	1092,68

Al igual que en el tema anterior, las variables (P,V,T) se obtienen a partir de la ley del gas ideal: $T_A = P_A V_A / nR$, $T_A = T_B$, $V_B = nRT_B / P_B$, $T_C = P_C V_C / nR$.

A continuación, se aplican las correspondientes ecuaciones para la variación de entropía (Ecs 7.1, 7.2 o 7.3, con sus respectivas simplificaciones):

AB: Isoterma → $\Delta S_A{}^B = n \cdot R \cdot ln(V_B/V_A) = 1 \cdot 2 \cdot ln(5,596/22,4) = -2,774$ cal/K

BC: Isóbara → $\Delta S_B{}^C = n \cdot Cp \cdot ln(V_C/V_B) = 1 \cdot 7 \cdot ln(22,4/5,596) = 9,701$ cal/K

CA: Isócora → $\Delta S_A{}^C = n \cdot Cv \cdot ln(T_A/T_C) = 1 \cdot 5 \cdot ln(273/1092,68) = -6,935$ cal/K

Ciclo: $\Delta S = -2,774 + 9,701 - 6,395 = 0$ (al ser función de estado, debe de ser siempre cero en un ciclo)

7.2. Se hace que un mol de gas ideal monoatómico recorra el ciclo reversible de la figura, donde $P_0 = 2$ atm y $T_A = 0$ °C. Calcula: a) El calor absorbido por el sistema en un ciclo. b) El calor cedido por el sistema en un ciclo.

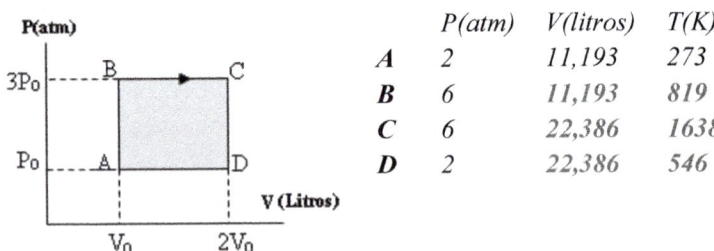

	P(atm)	V(litros)	T(K)
A	2	11,193	273
B	6	11,193	819
C	6	22,386	1638
D	2	22,386	546

Los datos del enunciado los trasladamos a la tabla y completamos los que faltan:

$V_A = nRT_A / P_A = 1 \cdot 0,082 \cdot 273 / 2 = 11,193$ *litros* $= V_B = V_0$ *(visto en la gráfica)*

Y por tanto $V_C = V_D = 2 \cdot 11,193 = 22,386$ *litros*

Las temperaturas restantes las podemos completar mediante la ecuación de estado aplicada a cada estado B, C y D: $T = PV/nR$ (ver resultados en la tabla).

Para el cálculo de los calores de cada evolución

$A \rightarrow B$ *(Isócora):* $Q = nC_v (T_B - T_A) = 1 \cdot 3 \cdot (819 - 273) = 1638$ *cal*

$B \rightarrow C$ *(Isóbara):* $Q = nC_p (T_C - T_B) = 1 \cdot 5 \cdot (1638 - 819) = 4095$ *cal*

$C \rightarrow D$ *(Isócora):* $Q = nC_v (T_D - T_C) = 1 \cdot 3 \cdot (546 - 1638) = -3276$ *cal*

$D \rightarrow A$ *(Isóbara):* $Q = nC_p (T_A - T_D) = 1 \cdot 5 \cdot (273 - 546) = -1365$ *cal*

Los calores absorbidos son los positivos y los cedidos los negativos

$Q_{absorbido} = 1638 + 4095 = 5733\ cal$

$Q_{cedido} = -3276 - 1365 = -4641\ cal$

7.3. Un gas ideal diatómico describe el ciclo de la figura. Sabiendo que ΔS en la transformación BC es de -2,05 cal/K. Calcular: a) El valor de las variables termodinámicas en cada estado. b) El número de moles del gas. c) El calor absorbido y cedido por el sistema.

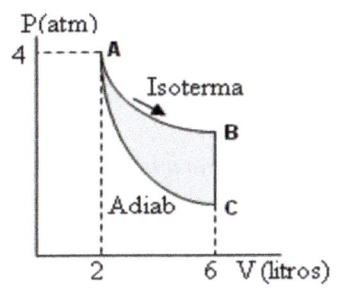

	P(atm)	V(litros)	T(K)
A	4	2	*104,90*
B	*1,33*	6	*104,90*
C	*0,859*	6	*67,39*

> (isoterma) $P_A V_A = P_B V_B$; $P_B = 1,33$ atm.
> (adiabática) $P_A V_A^\gamma = P_C V_C^\gamma$; ($\gamma = 1,4$); $P_C = 0,859$ atm.

El número de moles lo obtenemos del valor de la variación de entropía en la evolución BC

$$\Delta S_B^C = nC_v \ln \frac{P_C}{P_B} = -2,05 = n \cdot 5 \cdot \ln \frac{0,859}{1,333} \rightarrow n = 0,93\ moles$$

Ahora, mediante la ecuación de estado calculamos las temperaturas de los tres estados

$T_A = T_B = 104,9\ K$ y $T_C = 67,39\ K$

Los valores de las variables termodinámicas de los tres estados nos permiten obtener el calor de cada una de las evoluciones

$\Delta Q_{AB} = nRT \ln(V_B / V_A) = 0,93 \cdot 2 \cdot 104,90 \ln (6/2) = 214,35\ cal$ (positivo absorbido)

$\Delta Q_{BC} = nC_v (T_C - T_B) = 0,93 \cdot 5 \cdot (67,39 - 104,9) = -174,42\ cal$ (negativo cedido)

$\Delta Q_{CA} = 0$ (adiabática)

7.4. Un gas ideal recorre el ciclo de la figura. Calcula: a) El calor absorbido por el gas en el ciclo. b) El calor cedido por el gas en el ciclo. c) El trabajo del ciclo.

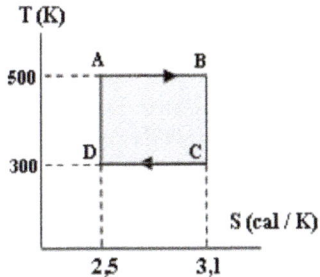

Estamos ante un diagrama entrópico y, como no conocemos el número de moles, deberemos recurrir a métodos gráficos para resolverlo.

Las evoluciones $B \rightarrow C$ y $D \rightarrow A$ son isoentrópicas y por tanto adiabáticas ($dQ = 0$)

La evolución $A \rightarrow B$, proporciona calor positivo (absorbido), y lo obtendremos como el área comprendida entre la gráfica de la evolución, los límites de integración y el eje horizontal

a) $Q_{AB} = (3,1 - 2,5) \cdot 500 = 300\ cal$

Del mismo modo, la evolución $C \rightarrow D$ proporciona calor negativo (cedido)

b) $Q_{CD} = (2,5 - 3,1) \cdot 300 = -180\ cal$

c) El trabajo del ciclo coincidirá con el calor total, es decir, con el área del ciclo

W = 300 − 180 = 120 cal (W$_{total}$ = Q$_{total}$ = área = 200·0,6 = 120 cal)

7.5. Calcula el estado final y la variación de entropía del sistema formado por 2 kilos de agua a 20 °C y un kilo de hielo a 0 °C, al ponerlos en contacto en un recipiente aislado térmicamente. (c$_e$ agua = 1 cal/g K; L$_f$ hielo = 80 cal/g)

Hacemos un tanteo previo para calcular si tenemos hielo suficiente para que los dos kg de agua a 20 °C se puedan poner a 0 °C.

Q = m c$_e$ (T$_f$− T$_i$) = 2000·1· (0 − 20) = - 40000 cal

Llamaremos m$_f$ a la masa de hielo que se tiene que fundir para absorber ese calor

Q = m$_f$ · L$_f$;   m$_f$ = ΔQ / L$_f$ = 40000 / 80 = 500 g

Luego tenemos hielo suficiente; el estado final será, por tanto, una mezcla de 500 g de hielo y 2500 g de agua, todo a 0 °C.

La variación de entropía deberemos calcularla sobre los 2000 g de agua que se han enfriado y los 500 g de hielo fundidos; los 500 g de hielo sin fundir no han modificado su estado y por tanto no producen variación de entropía.

Variación de entropía del agua:

$$\Delta S_i^f = m\, c_e\, ln\frac{T_f}{T_i} = 2000\cdot1\cdot ln\frac{273}{293} = -141,40\ cal\ /\ K$$

Variación de entropía de la fusión del hielo

$$\Delta S_f = \int \frac{dQ}{T} = [\text{Temperatura constante}] = \frac{1}{T}\int dQ = \frac{mL_f}{T} = \frac{500\cdot80}{273} = 146,52\ cal\ /\ k$$

ΔS$_{TOTAL}$ = -141,40 + 146,52 = 5,12 cal / K   (positivo → proceso espontáneo)

7.6. Un gas ideal diatómico describe el ciclo de la figura. Si la ΔS en la transformación A-B (Isóbara) es de 1,97 cal/K. Calcula: a) El número de moles del gas. b) El valor de las variables termodinámicas en cada estado. c) la variación de energía interna de cada transformación y la del ciclo. d) La variación de entropía de cada transformación, así como la del ciclo. B→C (Adiabática); C→A (Isoterma).

Construimos una tabla con los datos del enunciado:

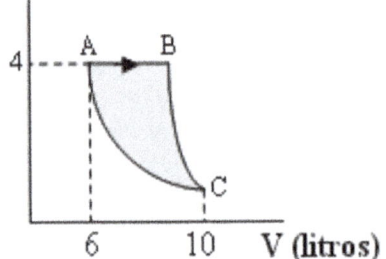

	P(atm)	V(litros)	T(K)
A	4	6	
B	4		
C		10	

Como la evolución C→A es isoterma, podemos escribir:

P$_C$V$_C$ = P$_A$V$_A$; P$_C$ ·10 = 4·6; P$_C$ = 2,4 atm.

La evolución B→C es adiabática, es decir

$P_B V_B{}^\gamma = P_C V_C{}^\gamma$; *gas diatómico* $\gamma = 7/5 = 1,4$;

$$V_B^{1,4} = \frac{2,4 \cdot 10^{1,4}}{4} = 15,07; \ V_B = 6,943 \ litros.$$

	P(atm)	V(litros)	T(K)
A	4	6	
B	4	*6,94*	
C	*2,4*	10	

Nuestra tabla queda ahora de la siguiente manera, y comprobamos que no podemos aplicar la ecuación de estado a ninguno de los tres puntos puesto que desconocemos el nº de moles del sistema.

Deberemos recurrir a la variación de entropía de la isóbara (A→B) para calcular n.

$$\Delta S_A^B = nC_P \ln \frac{V_B}{V_A}; \quad 1,97 = n \cdot 7 \cdot \ln \frac{6,94}{6}; \quad n = 1,93 \ moles$$

Y ahora aplicamos la ecuación de estado a los tres puntos y completamos la tabla:

$T_A = P_A V_A / nR = 4 \cdot 6 / 1,93 \cdot 0,082 =$
$151,65 \ K = T_C$

	P(atm)	V(litros)	T(K)
A	4	6	*151,65*
B	4	*6,94*	*175,41*
C	*2,4*	10	*151,65*

$T_B = P_B V_B / nR = 4 \cdot 6,94 / 1,93 \cdot 0,082 =$
$175,41 \ K$

$T_C = P_C V_C / nR = 2,4 \cdot 10 / 1,93 \cdot 0,082 = 151,65 \ K$

Con esto, podemos calcular las variaciones de energía interna y entropía simplemente aplicando fórmulas: para las variaciones de energía interna aplicaremos en las tres evoluciones la ecuación

$\Delta U = nC_v (T_f - T_i)$
$\begin{cases} \text{Evolución AB: } \Delta U_{AB} = 1,93 \cdot 5 \cdot (175,41 - 151,65) = 229,28 \ cal \\ \text{Evolución BC: } \Delta U_{BC} = 1,93 \cdot 5 \cdot (151,65 - 175,41) = -229,28 \ cal \\ \text{Evolución CA: (Isoterma) } \Delta U_{AB} = 0 \end{cases}$

$$\boxed{\Delta U_{TOTAL} = \Delta U_{AB} + \Delta U_{BC} + \Delta U_{CA} = 0 \ \textit{(Función de estado)}}$$

ΔS
$\begin{cases} \text{Evolución AB: Isóbara } \ \Delta S_A^B = nC_P \ln \dfrac{V_B}{V_A} = 1,93 \cdot 7 \cdot \ln (6,94 / 6) = 1,97 \ cal/K \\ \text{Evolución BC: Adiabática o isoentrópica: } \Delta S_{BC} = 0 \\ \text{Evolución CA: Isoterma } \ \Delta S_C^A = nR\ln \dfrac{V_A}{V_C} = 1,93 \cdot 2 \cdot \ln (6/10) = -1,97 \ cal/K \end{cases}$

$$\boxed{\Delta S_{TOTAL} = \Delta S_{AB} + \Delta S_{BC} + \Delta S_{CA} = 0 \ \textit{(Función de estado)}}$$

7.7. A un trozo de hielo de masa desconocida, inicialmente a – 5 ºC, se le suministran 1000 calorías. Si la temperatura final alcanzada es de 50 ºC, calcula: a) La masa del bloque de hielo. b) La variación de entropía de la transformación.
   (c_e hielo = 0,5 cal/ g ºC; c_e agua = 1 cal/g ºC; L_f = 80 cal/g)

a) El calor suministrado al hielo se invierte en tres etapas
1ª Paso del hielo de -5 a 0 ºC
$Q_1 = mC_e (T_f - T_i) = m \cdot 0,5 \cdot (0-(-5)) = 2,5 \ m$

2ª Fusión del hielo

$Q_2 = m\,L_f = m \cdot 80$

3ª Paso del agua de 0 a 50 °C

$Q_3 = mC_e\,(T_f - T_i) = m \cdot 1 \cdot (50 - 0) = 50\,m$

$Q_T = Q_1 + Q_2 + Q_3 = 1000 = (2,5 + 80 + 50)\,m = 132,5\,m \quad \rightarrow \quad m = 7,547\,g$

b) La variación de entropía la calculamos también por etapas

1ª Procesos sin cambio de estado (considerando constante c_e)

$$\Delta S_1 = m\,c_e \int_1^2 \frac{dT}{T} = m\,c_e\,\ln \frac{T_2}{T_1} = m\,c_e\,\ln \frac{T_2}{T_1} = 7,547 \cdot 0,5 \cdot \ln \frac{273}{268} = 0,0697\ cal/K$$

2ª Procesos de cambio de estado

$$\Delta S_2 = \int \frac{dQ}{T} = [\text{Temperatura constante}] = \frac{1}{T} \int dQ = \frac{mL_f}{T} = \frac{7,547 \cdot 80}{273} = 2,212\ cal/K$$

3ª Procesos sin cambio de estado

$$\Delta S_3 = m\,c_e\,\ln \frac{T_2}{T_1} = 7,54 \cdot 1 \cdot \ln \frac{323}{273} = 1,269\ cal/K$$

$$\Delta S_T = \Delta S_1 + \Delta S_2 + \Delta S_3 = 0,0697 + 2,212 + 1,269 = 3,551\ cal/K$$

7.8. Un trozo de hielo de 20 gramos está inicialmente a -10 °C. Calcula: a) El calor necesario para pasarlo a vapor de agua a 100 °C. b) La variación de entropía del proceso.

(Datos: $c_{e(hielo)} = 0,5$ cal/g.K, $c_{e(agua)} = 1$ cal/g.K, $L_f = 80$ cal/g, $L_v = 540$ cal/g).

a) Cálculo del calor

      1. *Se eleva la temperatura de 20 g de hielo de -10 °C a 0 °C*

$Q_1 = m\,c_e\,\Delta T = 20 \cdot 0,5 \cdot (0 - (-10)) = 100\,cal$

      2. *Se funde el hielo*

$Q_2 = m\,L_f = 20 \cdot 80 = 1600\,cal$

      3. *Se eleva la temperatura del agua de 0 °C a 100 °C*

$Q_3 = m\,c_e\,\Delta T = 20 \cdot 1 \cdot (100 - 0) = 2000\,cal$

      4. *Se convierte 20 g de agua a 100 °C en vapor a la misma temperatura*

$Q_4 = m\,L_v = 20 \cdot 540 = 10800\,cal$

El calor total $Q = Q_1 + Q_2 + Q_3 + Q_4 = 14500\,cal$

b) Cálculo de la variación de entropía

1.- Se eleva la temperatura de 20 g de hielo de -10 °C a 0 °C

$$\Delta S_1^2 = m\,c_e\,\ln \frac{T_2}{T_1} = 20 \cdot 0,5 \cdot \ln \frac{273}{263} = 0,373\ \frac{cal}{K}$$

2.- Se funde el hielo (el sistema absorbe calor, luego según el criterio de signos es positivo)

$$\Delta S_2^3 = \frac{20 \cdot 80}{273} = 5,86\ \frac{cal}{K}$$

3.- Se eleva la temperatura del agua de 0º C a 100 °C

$$\Delta S_3^4 = m\,C_e\,\ln \frac{T_4}{T_3} = 20 \cdot 1 \cdot \ln \frac{373}{273} = 6,24\ \frac{cal}{K}$$

4.- Se convierte 20 g de agua a 100 °C en vapor a la misma temperatura

$$\Delta S_4^5 = \frac{20 \cdot 540}{373} = 28,95 \frac{cal}{K}$$

La entropía de todo el proceso será $\Delta S_T = \Delta S_1^2 + \Delta S_2^3 + \Delta S_3^4 + \Delta S_4^5 = 41,423 \frac{cal}{K}$

7.9. Un mol de un gas ideal diatómico describe el ciclo de la figura adjunta en el sentido ABC, siendo la transformación BC adiabática y la CA isoterma. Si el trabajo en la expansión adiabática es de 1000 Julios Calcula: a) El valor de las variables termodinámicas en cada estado. b) La ΔU de cada transformación y del ciclo. c) La ΔS de cada transformación y del ciclo.

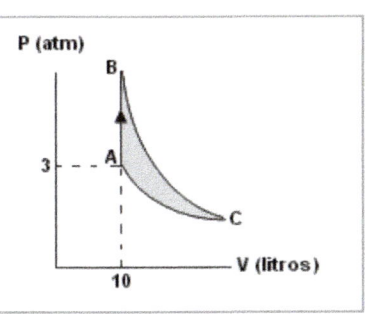

Con los datos del problema completamos las temperaturas de los estados A y C
$T_A = P_A V_A / nR = 365,85 \ K = T_C$

Del trabajo de la expansión adiabática obtenemos

$W_{BC} = -n \ C_V (T_C - T_B) = 1000 =$

$-1 \cdot 5 \cdot 4,18 (365,85 - T_B)$ *(El valor de Cv lo hemos multiplicado por 4,18 para expresarlo en julios)* →
$T_B = 413,70 \ K$

	P(atm)	V (l)	T(K)
A	3	10	365,85
B	3,39	10	413,70
C	2,20	13,63	365,85

Ahora podemos aplicar la ecuación de estado al punto B para obtener P$_B$
$$P_B = n \ R \ T_B / V_B = 1 \cdot 0,082 \cdot 413,70 / 10 = 3,39 \ atm$$
Con los datos de que disponemos podemos relacionar los estados B y C por medio de la ecuación de transformación $T_1 V_1^{\gamma-1} = T_2 V_2^{\gamma-1}$ →
$$413,70 \cdot 10^{0,4} = 365,85 \ V_C^{0,4} \rightarrow V_C = 13,63 \ litros$$
Y por último aplicamos la ecuación de estado al punto C →
$$P_C = nRT_C / V_C = 1 \cdot 0,082 \cdot 365,85 / 13,63 \rightarrow P_C = 2,20 \ atm$$
Con esto, podemos calcular las variaciones de energía interna y entropía simplemente aplicando fórmulas: para las variaciones de energía interna aplicaremos en las tres evoluciones la ecuación

$\Delta U = nC_v (T_f - T_i)$ $\left\{ \begin{array}{l} \textit{Evolución AB: } \Delta U_{AB} = 1 \cdot 5 \cdot (413,70 - 365,85 \ ) = 239,25 \ cal \\ \textit{Evolución BC: } \Delta U_{BC} = 1 \cdot 5 \cdot (365,85 - 413,70) = -239,25 \ cal \\ \textit{Evolución CA: } \textit{(Isoterma) } \Delta U_{AB} = 0 \end{array} \right.$

$\Delta U_{TOTAL} = \Delta U_{AB} + \Delta U_{BC} + \Delta U_{CA} = 0$ *(Función de estado)*

ΔS $\left\{ \begin{array}{l} \textit{Evolución AB: Isócora } \Delta S_A^B = nC_v ln \dfrac{T_B}{T_A} = 1 \cdot 5 \cdot ln \ (413,70 / 365,85) = 0,61 \ cal/K \\ \\ \textit{Evolución BC: Adiabática o isoentrópica: } \Delta S_{BC} = 0 \\ \\ \textit{Evolución CA: Isoterma } \Delta S_C^A = n \ R \ ln \dfrac{V_A}{V_C} = 1,93 \cdot 2 \cdot ln \ (10 / 13,63) = -0,61 \ cal/K \end{array} \right.$

$\Delta S_{TOTAL} = \Delta S_{AB} + \Delta S_{BC} + \Delta S_{CA} = 0$ *(Función de estado)*

7.10. Un mol de cierto gas ideal monoatómico describe el ciclo de la figura en el sentido ABCA. Determina: a) Los restantes valores de las variables termodinámicas. b) La variación de energía interna y de entropía de cada transformación así como del ciclo completo. (La evolución A B es isoterma).

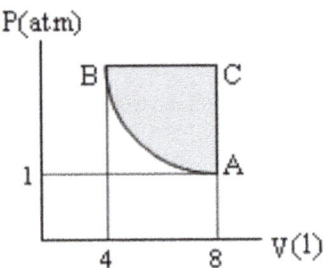

a)

	P(atm)	V(litros)	T(K)
A	1	8	97,56
B	2	4	97,56
C	2	8	195,12

Con los datos del problema completamos las variables temodinámicas de los tres estados

$T_A = P_A V_A / nR = 97,56 \ K = T_B$

($T_A = T_B$ porque los estados A y B están enlazados mediante una evolución isoterma).

$P_B = nRT_B / V_B = 2 \ atm = P_C$

($P_B = P_C$ porque los estados B y C están enlazadas mediante una evolución isóbara).

$T_C = P_C V_C / nR = 195,12 \ K$

b) *Cálculo de las variaciones de energía interna*

$\Delta U_{AB} = n \ C_v \ (T_B - T_A) = 0$

$\Delta U_{BC} = n \ C_v \ (T_C - T_B) =$

$= 1 \cdot 3 \cdot (195,12 - 97,56) = 292,68 \ cal$

$\Delta U_{CA} = n \ C_v \ (T_A - T_C) =$

$= 1 \cdot 3 \cdot (97,56 - 195,12) = - 292,68 \ cal$

$\Delta U_{Ciclo} = \Delta U_{AB} + \Delta U_{BC} + \Delta U_{CA} =$

$= 0 + 292,68 + (-292,68) = 0$

(Evidentemente, el resultado de la variación de energía interna del ciclo completo ha de ser cero puesto que la energía interna es función de estado, y el punto final del recorrido coincide con el inicial).

Cálculo de las variaciones de entropía

A→B (Isoterma) $\Delta S_A^B = n \ R \ln V_B/V_A = 1 \cdot 2 \cdot \ln 4/8 = -1,386 \ cal/K$

B→C (Isóbara) $\Delta S_B^C = n \ C_p \ln V_C/V_B = 1 \cdot 5 \cdot \ln 8/4 = 3,466 \ cal/K$

C→A (Isócora) $\Delta S_C^A = n \ C_v \ln T_A/T_C = 1 \cdot 3 \cdot \ln \dfrac{97,56}{195,12} = -2,079 \ cal/K$

$\Delta S_{Total} = \Delta S_A^B + \Delta S_B^C + \Delta S_B^C = -1,386 + 3,466 - 2,079 = 0$

(La entropía también es función de estado)

Tema 8   Movimiento ondulatorio

- 8.1. Definición de onda. Ecuación de propagación
- 8.2. Energía e intensidad de una onda material
- 8.3. Atenuación y absorción
- 8.4. Efecto Doppler
- 8.5. Principio de Huygens
- 8.6. Índice de refracción. Fenómenos de refracción y reflexión
- 8.7. Camino óptico. Principio de Fermat
- 8.8. Ángulo límite. Fibras ópticas
- 8.9. Polarización, Interferencias y difracción

Una gran cantidad de fenómenos naturales están relacionados con las ondas. La luz, el sonido, los terremotos, las ondas sobre la superficie de un líquido, son ejemplos de fenómenos ondulatorios. Muchas aplicaciones están relacionadas con los fenómenos ondulatorios, como por ejemplo las ecografías Doppler, las terapias con ultrasonidos, o el tratamiento de productos alimentarios también con ultrasonidos.

Con este tema comienza el bloque relacionado con las ondas en este manual de biofísica. En el primer tema se estudiará las ondas en general y sus propiedades, así como los fenómenos ondulatorios más característicos. Este primer tema del bloque servirá como introducción a las ondas sonoras, la óptica de la visión y las radiaciones ionizantes, tratadas con detalle en los siguientes temas.

8.1. DEFINICIÓN DE ONDA. ECUACIÓN DE PROPAGACIÓN

Llamamos onda a la propagación de una perturbación en la que se produce transporte de energía sin transporte de masa, de forma que cada punto alcanzado por la perturbación vibra alrededor de su posición de equilibrio reproduciendo la vibración del foco. La mayor parte de las perturbaciones naturales se corresponden con oscilaciones armónicas. La ecuación de la onda será la propagación en el espacio de dicha oscilación armónica.

Según la forma de propagarse las ondas, las clasificamos en ondas longitudinales y ondas transversales. En las **ondas longitudinales** la vibración de cada punto se realiza en la misma dirección que la de propagación de la onda, mientras que en las **ondas transversales** la vibración de cada punto se efectúa en una dirección perpendicular a la de propagación de la onda.

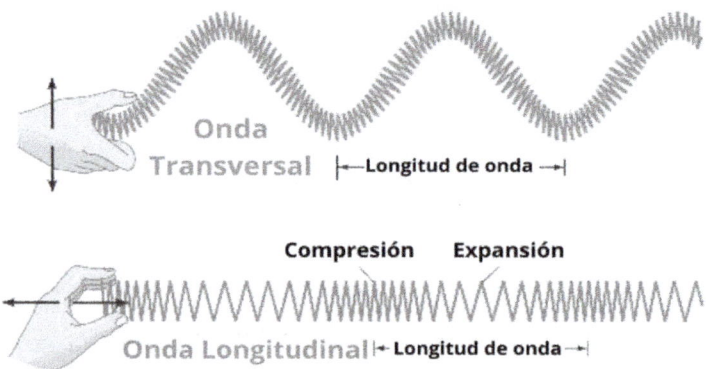

Según el medio en el que se propagan, las ondas se clasifican en:

- **Ondas materiales**: precisan de un medio material para su propagación, también se denominan ondas mecánicas.

- **Ondas inmateriales o electromagnéticas**: no precisan medio material para su propagación, aunque la presencia del mismo no es necesariamente incompatible con la propagación de una onda electromagnética.

Ecuación de propagación de una onda: un punto **P** situado a una distancia x del origen de la onda, reproduce el movimiento del foco **O** pero con un retraso t_x, que es el tiempo que la onda tarda en llegar desde el origen **O**, hasta el punto **P**.

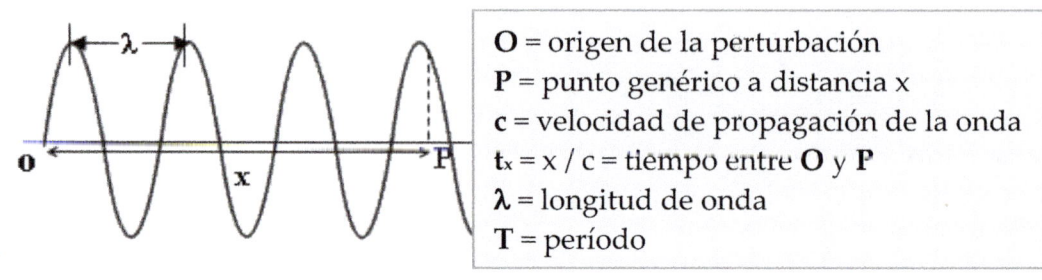

O = origen de la perturbación
P = punto genérico a distancia x
c = velocidad de propagación de la onda
$t_x = x / c$ = tiempo entre **O** y **P**
λ = longitud de onda
T = período

Admitiendo que el punto **O** vibra según la ecuación de un oscilador armónico, tendremos:

y_0 = A sen (ωt + φ), siendo φ el defasaje inicial de la onda. Para simplificar supondremos que la onda comienza en el origen, es decir φ = 0 (no hay defasaje), quedando por tanto

y_0 = A sen (ωt), en donde A es la amplitud de la vibración y ω = 2 π/T es la frecuencia angular, siendo T el período.

El punto **P** repetirá la vibración del punto **O**, con un retraso t_x

$$y_P = A \text{ sen } \omega \ (t - t_x) = A \text{ sen } \omega \ (t - x/c) = A \text{ sen } \frac{2\pi}{T} \ (t - \frac{x}{c})$$

y teniendo en cuenta que el producto cT = λ (longitud de onda o espacio que recorre la onda en un tiempo T), quedará

$$y = A \text{ sen} 2\pi \left[\frac{t}{T} - \frac{x}{\lambda} \right] \tag{8.1}$$

c es la velocidad de propagación de la onda. Para la luz en el vacío, c = 3 10^8 m/s.

A la inversa del periodo se le llama frecuencia, ν: ν = 1/T   se mide en s^{-1} o hertzios (Hz) y representa el número de ondas por unidad de tiempo.

✎ Ejemplo 8.1 Velocidad y frecuencia de una onda

Las ballenas emiten ultrasonidos de ν = 200 000 Hz con una velocidad de propagación en el mar de 1400 m/s ¿Cuál es su longitud de onda? ¿Cuánto tiempo tarda en regresar un sonido que se refleja a 100 m?

Solución: λ = c/ν = 7 10^{-3} m = 7 mm; t = e/c = 200/1400 = 0,14 s

✎ Ejemplo 8.2 Ecuación de ondas

Calcula la amplitud, la longitud de onda, el periodo, la frecuencia y la velocidad de propagación para una onda cuya ecuación es Y = 0,2 sen (3,14 t – 10 x) (todo en el S.I.)

Solución: A = 0,2 m; T = 2 s; λ = 0,63 m; ν = 0,5 Hz; c = 0,31 m/s

---

8.2. ENERGÍA E INTENSIDAD DE UNA ONDA MATERIAL

La energía que es capaz de transportar una onda material es la energía que posee cada una de las partículas en su oscilación armónica. Para expresarla podemos tomar la velocidad máxima de una oscilación armónica de una partícula de masa m, que podemos obtenerla derivando la ecuación de elongaciones y = A sen ωt

$v = \dfrac{dy}{dt} = A\omega \cos \omega t$, la velocidad máxima se alcanzará cuando $\cos \omega t = 1$, es decir $\qquad v_{max} = A\,\omega$

según esto, la energía cinética alcanzada por la partícula en ese instante será

$$E = \frac{1}{2}mv^2 = \frac{1}{2}mA^2\varpi^2$$

Y recordando que $\omega = 2\pi\nu$, siendo ν la frecuencia de la onda (la inversa del período) $(\nu = 1/T)$, podemos poner la energía en la forma

$$E = 2m\pi^2 A^2 \nu^2 \qquad (8.2)$$

La consecuencia que debemos extraer de esta última expresión, es que **la energía de una onda es proporcional al cuadrado de la frecuencia y al cuadrado de la amplitud.**

La **intensidad de una onda** (I) es la energía que por unidad de tiempo atraviesa una superficie unidad, colocada transversalmente a la dirección de propagación de la onda. Si tenemos en cuenta que la energía por unidad de tiempo es la potencia (P), también podemos definir la intensidad de la onda como la potencia por unidad de superficie:

$$I = \frac{E}{S\cdot t} = \frac{P}{S} \qquad (8.3)$$

Ondas planas y esféricas

Según su forma de propagarse, las ondas las podemos clasificar en ondas planas y ondas esféricas. Las ondas son planas cuando los rayos de propagación son paralelos entre sí mientras que en las ondas esféricas los rayos de propagación son divergentes; una onda plana la podemos considerar como una onda esférica que tiene su origen a una distancia infinita del punto considerado.

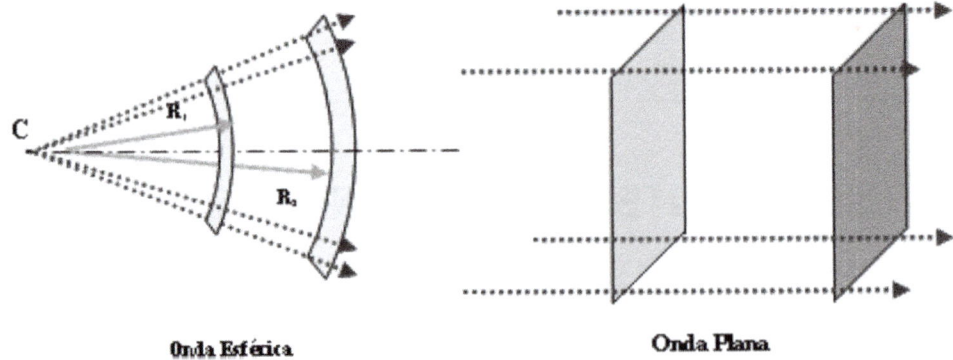

Onda Esférica   Onda Plana

8.3. ATENUACIÓN Y ABSORCIÓN

Atenuación

Llamamos atenuación al fenómeno que se produce como consecuencia del reparto de la energía de una onda esférica en superficies cada vez mayores. Si calculamos el valor de la intensidad en dos puntos a distancias del foco R_1 y R_2, tendremos

$$\left. \begin{array}{l} I_1 = \dfrac{P}{S_1} = \dfrac{P}{4\pi R_1^2} \\[4mm] I_2 = \dfrac{P}{S_2} = \dfrac{P}{4\pi R_2^2} \end{array} \right\}$$

Dividiendo miembro a miembro estas dos expresiones

obtendremos $\quad \dfrac{I_1}{I_2} = \dfrac{R_2^2}{R_1^2} \qquad\qquad$ (8.4)

Por otra parte, hemos visto que la energía es proporcional al cuadrado de la amplitud y, como la intensidad es proporcional a la energía, concluimos que la intensidad es proporcional al cuadrado de la amplitud, es decir,

$$\dfrac{I_1}{I_2} = \dfrac{A_1^2}{A_2^2} = \dfrac{R_2^2}{R_1^2} \quad \text{ecuación de la que se desprende que } \dfrac{A_1}{A_2} = \dfrac{R_2}{R_1} \text{ o lo que es lo}$$

mismo $A_1 R_1 = A_2 R_2$ y como lo podemos generalizar a cualquier punto podremos poner

$$A \cdot R = cte \qquad\qquad (8.5)$$

En una onda esférica, el producto de la amplitud en un punto por su distancia al origen es constante.

La atenuación no supone pérdidas energéticas, sino un reparto de la energía de la onda en superficies cada vez mayores

---

✎ Ejemplo 8.3 Atenuación
La intensidad de una onda sísmica a 100 km de la fuente es 10^6 W/m^2 ¿cuál será la intensidad a 400 km de la fuente (suponiendo solo pérdidas por atenuación)?

Solución: 6,3 10^4 W/m^2

Absorción

Cuando una onda interacciona con un medio, parte de su energía se disipa en el medio como consecuencia de los rozamientos intermoleculares que provocan pérdidas energéticas en forma de calor.

Para su desarrollo nos limitaremos al estudio en ondas planas, a fin de poder realizar el análisis sin tener en cuenta la atenuación. Experimentalmente se comprueba que las pérdidas de intensidad son proporcionales a la intensidad de la onda I, al espesor del medio atravesado dx, y a un coeficiente característico de cada medio, β, denominado coeficiente de absorción, de forma que podemos poner:

$$-dI = \beta\, I\, dx$$

Si en esta expresión separamos variables e integramos

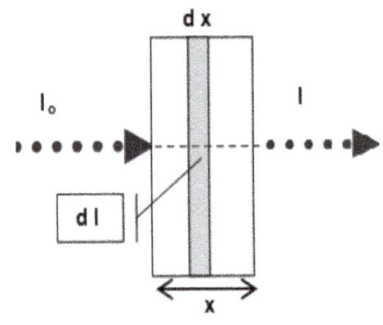

$$\frac{dI}{I} = -\beta \cdot dx \quad \rightarrow \quad \int_{I_0}^{I} \frac{dI}{I} = -\beta \int_{0}^{X} dx$$

obtenemos $\quad \ln\dfrac{I}{I_0} = -\beta \cdot x$

y pasando a forma exponencial

$$I = I_0\, e^{-\beta x} \tag{8.6}$$

Se denomina **espesor de semiabsorción, D,** de un material, al espesor necesario de una lámina de dicho material, para que la intensidad incidente se reduzca a la mitad. Es decir, cuando $\quad x = D \rightarrow I = I_0/2 \quad$ condición que, sustituida en la ecuación, nos permite escribir

$\dfrac{I_0}{2} = I_0\, e^{-\beta D}$, en la que simplificando y tomando logaritmos neperianos queda:

$$-\ln 2 = -\beta\, D \ln e \quad \rightarrow \quad D = \frac{\ln 2}{\beta}$$

Medida de la absorción en disoluciones

La medida de la absorción en disoluciones es la base de la **espectrofotometría Ultravioleta-Visible** (UV-VIS), que es una técnica analítica que permite determinar la concentración de un compuesto en solución.

Cuando el medio atravesado por la onda consiste en una **disolución** (normalmente contenida en una cubeta), se puede considerar un desarrollo similar al del apartado anterior basado en la ley de Lambert-Beer:

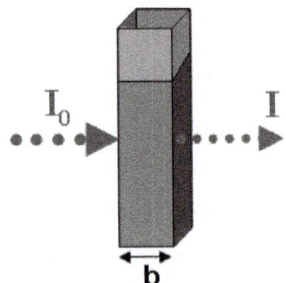

$$dI = -I\cdot(k\cdot c)\cdot db \rightarrow I = I_0\, e^{-kbc}$$

siendo c la concentración del soluto, b el espesor atravesado por la onda (el de la cubeta que contiene la disolución), y k un coeficiente característico de la muestra. La expresión anterior también puede expresarse en términos de logaritmos neperianos o decimales:

$$\ln (I/I_0) = -k\,b\,c \quad \rightarrow \quad \log (I/I_0) = -(k/2{,}303)\cdot b\cdot c = -a\cdot b\cdot c$$

donde el valor a = k/2,303 representa el coeficiente de absorción (expresado habitualmente para 1 cm de espesor de cubeta y una concentración de 1 g/100 mL).

El cociente entre la intensidad que atraviesa el medio (I) y la intensidad inicial (I_0) se denomina **transmitancia (T)**, $T = I/I_0$. Por el contrario, la cantidad de luz que queda absorbida por la muestra viene dada por la **absorbancia (A)**, definida a partir de la transmitancia como $A = \log(1/T) = -\log(T) = \log(I_0/I)$. A partir de las expresiones anteriores se puede observar que la

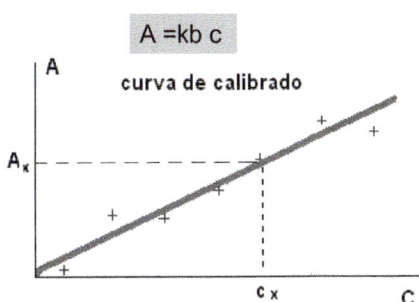

absorbancia presenta una relación lineal con la concentración de la disolución (para un espesor dado): $A = a \cdot b \cdot c$. La representación de $A = f(c)$ se denomina curva de calibrado, que permite obtener la concentración de una disolución problema a partir de la medida de la absorbancia con un espectrofotómetro UV-VIS. Esta técnica se utiliza por ejemplo en la industria farmacéutica para el control de calidad (detección de impurezas) durante el desarrollo de fármacos, así como en la industria alimentaria para el análisis de bebidas y alimentos.

8.4. EFECTO DOPPLER

Se llama efecto Doppler a la variación que se experimenta en la percepción de la frecuencia de una onda cuando el observador, el foco o ambos, están en movimiento.

En las figuras adjuntas, se representa el frente de ondas producido por un foco fijo en el que las ondas permanecen concéntricas (Figura a), y el producido por el mismo foco desplazándose hacia la derecha, con velocidad constante (Figura b).

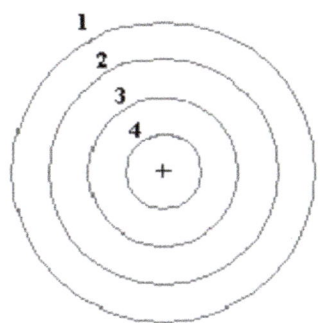
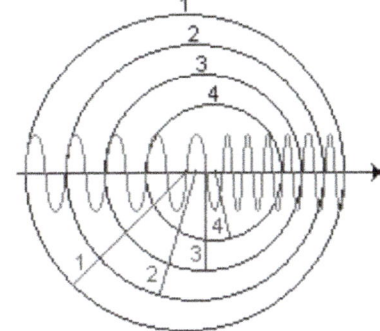

Figura a Foco en reposo   **Figura b Foco desplazándose hacia la derecha**

Se observa que en la zona derecha se "comprimen" las ondas, mientras que en la izquierda se "expanden", o dicho de otra manera en una zona disminuye la longitud de onda y en la otra aumenta.

Consideremos que el foco emite el primer pulso desde el punto n (Figura c), y precisa un tiempo t para emitir un determinado número de pulsos (cuatro en la figura). En ese tiempo la onda viajando a una velocidad c habrá recorrido la distancia $\overline{nm}$, mientras que el foco viajando a una velocidad v_F, habrá recorrido la distancia $\overline{np}$. Para hallar el valor de λ' dividiremos la distancia geométrica entre los puntos m y p, entre el número de pulsos emitidos; es decir:

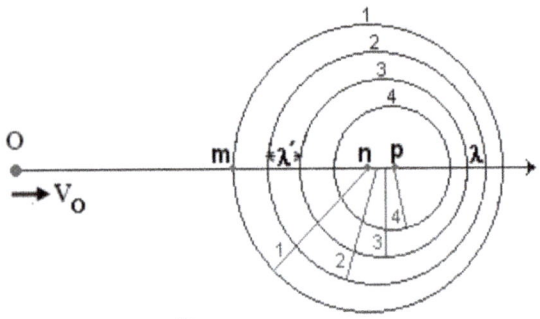

Figura c

$$\lambda' = \frac{\overline{nm} + \overline{np}}{n° \text{ de ondas}} = \frac{ct + v_F t}{v_e t} = \frac{c + v_F}{v_e}$$

Siendo v_e la frecuencia con la que emite el foco.

Como la frecuencia de una onda viene dada por la expresión $v = c/\lambda$, un observador en reposo situado en el punto O, apreciaría una frecuencia v_o

$$v_o = \frac{c}{\lambda'} = \frac{c}{\dfrac{c + v_F}{v_e}} = v_e \frac{c}{c + v_F}$$

Pero si el observador avanza con una velocidad v_o se irá anticipando a la percepción de las ondas (la velocidad relativa del sistema onda-observador es la suma de c y v_o), por lo tanto en éste caso la frecuencia observada vendrá dada por la expresión:

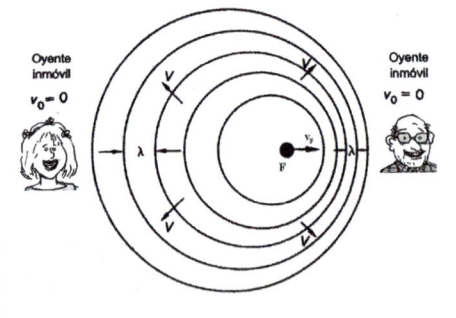

$$v_o = v_e \frac{c + v_o}{c + v_F} \qquad (8.7)$$

Esta fórmula está deducida para el caso en que tanto el foco como el observador se desplazan hacia la derecha, pero es aplicable a todos los casos aplicando el siguiente **criterio de signos**: El sentido que va del observador al foco nos indica los sentidos positivos de los vectores velocidad que intervienen en la expresión (la velocidad del observador y la velocidad del foco); la velocidad de la onda, **c**, es siempre positiva.

Si lo que están percibiendo las personas de la figura es un sonido emitido por el foco F en movimiento, el hombre percibiría un tono más agudo que el emitido por el foco, mientras que la mujer oiría un tono grave. En el caso del hombre, la velocidad del foco se debe considerar negativa, sin embargo, para el caso de la mujer dicha velocidad se deberá considerar como positiva.

También el efecto Doppler tiene aplicación en observaciones astronómicas que nos permiten conocer la velocidad relativa de una estrella con respecto a nuestra posición puesto que en la luz emitida por ella se pueden observar diferentes líneas espectrales, que revelan la presencia de distintos elementos químicos. En el laboratorio se han medido con mucha precisión las longitudes de onda correspondientes a dichas líneas espectrales, por lo que comparando el espectro de una estrella con uno obtenido en el laboratorio podemos comprobar si dichas líneas aparecen desplazadas o no. Además, podemos deducir hacia qué lado se han desplazado, y la cuantía del desplazamiento indica cuál es la velocidad del astro.

Otra importante consecuencia del efecto Doppler es el conocido fenómeno del estampido que se produce cuando un avión supera la velocidad del sonido (barrera del sonido).

En la figura observamos, en la primera celda, la representación de un móvil que viaja a velocidad inferior a la de la onda, en la segunda celda se observa que el móvil lleva la misma velocidad que la onda, por lo que, para el caso de un avión, en la zona frontal se produce un gran incremento de presión que es el causante del estampido, y si el ambiente es de elevada humedad, se produce una condensación instantánea de vapor de agua alrededor del avión, tal como se ve en la foto inferior; en la tercera celda, el móvil ya ha superado la velocidad de la onda, formándose una estela con la envolvente de las ondas.

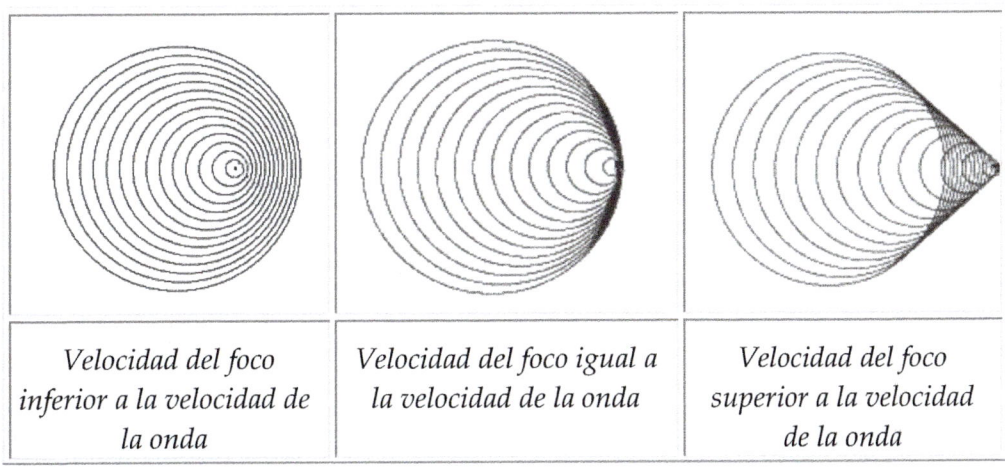

| Velocidad del foco inferior a la velocidad de la onda | Velocidad del foco igual a la velocidad de la onda | Velocidad del foco superior a la velocidad de la onda |

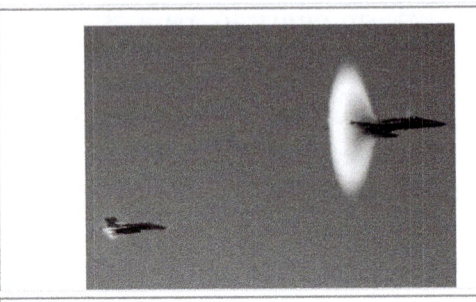 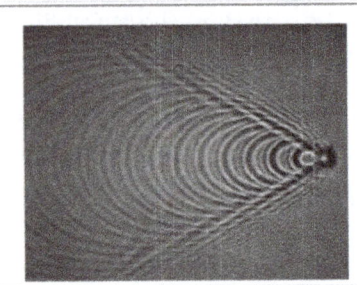

Instante en el que se supera la barrera del sonido	*La velocidad del móvil supera la velocidad de la onda*

⁄ **Ejemplo 8.4 Efecto Doppler**

La velocidad de la luz en el vacío es 300 000 km/s. Un rayo de color verde tiene una longitud de onda de $530 \cdot 10^{-9}$ m ¿Cuál es su frecuencia? ¿Cómo cambia su frecuencia si la fuente se aleja del observador?

Solución: $v = 5,66 \cdot 10^{14}$ Hz; por el efecto Doppler, al alejarse la frecuencia disminuye y la longitud de onda aumenta: se desplaza hacia el rojo.

8.5. PRINCIPIO DE HUYGENS

Todo punto alcanzado por una perturbación se convierte a su vez en un foco emisor de una nueva perturbación de las mismas características que el foco inicial (Principio de Huygens).

Si la perturbación inicial alcanza varios puntos distintos simultáneamente, el frente de ondas resultante será la envolvente de cada uno de los frentes de onda parciales. En las imágenes presentamos el caso de una onda plana, el de una onda esférica, y el paso de una onda plana a través de un orificio, a partir del cual la onda se convierte en esférica.

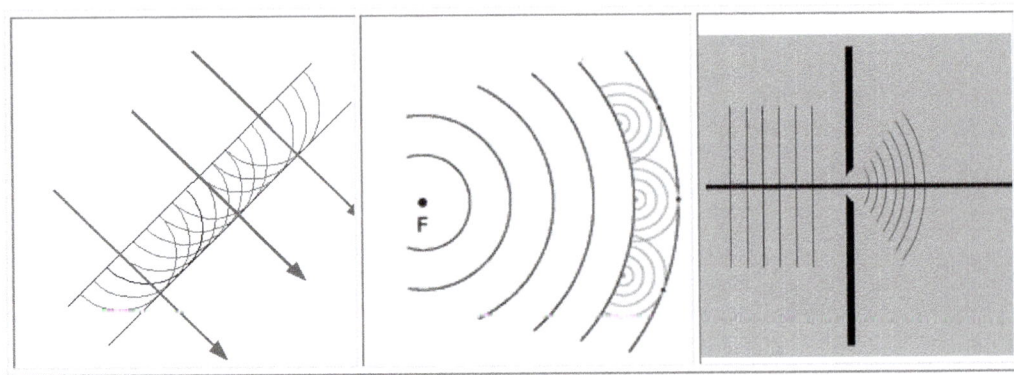

8.6. ÍNDICE DE REFRACCIÓN. FENÓMENOS DE REFRACCIÓN Y REFLEXIÓN

Se define el **índice de refracción** de una sustancia al cociente entre la velocidad de la luz en el vacío (c), y en la sustancia considerada (v):

$$n = \frac{c}{v} \qquad\qquad (8.8)$$

Por tanto n ≥ 1 sin unidades. Para el aire se suele tomar n = 1.

Se llama **refracción** al cambio de dirección que experimenta cualquier onda cuando en su propagación atraviesa medios diferentes con velocidades de propagación diferentes, tal como se observa en la imagen adjunta en la que un haz de luz atraviesa la superficie de separación aire-vidrio (la luz se propaga a menor velocidad en el vidrio).

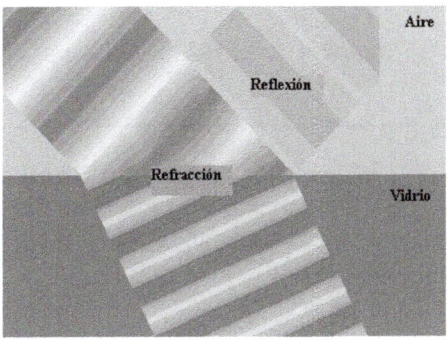

En la figura siguiente, representamos el rayo incidente circulando por el primer medio con una velocidad V_1, y por el segundo medio con velocidad V_2.

Mientras en el medio 1 en un tiempo t avanza una distancia BM, en el medio 2 avanza AN.

Luego   BM = $V_1 \cdot$ t ;   AN = $V_2 \cdot$ t

En la figura vemos que el ángulo **i** (**ángulo de incidencia**) es igual al ángulo BMA, por tener los ángulos BMA y POB los lados perpendiculares. El **ángulo de refracción r** es igual al ángulo AMN por tener los ángulos QOS y AMN los lados perpendiculares.

Por la definición de seno:

$$\text{sen } i = BM/MA; \qquad \text{sen } r = AN/ MA$$

Dividiendo sen i entre sen r obtenemos:

$$\frac{sen\, i}{sen\, r} = \frac{BM}{AN} = \frac{V_1\, t}{V_2\, t} = \frac{V_1}{V_2}$$

Introduciendo en esta expresión la definición de índice de refracción, quedará:

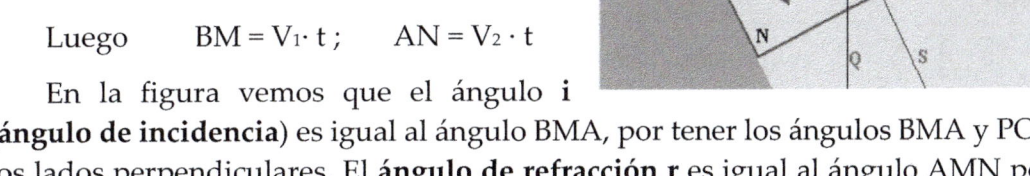

$\dfrac{\text{sen } i}{\text{sen } r} = \dfrac{V_1}{V_2} = \dfrac{c/n_1}{c/n_2}$ en la que simplificando y quitando denominadores queda

$$n_1 \operatorname{sen} i = n_2 \operatorname{sen} r \qquad (8.9)$$

que se conoce como **Ley de Snell**.

Reflexión: Se puede considerar un caso particular de la refracción, en el que $n_1 = n_2$, y por tanto i = r.

✎ Ejemplo 8.5 Ley de Snell

Para el agua n = 1,333. Calcula la velocidad de la luz en el agua y el ángulo de refracción cuando el ángulo incidente (en el aire) es de 30°.

Solución: v_{agua} = 225 000 km/s; r = 22° 1´48´´

✎ Ejemplo 8.6 Ley de Snell

Se hace incidir un rayo láser con un ángulo de 30° respecto a la superficie de una disolución transparente con índice de refracción 1,38 ¿Cuál será la dirección del rayo en el interior del líquido?

Solución: forma un ángulo con la normal de 38° 52´12´´

8.7. CAMINO ÓPTICO. PRINCIPIO DE FERMAT

Camino óptico: Si un rayo tiene que viajar desde un punto A hasta un punto B atravesando distintos medios, se define el camino óptico [l_{AB}] entre esos puntos, como

$$\left[l_{AB} \right] = \sum_i n_i l_i \quad \text{expresión que para el}$$

caso de la figura adjunta quedaría

$$\left[l_{AB} \right] = n_1 l_1 + n_2 l_2 + n_3 l_3$$

Principio de Fermat: La trayectoria que sigue una onda entre dos puntos cualesquiera, situados en medios ópticos diferentes, es tal que el camino óptico es mínimo y se corresponde con un tiempo de recorrido mínimo. (El camino óptico equivale a la distancia geométrica recorrida por el rayo si circulara por el vacío en línea recta). Para demostrarlo tomaremos dos medios de índices de refracción n_1 y n_2 tal como mostramos en la figura siguiente, en la que el rayo recorre una distancia d_1 en el primer medio y d_2 en el segundo medio. En la figura se ve que los valores de p, h_1 y h_2 son constantes con cualquier posible trayectoria del rayo, mientras que d_1 y d_2 son dependientes de la trayectoria, y las escribimos en función de x, que quedará como única variable.

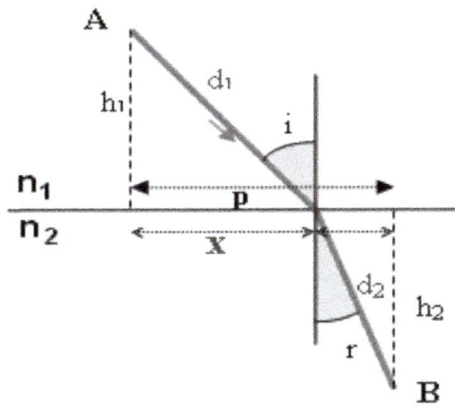

$$d_1 = \sqrt{x^2 + h_1^2} \qquad d_2 = \sqrt{(p-x)^2 + h_2^2}$$

$$[l_{AB}] = n_1 d_1 + n_2 d_2 \quad \text{y sustituyendo}$$

$$[l_{AB}] = n_1\sqrt{x^2 + h_1^2} + n_2\sqrt{(p-x)^2 + h_2^2}$$

Si el camino óptico sólo depende de x, y queremos que sea mínimo, su derivada con respecto a x habrá de ser 0

$$\frac{d[l_{AB}]}{dx} = \frac{n_1 \cdot 2x}{2\sqrt{x^2 + h_1^2}} + \frac{n_2 \cdot 2(p-x)(-1)}{2\sqrt{(p-x)^2 + h_2^2}}$$

que simplificando quedará $\dfrac{n_1 \cdot x}{d_1} = \dfrac{n_2 \cdot (p-x)}{d_2}$.

Considerando además que $x/d_1 = sen\ i$ y $(p-x)/d_2 = sen\ r$, quedará definitivamente

$$n_1 \cdot sen\ i = n_2 \cdot sen\ r$$

8.8. ÁNGULO LÍMITE. FIBRAS ÓPTICAS

Ángulo límite: Es el ángulo de incidencia, L, necesario para que el ángulo de refracción sea de 90°; para valores del ángulo de incidencia superiores a L, se produce la reflexión total

$$n_1 \cdot sen\ L = n_2 \cdot sen\ 90 \qquad \rightarrow \qquad sen\ L = n_2 / n_1$$

Para ello ha de ser $n_1 \geq n_2$, es decir pasar de medio "lento" a otro más "rápido". Este hecho tiene diversas utilidades, como es el caso de las fibras ópticas, que están constituidas por dos capas de vidrio de gran calidad y con distintos índices de refracción, de forma que la capa más próxima al eje es de un índice de refracción más elevado que el de la capa periférica (ver figura adjunta) de forma que, cuando el rayo se desvía hacia la periferia, es la propia refracción o en su caso la reflexión total la que reconduce la trayectoria del haz. Las fibras ópticas tienen hoy día numerosas aplicaciones en el campo de las comunicaciones, la medicina y tecnología en general. Los refractómetros comerciales también están basados en el ángulo límite.

✎ **Ejemplo 8.7 Ángulo límite**
Una mezcla de agua con azúcar tiene un índice de refracción de 1,45. Calcula el ángulo límite (n aire = 1)

Solución: 43° 36´10´´

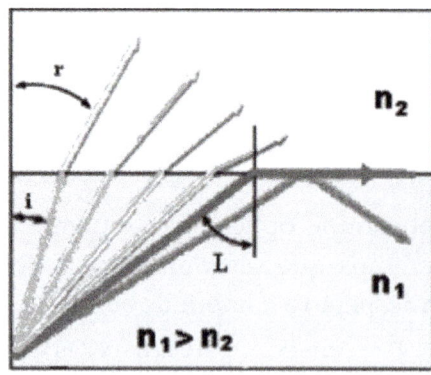

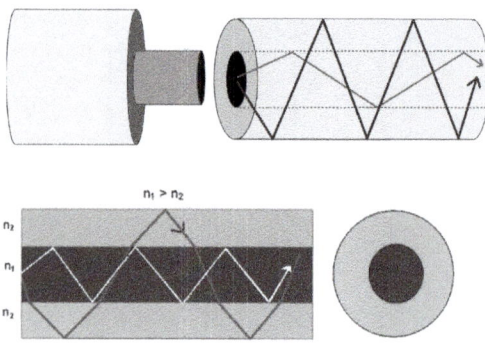

L = Ángulo límite

Esquema de un fibra óptica, y transmisión simultánea de dos señales luminosas

8.9. POLARIZACIÓN, INTERFERENCIAS Y DIFRACCIÓN

Polarización

En general, las ondas electromagnéticas al mismo tiempo que se propagan van girando su plano de vibración, pero si el plano de vibración se restringe a uno solo la onda recibe el nombre de onda polarizada, como se muestra en la figura. La polarización de una onda puede ser parcial y total. La figura de la izquierda (y la figura central) muestra una onda totalmente polarizada, que con un filtro análogo y perpendicular al que provoca la polarización impide el paso de la onda. Las ondas reflejadas están parcialmente polarizadas. La figura de la derecha se corresponde a una onda en la que el analizador forma un ángulo θ con el polarizador.

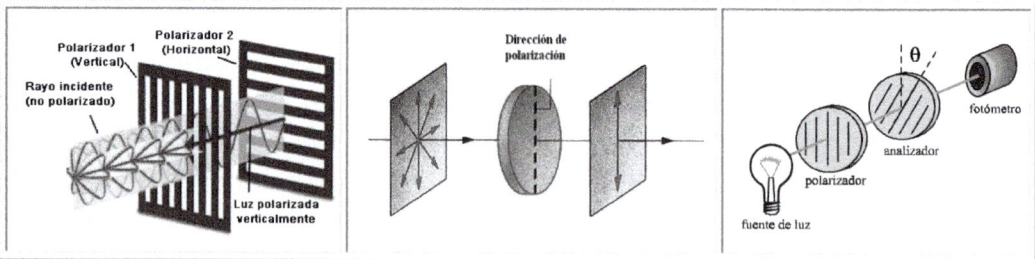

Interferencias

Llamamos **interferencia**, al fenómeno que se produce cuando dos ondas coinciden en un punto del espacio. Todos los fenómenos interferenciales se rigen por el principio de superposición, que nos dice que la elongación resultante en el punto de interferencia es la suma vectorial de las elongaciones de las ondas incidentes.

Para simplificar el estudio, nos limitaremos a las interferencias de dos ondas que tengan la misma dirección de propagación, la misma amplitud y la misma longitud de onda λ y período T pero con una diferencia de fase φ entre ambas.

$$y_1 = A \ sen \ (\omega t - \omega x \ /c + \varphi) \ \Big\}$$
$$y_2 = A \ sen \ (\omega t - \omega x \ /c) \qquad\Big\} \qquad y \text{, según el principio de superposición}$$

$$y_R = y_1 + y_2 = A \ [sen \ (\omega t - \omega x \ /c + \varphi) + sen \ (\omega t - \omega x \ /c)]$$

Teniendo en cuenta la fórmula trigonométrica: $sen \ A + sen \ B = 2 \ sen \left(\dfrac{A+B}{2}\right) \cdot cos \left(\dfrac{A-B}{2}\right)$

$$y_R = 2A \ cos \ (\varphi/2) \cdot sen \ (\omega t - \omega x \ /c + \varphi/2 \ )$$

A la vista del resultado, concluimos que el efecto de la interacción es una onda pero cuya amplitud depende del desfase inicial entre las dos ondas.

La expresión anterior la podemos escribir: $y_R \ = \ A_R \cdot sen \ (\omega t - \omega x \ /c + \varphi/2 \ )$ siendo

$$A_R = 2 \ A \ cos \ (\varphi/2) \tag{8.10}$$

Según esto podemos considerar dos casos extremos:

a) $cos \ (\varphi/2) = \pm 1 \ \rightarrow \ \varphi = 0, 2\pi, 4\pi \ ... \ ; \ \varphi = 2k\pi \ \rightarrow \ A_R = 2A$

b) $cos \ (\varphi/2) = 0 \ \rightarrow \ \varphi = \pi, 3\pi, 5\pi \ ...; \ \varphi = (2k+1)\pi \rightarrow A_R = 0$

En el caso (a) tendríamos una interferencia constructiva, mientras que en el caso (b) tendríamos una interferencia destructiva, tal y como se ilustra en la figura.

Interferencia constructiva	Interferencia destructiva	Caso general
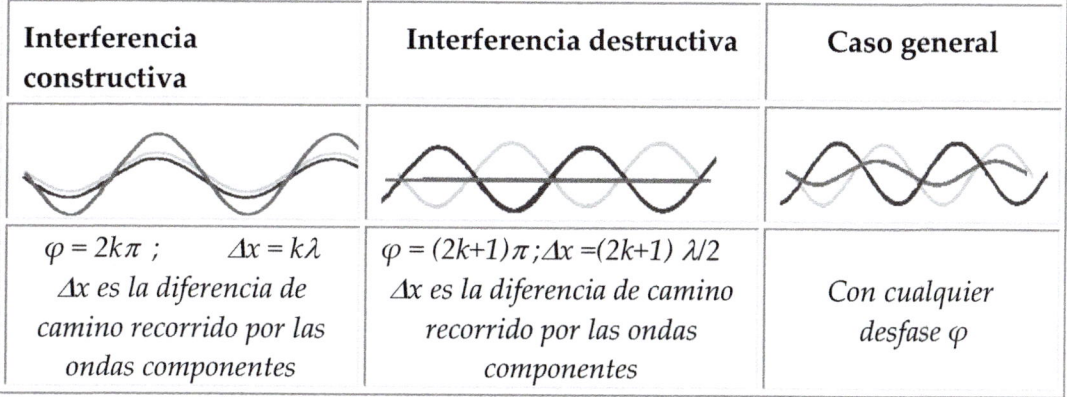		
$\varphi = 2k\pi$; $\quad \Delta x = k\lambda$ Δx es la diferencia de camino recorrido por las ondas componentes	$\varphi = (2k+1)\pi$; $\Delta x = (2k+1) \ \lambda/2$ Δx es la diferencia de camino recorrido por las ondas componentes	Con cualquier desfase φ

Experiencia de Young

Los puntos S_1 y S_2 (figura siguiente) son dos focos de luz coherentes (iluminados por un mismo foco y situados entre sí a una distancia d). Si los rayos que parten de S_1 y S_2, coinciden en un punto P de la pantalla, la diferencia de caminos geométricos de ambos rayos es Δx y se producirá por tanto una interferencia constructiva (I.C.) o destructiva (I.D.) según la relación:

$$\Delta x = k\,\lambda. \qquad\qquad \text{(I.C.)}$$

$$\Delta x = (2k+1)\,\lambda/2 \qquad \text{(I.D.)}$$

Los dos ángulos θ son iguales por tener lados perpendiculares, y la diferencia de caminos de ambos rayos es Δx. En la figura se puede observar que

$$sen\theta \approx tg\theta = \frac{\Delta x}{d}\; ;$$ con el otro ángulo podemos establecer: $$tg\,\theta = \frac{y}{D}$$

finalmente, igualando los segundos miembros y despejando Δx obtenemos

$$\Delta x = d\,\frac{y}{D}$$

Si sustituimos Δx por las correspondientes condiciones de interferencias constructivas o destructivas, se obtienen las siguientes condiciones:

$$k\lambda = d\,\frac{y}{D} \qquad\qquad \text{(I. C.)}$$

$$(2k+1)\frac{\lambda}{2} = d\,\frac{y}{D} \qquad \text{(I. D.)}$$

Esta relación hallada por Young nos permite hallar λ midiendo d, o viceversa.

Difracción

Es el fenómeno que se produce cuando una onda atraviesa una rendija u orificio de dimensiones similares a la longitud de onda de la radiación.

Supongamos ahora que retiramos el apantallamiento existente entre S_1 y S_2, es decir, todos los puntos entre S_1 y S_2 son emisores de luz, y en el punto P confluyen rayos provenientes de todos los puntos de la rendija. En el caso anterior (experiencia de Young), sólo llegaban los rayos 1 y 3, con una diferencia de camino geométrico igual a λ y, por tanto, la interferencia era constructiva, pero en este caso, al incluir los restantes, se pueden encontrar pares de rayos (en el dibujo el [1,2] y el [2,3]) en los que la diferencia de camino recorrido es λ/2 y, por tanto, dan lugar predominantemente a interferencia destructiva.

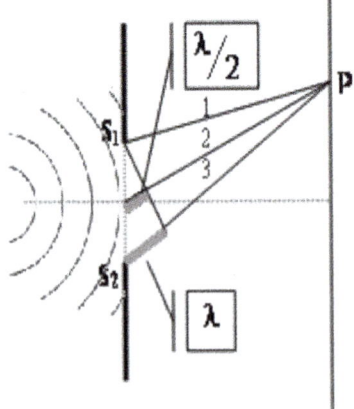

Por tanto, la condición de interferencia constructiva en la experiencia de Young pasa a ser destructiva en el caso de la difracción, y viceversa

$$(2k+1)\frac{\lambda}{2} = d\,\frac{y}{D} \quad \text{(I.C.)} \qquad\qquad k\lambda = d\,\frac{y}{D} \quad \text{(I. D.)}$$

Experiencia de Young	Difracción por una rendija	Difracción por un orificio	Intensidad de la luz difractada
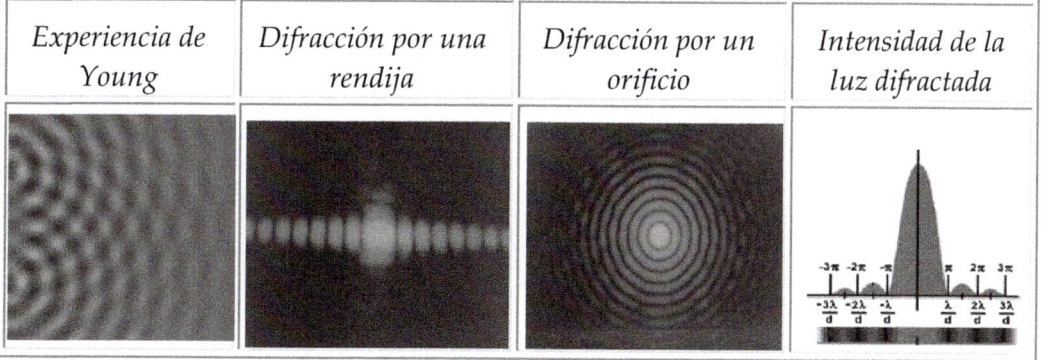			

En las figuras de la tabla superior mostramos en la celda 1, una visualización de la experiencia de Young y, en las celdas 2 y 3, la difracción producida por una rendija y por un orificio respectivamente. La intensidad de los máximos de interferencia va decreciendo conforme nos alejamos del máximo central, de acuerdo con la gráfica que se muestra en la cuarta celda.

EJERCICIOS

8.1. Sabiendo que la ecuación que describe cierto movimiento ondulatorio es de la forma y = 0,32 sen(1,8 t - 6,2 x) donde todas las magnitudes vienen expresadas en el SI, calcular: a) El período, la frecuencia, la longitud de onda, la amplitud del movimiento y su velocidad de propagación. b) La energía cinética máxima de una partícula de 1,6 g que se vea sometida al movimiento descrito

a) De la comparación de nuestra ecuación y = 0,32 sen(1,8 t- 6,2 x) con la ecuación general

$$y = A \, sen2\pi\left[\frac{t}{T} - \frac{x}{\lambda}\right] \quad obtenemos:$$

Amplitud $A = 0,32 \ m$; $1,8 = \dfrac{2\pi}{T} \rightarrow$ *período* $T = \dfrac{2\pi}{1,8} = 3,491 \, s$;

frecuencia $\nu = \dfrac{1}{T} = 0,286$ hertz ; $6,2 = \dfrac{2\pi}{\lambda} \rightarrow$ *longitud de onda* $\lambda = 1,0134 \ m$;

velocidad de propagación $\rightarrow$ $v = \dfrac{\lambda}{T} = 0,2903 \ m/s$

b) $E = 2m\pi^2 A^2 \nu^2 = 2 \cdot 1,6 \cdot 10^{-3} \cdot \pi^2 \cdot 0,32^2 \cdot 0,286^2 = 0,265 \cdot 10^{-3} \, J$

8.2. Un foco puntual realiza un movimiento periódico representado por la ecuación (todo en el S.I.) y = 0,04 sen 2π (t/6 - x/2,4). Se pide determinar: a) La velocidad de la onda, b) La diferencia de fase para dos posiciones de la misma partícula cuando el intervalo de tiempo transcurrido es de 1 s, c) La diferencia de fase en un instante dado de dos partículas separadas 2,1 m, y d) Si el desplazamiento, y, de una determinada partícula en un instante determinado es de 3 cm, determinar cuál será su desplazamiento 2 segundos más tarde.

$$y = 0,04 \ sen \ 2\pi(t/6 - x/2,4) \quad \rightarrow \quad y = A \, sen \, 2\pi\left[\frac{t}{T} - \frac{x}{\lambda}\right]$$

Por identificación de ambas ecuaciones $\rightarrow$ $T = 6 \, s$; $\lambda = 2,4 \ m$

a) $v_p = \dfrac{\lambda}{T} = 2,4 / 6 = 0,4 \ m/s$

b) La fase de una onda es el argumento de la función senoidal, luego la diferencia de fase será:

$$\Delta\varphi = 2\pi\left[\frac{t+1}{T} - \frac{x}{\lambda}\right] - 2\pi\left[\frac{t}{T} - \frac{x}{\lambda}\right] = \frac{2\pi}{T} = \frac{2\pi}{6} = \frac{\pi}{3} \, rad = 60°$$

c) En esta ocasión el tiempo se mantiene, y lo que se incrementa es la x ($\Delta x = 2,1 \ m$)

$$\Delta\varphi = 2\pi\left[\frac{t}{T} - \frac{x+2,1}{\lambda}\right] - 2\pi\left[\frac{t}{T} - \frac{x}{\lambda}\right] = 2\pi\left[\frac{2,1}{\lambda}\right] = 1,75 \ \pi \, rad = 315°$$

d) Tomamos la elongación de una partícula en un punto determinado, por ejemplo, el origen de la perturbación (x = 0):

y = 0,04 sen 2π (t/6 - x/2,4) $\rightarrow 0,03 = 0,04 \ sen \ 2\pi(t/6) \rightarrow 2\pi(t/6) =$ *arc sen 0,75* $\rightarrow t = 0,8098 \, s$

luego la elongación 2 s después valdrá y = 0,04 sen 2π ((0,8098+2)/6) = 0,00795 m

8.3. Un foco puntual emite una onda esférica de 10 Hz, 2 W de potencia y 4 cm de amplitud, que se propaga con una velocidad de 2 cm/s.

   a) Dar la ecuación de dicha onda.

   b) Calcular la intensidad en un punto situado a 2 m del foco.

   c) Si la amplitud de la onda es de 2 cm en dicho punto ¿Cuál será la amplitud a 3 m del foco?

a) $y = A \operatorname{sen} 2\pi \left[\dfrac{t}{T} - \dfrac{x}{cT} \right] = 0,04 \operatorname{sen} 2\pi(10\,t - 500\,x)$

b) $I_1 = \dfrac{P}{S_1} = \dfrac{P}{4\pi R_1^2} = \dfrac{2}{4\pi \cdot 2^2} = \dfrac{1}{8\pi} = 0,04 \ W/m^2$

c) $\dfrac{A_1}{A_2} = \dfrac{R_2}{R_1}; \quad \dfrac{2}{A_2} = \dfrac{3}{2}; \quad A_2 = 1,33 \ cm = 0,0133 \ m$

8.4. La posición de una partícula afectada por una onda, en función del tiempo, viene dada en la gráfica de la figura a, y la de todas la partículas afectadas, en función de la distancia, en la figura b. Obtener razonadamente, la ecuación de la onda y su velocidad de propagación.

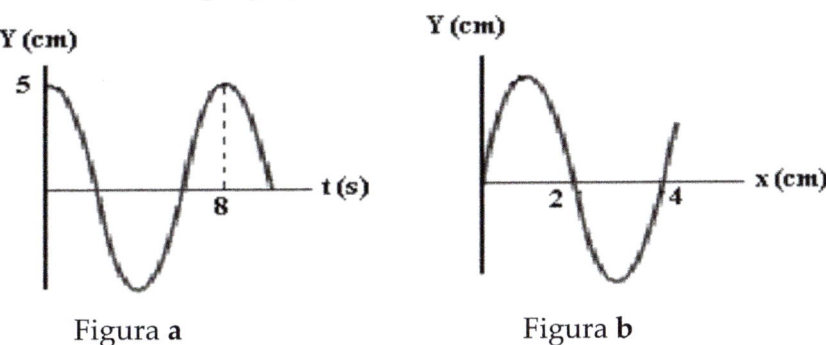

Figura **a**   Figura **b**

Se trata de leer en ambas gráficas los datos necesarios para escribir la ecuación
En la figura a encontramos: A = 5 cm; T = 8 s
En la figura b: λ = 4 cm (es la mínima distancia entre dos puntos en idéntico estado de vibración). Estos datos nos permiten escribir en el sistema internacional

$y = 0,05 \operatorname{sen} 2\pi \left[\dfrac{t}{8} - \dfrac{x}{0,04} \right]$

La velocidad de propagación la obtenemos como $v_p = \lambda / T = 0,04 / 8 = 0,005 \ m/s$

8.5. Un coche se mueve hacia la izquierda con un movimiento uniforme y rectilíneo a una velocidad de 30 m/s. En sentido contrario va un camión a una velocidad de 21 m/s con una superficie reflectora en su parte posterior. Si el coche emite un sonido de 1000 Hz cuando ambos vehículos se han cruzado, calcular:

   a) La frecuencia percibida por un observador fijo situado entre ambos.

   b) Frecuencia de las ondas que llegan a la superficie reflectora.

c) Frecuencia que percibirá el observador después de que las ondas se reflejen en el camión. (Velocidad del sonido = 340 m/s).

Deberemos aplicar el efecto Doppler, por separado, a los tres casos enunciados

a) $v_0 = v_E \dfrac{c+v_0}{c+v_F}$ *de acuerdo con el criterio de signos, la velocidad del foco es positiva y*

la del observador 0, luego $v_0 = 1000\dfrac{340+0}{340+30} = 918,92$ *hertz*

b) *Ahora el observador es la superficie reflectora, luego la velocidad del observador es negativa, y la del foco sigue siendo positiva; $v_O = -21$ m/s; $v_F = +30$ m/s*

$$v_0 = 1000\dfrac{340-21}{340+30} = 862,22 \text{ hertz}$$

c) *En este caso el foco es la superficie reflectante, por lo tanto el sentido positivo va del observador al camión; con una frecuencia de emisión de 862,22 hertz;*

$v_O = 0$ m/s; $v_F = +21$ m/s

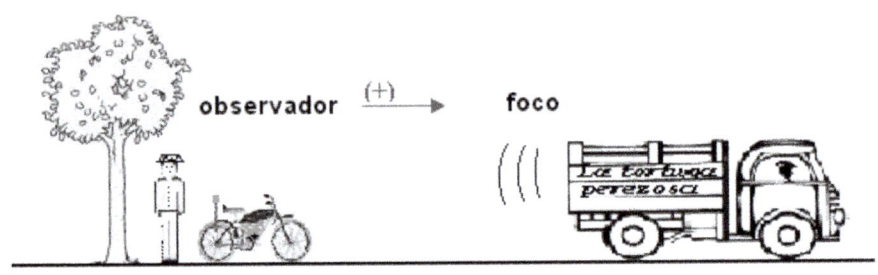

$$v_0 = 862.22\dfrac{340+0}{340+21} = 812,06 \text{ hertz}$$

8.6. La mayor velocidad que puede alcanzar una ballena es de 8 m/s. Si emite un sonido de 100 Hz. ¿Cuáles son la frecuencia máxima y mínima que puede percibir otra ballena que se mueve a la misma velocidad? Dibuja un esquema. (Velocidad del sonido en el agua 1500 m/s).

La ballena blanca hace el papel de observador, la más oscura hará de foco emisor. Por lo tanto, el sentido positivo va de la blanca a la oscura, luego en este primer esquema la velocidad del observador es positiva y la del foco negativa; así obtendremos la frecuencia máxima.

a)

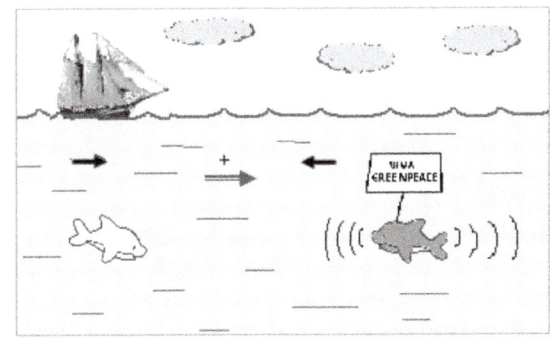

$$\nu_{max} = \nu_E \frac{c + v_0}{c + v_F} = 100 \frac{1500 + 8}{1500 - 8} = 101,07 \text{ hertz}$$

b) En el segundo esquema, cuando las ballenas se han cruzado, la velocidad del foco es positiva y la velocidad del observador negativa, obteniendo por tanto la frecuencia mínima de observación.

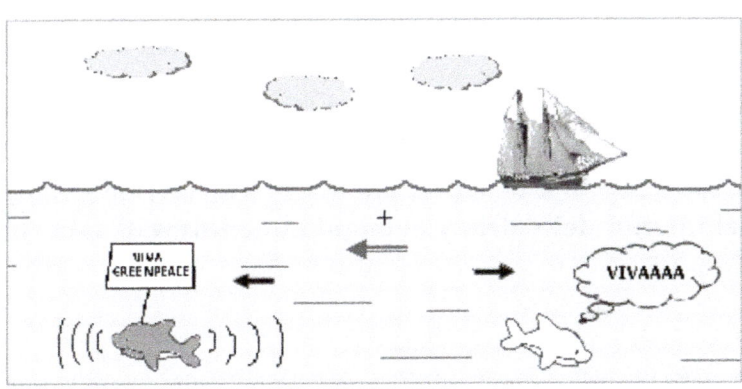

$$\nu_{min} = \nu_E \frac{c + v_0}{c + v_F} = 100 \frac{1500 - 8}{1500 + 8} = 99,46 \text{ hertz}$$

8.7. La intensidad de una onda es de 40 W/cm², quedando reducida en un 87,5% al atravesar 30 cm de un medio absorbente.

a) ¿Cuál es el espesor de semiabsorción de dicho medio?

b) ¿Cuál será la intensidad de la onda después de atravesar 40 cm?

Deberemos aplicar la ecuación de absorción; si la onda se reduce en un 87,5 %, significa que se ha transmitido un 12,5 %, o dicho de otra forma $I = 0,125\ I_0$, que aplicándolo a la ecuación de absorción, quedará

$I = I_0\,e^{-\beta x};\quad 0,125\,I_0 = I_0\,e^{-\beta \cdot 0,3} \quad \rightarrow \quad ln\ 0,125 = -\beta \cdot 0,3 \rightarrow \beta = 6,93\ m^{-1}$

a) Esto nos permite calcular el espesor de semiabsorción $D = \dfrac{\ln 2}{\beta} = 0,69/6,93 = 0,1\ m$

b) $I = I_0\,e^{-6,93 \cdot 0,4} = 0,0625\,I_0$ *es decir, la onda transmitida es un 6,25 % de la incidente.*

8.8. Un haz luminoso monocromático viaja por un medio material a una velocidad de 1,5·10⁸ m/s. Al pasar a otro medio, su velocidad de propagación

aumenta hasta $2 \cdot 10^8$ m/s. Si el ángulo de incidencia sobre el segundo medio es de 40° respecto a la normal, a) ¿cuál es el ángulo de refracción? b) ¿Cuál será el ángulo límite? Dato: $c = 3 \cdot 10^8$ m/s

a) El primer medio por el que viaja el haz tiene un índice de refracción

$$n_1 = \frac{c}{v_1} = \frac{3 \cdot 10^8}{1,5 \cdot 10^8} = 2$$

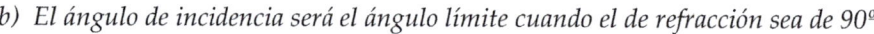

Y el segundo $\quad n_2 = \dfrac{c}{v_2} = \dfrac{3 \cdot 10^8}{2 \cdot 10^8} = 1,5$

Entre los ángulos i y r se deberá cumplir la ley de Snell n_1 *sen i =* n_2 *sen r* $\rightarrow$
2 *sen* $40° = 1,5$ *sen r* $\rightarrow$ *r =* $58° 59'13''$

b) El ángulo de incidencia será el ángulo límite cuando el de refracción sea de 90°

$$n_1 \text{ sen } L = n_2 \text{ sen } 90° = n_2 \quad \rightarrow \quad \text{sen } L = \frac{n_2}{n_1} = \frac{1,5}{2} = 0,75 \quad \rightarrow \quad L = 48° 35'25''$$

8.9. Un rayo de luz atraviesa el vidrio de una ventana que separa dos ambientes en los que el medio es aire. Si el espesor del vidrio es de 6 mm y el rayo incide con un ángulo de 60° respecto a la superficie del vidrio, calcula el ángulo que forma el rayo en el interior del vidrio y el ángulo que forma al salir. Índice de refracción del vidrio: 1,5.

Usando la ley de Snell sale r = 19,5° en el interior.
Al aplicar otra vez para calcular el ángulo de salida, sale r'= 30° que es igual que el de entrada.

8.10. Una estrella emite luz de color azul (longitud de onda 450 nm) pero desde la Tierra se ve roja (longitud de onda 650 nm) ¿se acerca o se aleja?

Por el efecto Doppler, si la longitud de onda aumenta (la frecuencia disminuye) es porque la estrella se aleja del observador.

8.11. Una fibra óptica tiene un índice de refracción de $n_1 = 1,5$ y, además, está recubierta de un material con un índice de refracción menor, $n_2 = 1,4$. Calcula el valor máximo del ángulo que tiene que formar la luz con la fibra para que se produzca reflexión total interna.

El ángulo límite (L) vendrá dado por:
n_1 *sen L =* n_2 *sen* $90 \rightarrow$ *sen L = 1,4/1,5 = 0,933333* $\rightarrow$ *L = 68,96°*

El ángulo máximo que formará la luz con la fibra será: 90° - 68,96° = 21,04°

Tema 9   Acústica física y fisiológica

- 9.1. Cualidades: Intensidad, tono y timbre
- 9.2. El sonido como onda de presión. Magnitudes del campo acústico
- 9.3. Factores de transmisión y reflexión
- 9.4. Velocidad de propagación del sonido
- 9.5. El oído humano
- 9.6. Percepción del sonido. Ley de Weber- Fechner
- 9.7. Curvas de audición
- 9.8. Infrasonidos y ultrasonidos

El sonido es una onda material de propagación longitudinal, que consiste en una sucesión de compresiones y enrarecimientos, que se producen en el medio en que se propaga con una velocidad que depende de sus propiedades elásticas. Las ondas se producen en el foco sonoro, en el que tiene origen la vibración y al propagarse la onda sonora se producen en el medio fluctuaciones de la presión, que al actuar sobre el tímpano originan la percepción fisiológica del sonido.

En la naturaleza, un elevado número de especies animales utilizan el sonido para comunicarse entre ellos. Los seres humanos percibimos frecuencias entre 16 y 20.000 Hz y un determinado nivel de intensidad, pero otros animales perciben frecuencias diferentes, como los delfines, ballenas o los perros.

El conocimiento de las propiedades del sonido y su percepción es importante en biofísica, no solo por ser la base de nuestra comunicación, sino también por la gran cantidad de fenómenos que provocan y aplicaciones que tienen.

9.1. CUALIDADES: INTENSIDAD, TONO Y TIMBRE

Un sonido se caracteriza en su percepción por tres cualidades, que nos permiten diferenciar unos sonidos de otros.

La intensidad la podemos considerar desde el punto físico y desde el punto de vista fisiológico; el primero es objetivo y el segundo depende del observador.

La intensidad física es la energía por unidad de superficie (colocada normalmente a la dirección de propagación) y por unidad de tiempo. Dado que energía por unidad de tiempo es potencia, la intensidad se medirá en W/m^2. Esta intensidad es proporcional al cuadrado de la amplitud y al cuadrado de la frecuencia.

De la intensidad fisiológica o nivel de intensidad, hablaremos en la percepción fisiológica del sonido.

Tono es la cualidad del sonido que se corresponde con la frecuencia principal del mismo. El oído humano puede percibir frecuencias comprendidas entre 20 y 20000 hertzs de forma que las frecuencias altas se corresponden con los tonos altos o agudos, mientras que las frecuencias bajas se corresponden con tonos graves (bajos).

Las frecuencias por debajo de los 20 hertz se denominan **infrasonidos**, y las superiores a 20000 hertz, **ultrasonidos**. Ambos son inaudibles para el oído humano, pero no para determinados seres vivos o dispositivos electrónicos de detección.

Timbre es la cualidad que nos permite distinguir dos sonidos de la misma amplitud y frecuencia, pero emitidos por dos focos diferentes (por ejemplo, un piano y una guitarra).

El timbre se debe a que los sonidos no son vibraciones puras, sino que cada vibración principal va acompañada de otras vibraciones, llamadas secundarias, que al superponerse con la vibración principal proporcionan la característica propia de cada foco sonoro o instrumento musical que denominamos timbre.

9.2. EL SONIDO COMO ONDA DE PRESIÓN. MAGNITUDES DEL CAMPO ACÚSTICO

Ya hemos visto que el sonido es una onda longitudinal que se transmite por medios materiales, provocando en el medio compresiones y depresiones sucesivas. Para estudiar este fenómeno, consideremos un elemento de volumen dV que presenta una superficie S al frente de onda, con un espesor dx, tal como se muestra en la figura.

La perturbación tiene una ecuación de elongaciones:

$$y = A \text{ sen } \omega (t - x/c)$$

de esta ecuación obtenemos la velocidad individual de las partículas mediante la derivada: $v = dy/dt = A\omega \cos \omega (t - x/c)$, y derivando nuevamente esta ecuación, obtendremos la aceleración de cada una de las partículas:

$$a = dv/dt = -A\omega^2 \text{ sen } \omega (t - x/c)$$

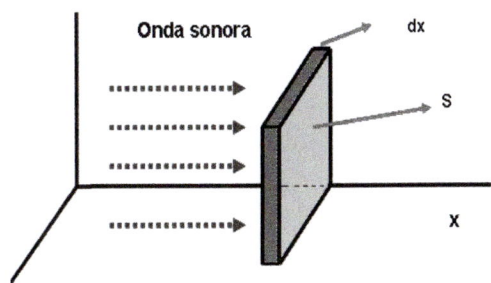

dV = elemento de volumen = S dx

dm = elemento diferencial de masa contenido en dV

$dm = \rho \, dV = \rho \, S \, dx$

c = velocidad de propagación de la onda

Por lo tanto, el conjunto de masa dm estará sometido a una fuerza

$$dF = dm \cdot a = dF = \rho \, S \, (-A\omega^2 \text{ sen } \omega (t - x/c)) \, dx$$

ecuación en la que dividiendo los dos miembros por S, y teniendo en cuenta que $dF/S = dP$, quedará: $\quad dP = -\rho \, A\omega^2 \text{ sen } \omega (t - x/c)) \, dx$

El producto $A \, \omega = V$ es la amplitud de la onda de velocidades (velocidad máxima de la partícula), por lo que sustituyendo quedará

$$dP = -\rho \, V \, \omega \text{ sen } \omega (t - x/c)) \, dx$$

que es la ecuación de la onda de presión en forma diferencial. En forma finita la obtenemos integrando:

$$p = \int dP = -\rho \, V \, \omega \, c/c \int \text{ sen } \omega (t - x/c)) \, dx = \text{cte} - \rho \, V \, c \cos \omega (t - x/c))$$

El producto $\rho \, c$, es una característica propia del medio que recibe el nombre de **impedancia acústica** y se representa por $\mathbf{z = \rho \, c}$

El producto $\mathbf{\rho \, V \, c}$ es la amplitud de la onda de presiones, y se representa por

$$P = \rho \, V \, c = z \, V$$

De esta forma, la ecuación de la onda de presiones quedará

$$p = P_{at} - P \cos \omega (t - x/c))$$

Esta expresión se representa gráficamente en la siguiente figura, en la que áreas claras representan las zonas de descompresión y las oscuras, con gran concentración de partículas, las de compresión, siendo ésta tanto mayor cuanto mayor sea la amplitud P de la onda de presión.

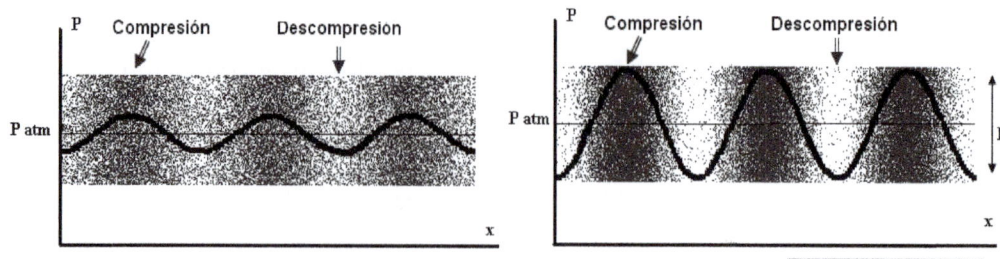

Intensidad de la onda sonora: si tenemos en cuenta la definición de intensidad y las relaciones del cuadro adjunto:

$$A \omega = V$$
$$P = \rho V c$$
$$z = \rho c$$

$$I = \frac{dE}{S \cdot dt} = \frac{1/2 \, dm V^2}{S \cdot dt} = \frac{1/2 \, \rho S dx V^2}{S \cdot dt}$$ en la que simplificando y teniendo en cuenta

que $dx/dt = c$

Podremos poner $\quad I = \frac{1}{2} \rho c V^2 = \frac{1}{2} z V^2 = \frac{1}{2} PV = \frac{1}{2} \frac{P^2}{Z}$

Las tres ecuaciones son equivalentes, y nos proporcionan la intensidad de la onda sonora, en función de las características del medio.

9.3. FACTORES DE TRANSMISIÓN Y REFLEXIÓN

Consideremos que en dos medios de impedancia acústica z_1 y z_2 respectivamente, una onda sonora llega a la superficie de separación con una intensidad I_0. Una parte se refleja (I_r), y el resto (I_t) se transmite:

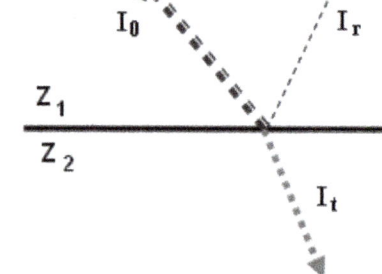

Se define el **Factor de transmisión** $\quad F_t = I_t / I_0$

Se define el **Factor de reflexión** $\quad F_r = I_r / I_0$

Es evidente que $F_t + F_r = 1$

Se puede demostrar que

$$F_t = \frac{4r}{(1+r)^2} \qquad \text{Siendo } r = z_2 / z_1$$

Un buen aislamiento acústico supone que la I_t sea lo más pequeña posible, y para ello F_t debe ser también lo menor posible. Es fácil comprobar que esto se consigue con impedancias acústicas z_1 y z_2 muy distintas, mientras que si z_1 y z_2 son de un valor similar será mala la reflexión y buena la transmisión.

9.4. VELOCIDAD DE PROPAGACIÓN DEL SONIDO

En medios sólidos, $v_P = \sqrt{E/\rho}$ siendo E el módulo elástico del medio y ρ su densidad. En los medios líquidos y gases no se puede definir el módulo elástico (estos medios carecen de elasticidad de forma), se define por tanto con el módulo de compresibilidad Q.

Medios fluidos $v_P = \sqrt{Q/\rho}$

Dado que el módulo elástico de los sólidos es mayor que el módulo de compresibilidad de líquidos y gases, las velocidades de propagación del sonido en dichos medios cumplen la siguiente relación.

$E_{sólidos} > Q_{líquidos} > Q_{gases} \rightarrow v_{p\,sólidos} > v_{p\,líquidos} > v_{p\,gases}$ (Ver tabla con ejemplos)

Además, la velocidad del sonido depende de la temperatura, por ejemplo, la velocidad del sonido en el aire cumple la relación $v = 331 + 0,6\,T$, donde v se da en m/s y T en °C.

Tabla 9.1	Velocidad del sonido en distintos medios			
Medio	Aire (a 20 °C)	Agua	Vidrio	Hierro/acero
v_{sonido} **(m/s)**	343	1440	4500	5000

9.5. EL OÍDO HUMANO

El aparato receptor de sonidos se denomina oído. En los seres humanos, el oído se puede dividir en tres partes: oído externo, oído medio y oído interno.

Oído externo

El pabellón auricular capta los sonidos y amplifica, de manera natural, los sonidos que son conducidos por el conducto auditivo hasta el tímpano que es una membrana que vibra de acuerdo con la frecuencia del sonido incidente. El conducto auditivo desempeña un papel de resonador produciendo una amplificación de entre 5 y 10 dB, aproximadamente. El uso de ambos oídos al mismo tiempo produce un efecto "estéreo" y ayuda a localizar los sonidos; también ayuda a "seleccionar" un determinado sonido cuando hay ruidos de fondo, aunque en el ser humano esta función es poco relevante.

Oído medio

El tímpano está conectado a una cadena de tres huesecillos situados en el oído medio, que son los encargados de transportar la onda hasta la ventana oval que, a su vez, la trasladará hasta la cóclea. La superficie del tímpano es de unas 15 veces mayor que la superficie de la ventana oval en donde se apoya el último huesecillo de la cadena (el estribo), por lo que la intensidad de la onda se habrá multiplicado por ese factor, que resulta adecuado para pasar de la transmisión del sonido en un medio muy compresible como el aire, a un medio líquido prácticamente incompresible. El hecho de que los huesecillos no estén enlazados entre sí de un modo absolutamente rígido, ejerce una función de protección en la transmisión de presiones muy elevadas que podrían dañar el oído interno.

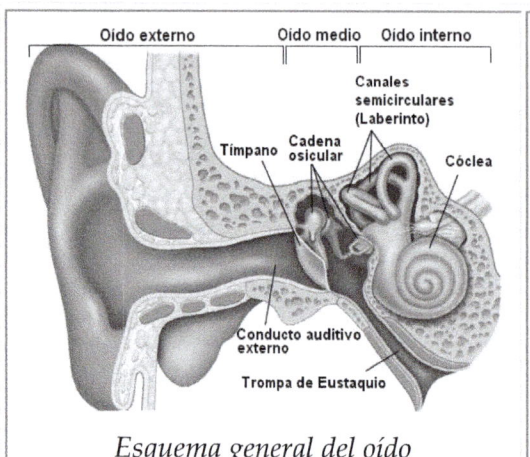

Esquema general del oído

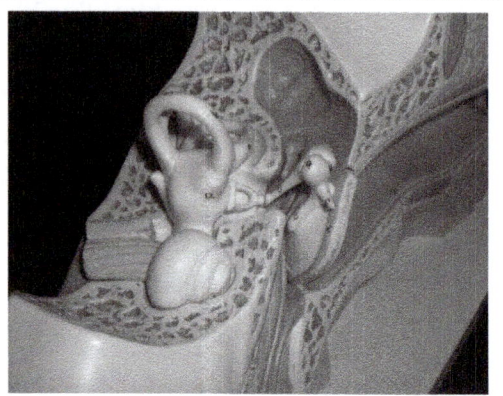

Detalle del oído medio y del oído interno

El oído medio es un espacio relleno de aire, detrás del tímpano. La trompa de Eustaquio va del oído medio al fondo de la garganta y sirve para igualar la presión del aire en ambos lados del tímpano, posibilitando así una transmisión del sonido más eficiente. Cuando experimentamos un rápido aumento o una rápida disminución de la presión del aire, por ejemplo en un avión, se tiene la impresión de tener un tapón en los oídos porque la presión en cada lado del tímpano no es igual.

Oído interno

El oído interno está alojado en la porción petrosa, o peñasco, del hueso temporal. En esa estructura ósea queda incluido un laberinto membranoso que contiene los órganos receptores del sentido de la audición y del equilibrio. El órgano receptor de la audición se sitúa en la cóclea y el del equilibrio en el vestíbulo. Estos órganos mantienen una estrecha relación, por su proximidad y por estar bañados por los mismos líquidos laberínticos (perilinfa y endolinfa).

La cóclea o caracol es una especie de espiral que, desarrollada, tiene una longitud de unos 3 cm. Está dividida longitudinalmente por una membrana flexible (membrana basilar), sobre la que van las fibras de Corti (unas 26000) y que son receptores mecánicos que reaccionan ante una desviación tangencial de sus cilios.

En el oído interno se transforma la onda sonora en impulsos nerviosos, los cuales son llevados al cerebro donde se procesan.

9.6. PERCEPCIÓN DE SONIDO. LEY DE WEBER-FECHNER

Como hecho experimental, todos sabemos que la sensación fisiológica que producen dos sonidos idénticos no es el doble de la que produce uno solo de ellos.

Este hecho quedó enunciado por **Weber-Fechner** con su ley psicofísica: "Las variaciones de percepción fisiológica de un sonido son directamente proporcionales a las variaciones relativas de intensidad física".

Para definir esa percepción, llamaremos S al "**Nivel de intensidad**" y llamaremos I a la **intensidad física,** con lo que podremos poner

$$dS = k' \frac{dI}{I} \quad \rightarrow \quad \int dS = k' \int \frac{dI}{I} \quad \rightarrow \quad S = k' \ln I + k''$$

Los sonidos necesitan un valor mínimo de la intensidad para que dicho sonido pueda ser detectado por el oído humano. A ese valor mínimo de la intensidad se le denomina **intensidad umbral** y se representa por I_0. Por lo tanto, para ese valor de I, se cumplirá que S = 0, por lo que sustituyendo en la ecuación anterior quedará

$$0 = k' \ln I_0 + k'' \rightarrow k'' = - k' \ln I_0 \rightarrow S = k' \ln I - k' \ln I_0 \rightarrow S = k' \ln \frac{I}{I_0}$$

y pasando a logaritmos decimales: $\quad S = k \log \dfrac{I}{I_0}$

La unidad de nivel de intensidad es el Bel.

1 Bel: es la sensación percibida cuando la intensidad física es 10 veces el valor de la intensidad umbral.

$$1 = k \log \frac{10\, I_0}{I_0} \quad \rightarrow \quad k = 1 \qquad\qquad S = \log \frac{I}{I_0} \quad \text{en Bels}$$

Pero el Bel es una unidad excesivamente grande, por lo que es más habitual usar el deciBel que es la décima parte del Bel, en ese caso, k =10. Tomamos como intensidad umbral $I_0 = 10^{-12}$ W/m^2, de forma que, como las intensidades físicas audibles por el ser humano varían entre 10^{-12} y 1 W/m^2, el nivel de intensidad variará entre 0 y 120 dB.

$$S = 10 \log \frac{I}{10^{-12}} \tag{9.1}$$

con S en deciBels (dB).

✎ Ejemplo 9.1 Cambio de nivel de intensidad con la distancia

Un sistema acústico público está ajustado a un nivel de intensidad de 70 dB para ser escuchado a 10 m ¿Qué nivel de intensidad se percibe a 50 m?

Solución: 56 dB

✎ Ejemplo 9.2 Cambio de nivel de intensidad con varios focos

Una persona produce un sonido de 50 dB al hablar a una cierta distancia. ¿Qué nivel de intensidad producirán dos personas juntas?

Solución: 53 dB

✎ Ejemplo 9.3 Cambio de nivel de intensidad con varios focos

Cinco máquinas iguales juntas producen un nivel de intensidad de 100 dB a 10 m ¿Cuál será el nivel de intensidad a 30 m? ¿Cuál será el nivel de intensidad de una sola máquina a 10 m?

Solución: Aplicando $100 = 10 \log \dfrac{I}{10^{-12}}$ *calculamos la I de todas las máquinas a 10 m, se obtiene I = 10^{-2} W/m².*

Para calcular la I a 30 m, aplicamos $I_{10}/I_{30} = 30^2/10^2 \rightarrow I_{30} = 0{,}00111$ W/m².

$S = 10 \log \dfrac{0{,}00111}{10^{-12}}$ *= 90,5 dB será el nivel de intensidad de las 5 máquinas a 30 m*

El nivel de intensidad de una sola máquina a 10 m se calcula teniendo en cuenta que la I física será la quinta parte: $I_1 = I/5 = 10^{-2}/5 = 0{,}002$ W/m².

Calculando $S = 10 \log \dfrac{0{,}002}{10^{-12}}$ = 93 dB

Distancia umbral

Relacionado con el concepto de intensidad umbral, podemos establecer la definición de distancia umbral R_0, que es la distancia a la que un sonido alcanza el valor de la intensidad umbral I_0 y, por tanto, deja de percibirse. Consideremos un foco F como fuente de una onda esférica, y por lo tanto perderá intensidad con la distancia de acuerdo con la ecuación de atenuación (ver tema 8):

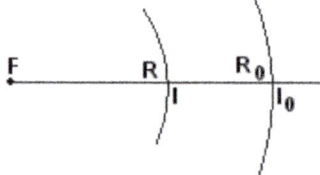

$$\frac{I_1}{I_2} = \frac{R_2^2}{R_1^2}$$

Si en la ecuación para el nivel de intensidad (Ec. 9.1) ponemos la intensidad física en función de la distancia al foco R (ecuación de atenuación)

$$S = 10 \log \frac{I}{I_0} \;\rightarrow\; S = 10 \log R_0^2/R^2 \;\rightarrow\; S = 20 \log \left(\frac{R_0}{R}\right) \qquad (9.2)$$

Del mismo modo, cuando se establece la ecuación (9.2) en función de los voltajes necesarios en aparatos electrónicos, para obtener en auriculares el voltaje V_0 correspondiente a la intensidad umbral de audición (I_0), la expresión anterior queda

$$S = 20\log\left(\frac{V}{V_0}\right)$$

✎ Ejemplo 9.4 Distancia umbral

Calcula la distancia umbral del sonido del Ejemplo 9.1.

Solución: 31,6 km

Pérdidas auditivas

a) Pérdida auditiva de conducción

La pérdida auditiva de conducción está provocada por un problema en el oído externo y/o en el oído medio y son esencialmente problemas mecánicos que dificultan una eficiente transmisión del sonido. Las pérdidas conductivas pueden corregirse con cirugía o intervención médica.

Las causas más habituales de pérdida conductiva suelen ser la infección del oído externo, el exceso de cerumen u objetos extraños en el canal, canal auditivo deformado, perforación timpánica, supuración del tímpano por infección crónica del oído, otitis media (fluido detrás del tímpano que resulta infectado), disfunción de la trompa de Eustaquio, otosclerosis (enfermedad en la cual un nuevo hueso crece evitando la transmisión del sonido) y discontinuidad osicular provocada por la ruptura o disloque de la cadena de huesecillos.

b) Pérdida auditiva neurosensorial

Neurosensorial es el término usado para describir la pérdida auditiva que afecta el mecanismo sensorial del oído interno y/o las rutas neurales y los receptores auditivos en el cerebro. El 90% de todas las pérdidas auditivas es neurosensorial. Para este tipo de pérdida auditiva raramente sirve la intervención médica.

Las causas más habituales de pérdida auditiva neurosensorial suelen ser:

• Presbiacusia: pérdida auditiva usualmente a causa de la edad, siendo más apreciable en altas frecuencias.

• Pérdida inducida por ruido excesivo y prolongado, que puede llegar a dañar las células ciliadas.

• Pérdida inducida por medicación: puede ocurrir con el uso de determinados tipos de antibióticos o ciertos tratamientos de cáncer.

- Determinadas enfermedades víricas como, por ejemplo, parotiditis (paperas), sarampión o meningitis.

- Traumatismo del hueso temporal, con lesiones en las estructuras del oído medio e interno.

9.7. CURVAS DE AUDICIÓN

El oído humano no tiene la misma sensibilidad para todas las frecuencias. Como se puede apreciar en la figura adjunta, la máxima sensibilidad se da para frecuencias comprendidas entre 2000 y 5000 Hz que son en las que la intensidad umbral (la línea continua señalada con un 0) es menor.

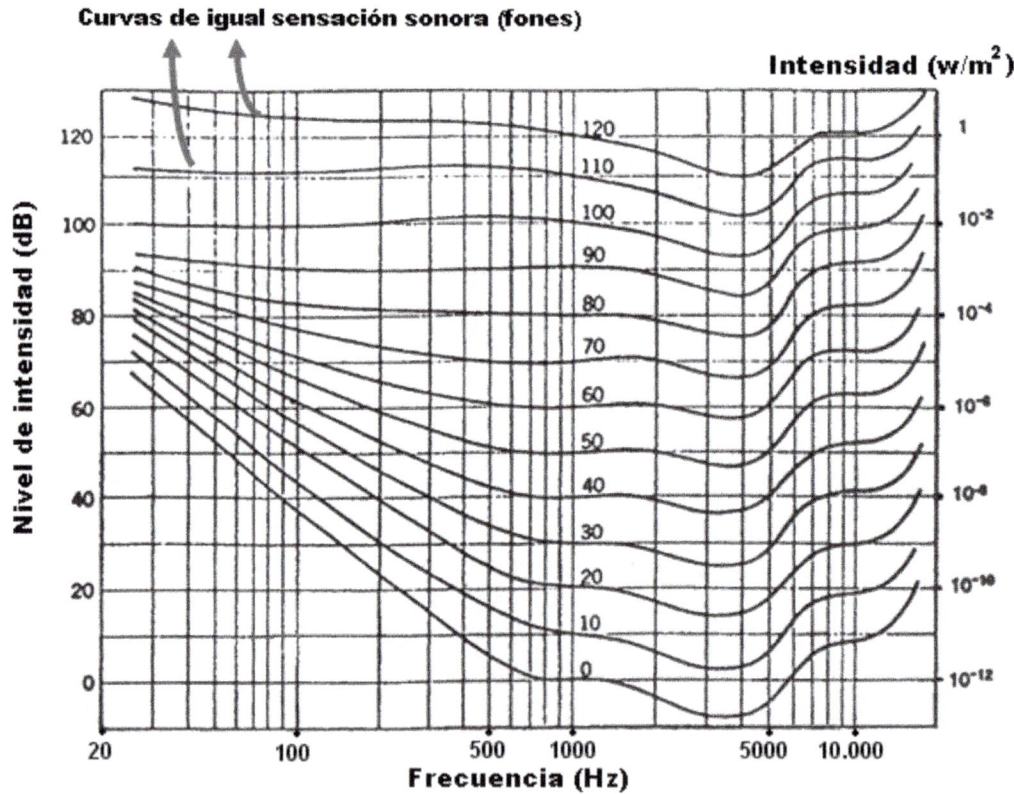

Con el objetivo de establecer una **escala objetiva de carácter físico,** se toma por convenio el valor de la frecuencia umbral a 1000 Hz ($I_0 = 10^{-12}$ Wm^{-2}) como el estándar al que se referencia la intensidad de cualquier sonido.

Para establecer una escala fisiológica, se establece una equivalencia perceptiva entre un sonido de cualquier frecuencia y el de 1000 Hz de referencia. En este caso la unidad se denomina Fon. A esta magnitud le llamaremos sensación sonora.

✎ **Ejemplo 9.5 Sensación sonora**

Un sonido de 8000 Hz de frecuencia y una intensidad de 10^{-8} Wm^{-2} dará un nivel de intensidad de 40 dB y una sensación sonora de 30 fones.

9.8. INFRASONIDOS Y ULTRASONIDOS

INFRASONIDOS

Los sonidos de menos de 20 Hz reciben el nombre de infrasonidos y los de más de 20.000 Hz ultrasonidos.

Fuentes artificiales generadoras de infrasonidos pueden ser motores, sistemas de ventilación o sistemas de calefacción. Fuentes naturales pueden ser las tormentas, terremotos, fuertes vientos, volcanes y, en general, todo fenómeno que suponga movimiento de una gran masa.

Efectos fisiológicos: Los infrasonidos con intensidades superiores a 180 dB pueden provocar desgarro de los alvéolos pulmonares e, incluso, la muerte. Para intensidades de alrededor de 150 dB (lanzamiento de cohetes), y con un tiempo pequeño de exposición, el efecto es inapreciable en personas en buen estado físico. Para intensidades por debajo de los 140 dB, sólo a partir de largos tiempos de exposición aparecen ligeras molestias fisiológicas y fatiga, por ejemplo, un automovilista o aviador debido a los motores de sus vehículos. Para intensidades inferiores a 120 dB y exposiciones de no más de 30 minutos, se considera que no hay efectos nocivos.

ULTRASONIDOS

Para producir un ultrasonido, hay que conseguir que un elemento material vibre a una frecuencia superior a los 20.000 Hz.

Propiedades físicas de los ultrasonidos

a) Direccionalidad: Cuanto mayor sea la frecuencia mayor será la direccionalidad del haz, hasta casi poder decir que se propaga en línea recta. Su pequeña longitud de onda hace que en los ultrasonidos no se presente la difracción habitual en los sonidos audibles.

b) Intensidad del haz: Como ya vimos anteriormente, la intensidad de una onda es proporcional al cuadrado de la frecuencia, por lo que a igualdad de amplitud los ultrasonidos son mucho más energéticos que los sonidos audibles.

Las intensidades utilizadas terapéuticamente oscilan entre los 0,5 y los 2 W/cm². Y las utilizadas en el diagnóstico entre 1 y 10 mW/cm².

c) Propagación: La velocidad de propagación depende de la resistencia del medio a la compresión, la cual depende de su densidad y de su elasticidad. La energía de una onda disminuye a medida que se propaga. Esto se debe a los fenómenos de absorción de energía transformándose en calor (depende de la frecuencia, a mayor frecuencia, mayor absorción, y depende del medio, siendo muy elevada en el pulmón y en hueso) y, además, es mayor cuanto mayor sea la heterogeneidad del medio, esto es debido a las reflexiones que puede sufrir el haz al ir cambiando de tejido.

La velocidad de propagación de una onda depende del medio por el que se propaga. En el cuerpo humano, la velocidad de propagación de ultrasonidos por los diferentes tejidos y fluidos será diferente, oscilando entre los 330 m/s en el aire, 400-1100 m/s en los pulmones, 1450 m/s en la grasa, 1570 m/s en la sangre, 1585 m/s en el músculo o los 4080 m/s en el hueso. Conocer la velocidad de propagación de los ultrasonidos y, por tanto, el tiempo que tardan en regresar al emisor, permite calcular la distancia a la que se encuentra la interfase que genera un eco.

Aplicaciones de los ultrasonidos

Procedemos ahora a estudiar la que quizás es la parte más interesante de los ultrasonidos: sus aplicaciones. Numerosos son los factores que intervienen en los ultrasonidos y son claves para el estudio de sus aplicaciones: frecuencia, potencia radiada, duración de las radiaciones, pérdidas en el medio, etc. También hay que considerar los efectos sobre el medio: desplazamiento de las partículas, presión acústica, etc. Veamos las principales aplicaciones de los ultrasonidos que podemos clasificar en cuatro grandes grupos:

Efectos térmicos: tengamos en cuenta que la temperatura es una medida del estado de agitación de las partículas del medio considerado y, por tanto, si lanzamos sobre él un haz ultrasónico las partículas del medio vibrarán con la misma frecuencia que posea el haz de ultrasonidos, provocando un rápido incremento de la temperatura. Este hecho tiene aplicación para proporcionar calor a determinados tejidos cartilaginosos y órganos internos del cuerpo humano.

Efectos químicos: sabido es que la agitación de las partículas facilita la realización de determinado tipo de reacciones químicas por lo que la acción de los ultrasonidos será beneficiosa para la realización de las mismas, y por la misma razón son de utilidad para facilitar las disoluciones y la rápida homogeneización de las mismas.

Efectos mecánicos: **Ruptura de moléculas y células.** En la figura adjunta representamos una molécula orgánica de cadena larga. Sobre ella, tomamos como referencia dos átomos A y B que en estado natural están a una distancia de $\lambda / 2$, siendo λ la longitud de onda de un determinado haz ultrasónico que lanzaremos

sobre la molécula en dirección longitudinal a la misma, tal como se indica en la figura. Es evidente que los puntos A y B están en oposición de fase, por lo tanto, en la fase de descompresión se ejercerán sobre los puntos A y B dos fuerzas opuestas que, si son de la intensidad adecuada, pueden provocar la ruptura de la macromolécula.

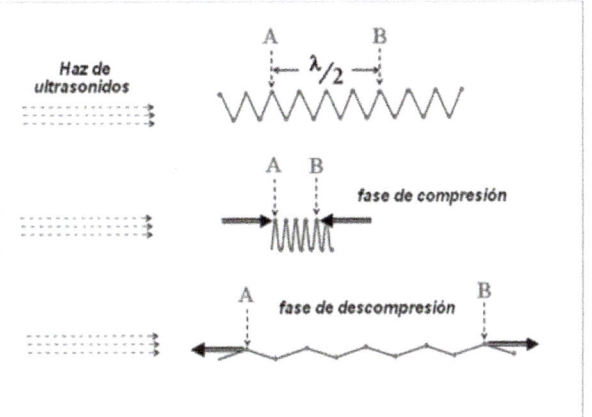

Efectos de eco: Medicina y biología. La aplicación más conocida, sin ninguna duda, es la ecografía. La idea consiste en aplicar ultrasonidos a través de la piel en el organismo del paciente (con intensidad, de unos pocos miliwatios). Éstos se reflejan a medida que vayan pasando de unos medios a otros y los ecos son

procesados para mostrarlos finalmente por pantalla. Al paciente se le debe aplicar un gel sobre la piel antes de producir los ultrasonidos, pues bien, este gel no es más que un material que sirve a modo de acoplo de impedancias para evitar la reflexión excesiva del ultrasonido en la propia

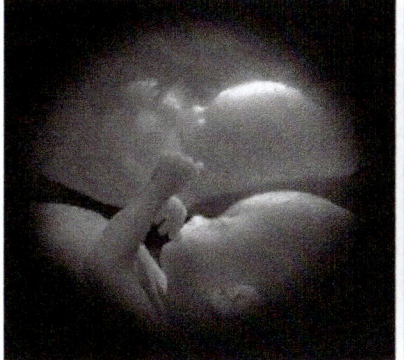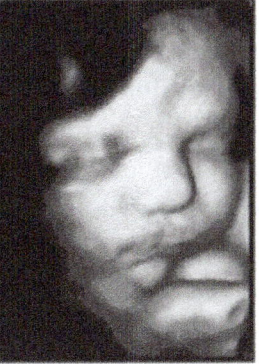

superficie de la piel. Dado que lo que se está emitiendo son pulsos ultrasónicos, en la práctica se habla de métodos diagnósticos de eco pulsado. Lo más novedoso en esta materia es la creación de ecografías tridimensionales, que proporcionan imágenes de gran calidad. En la figura se puede ver un ejemplo. Este tipo de ecografías ayudan a la detección precoz de malformaciones y defectos genéticos.

Técnicas Doppler: Recordemos que cuando el haz sonoro se refleja en una superficie inmóvil, la frecuencia del haz reflejado es la misma que la del transmitido, pero si la superficie se mueve, el ultrasonido reflejado tendrá diferente frecuencia que el emitido (efecto Doppler), que nos permite conocer la velocidad con la que se acerca o aleja la superficie reflectante.

Esta técnica se puede aplicar por ejemplo a la detección de estrechamientos en conducciones que, en diagnóstico médico, permite detectar los ateromas o estrechamientos que se producen en los vasos sanguíneos. Observando la figura superior es fácil comprender que en la zona donde se sitúa el ateroma la velocidad de los hematíes es superior a la velocidad que presentan en las zonas sin obstrucción; este incremento de velocidad puede ser fácilmente comprobado mediante el efecto Doppler.

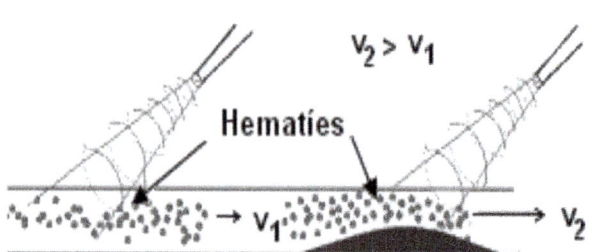

Los ultrasonidos también poseen propiedades terapéuticas. Recientemente se sugiere que la energía de estas ondas se pueda usar para que aumente la cantidad de medicamento que puede entrar en las células. La base está en que los ultrasonidos crean poros en las membranas celulares que regulan de algún modo la entrada de fármacos en la célula.

Aplicaciones industriales y técnicas. Una de las principales aplicaciones de los ultrasonidos es la que tiene que ver con los sensores para guiado y sondeo. Aquí es donde entra en juego el tema de acústica submarina, aplicado en el sondeo del fondo del mar, navegación de submarinos, detección de bancos de pesca, etc. Este uso de los ultrasonidos a modo de radar es utilizado por animales, concretamente por los murciélagos, cuyo sentido del oído está muy desarrollado, llegando incluso a escuchar frecuencias cercanas a los 100 kHz. La idea es que estos animales emiten pulsos ultrasónicos que rebotan en los objetos que los rodean. Los ecos son procesados y el murciélago puede llegar a tener una verdadera percepción tridimensional del ambiente.

Tratamiento de productos alimenticios. Desde hace unos años, se han venido desarrollando numerosas técnicas para el tratamiento de los alimentos. Frente a los métodos tradicionales, como la refrigeración, el ahumado, la pasteurización, etc., se están imponiendo otros nuevos métodos como las altas presiones o los ultrasonidos. La aplicación de ultrasonidos se llama de procesado mínimo puesto que la idea es destruir los microorganismos que dañan los alimentos, pero sin cambiar la apariencia externa de los mismos. Lo que hacen las ondas ultrasónicas es destruir la membrana celular de estos organismos, provocándoles la muerte. De todas formas, esta técnica no es válida para cualquier producto puesto que algunos conducen muy bien los ultrasonidos y otros no.

Últimamente se está investigando también en la aplicación de ultrasonidos a la purificación del agua, concretamente para la limpieza de filtros utilizando el fenómeno de la cavitación: si logramos que se produzcan burbujas y que éstas colisionen limpiando la suciedad de los filtros, tendremos un excelente método para depurar el agua.

Las técnicas ultrasónicas también tienen su aplicación en el cálculo del porcentaje de grasa de un alimento. Esto se debe a que hueso, músculo y grasa poseen impedancias acústicas distintas, luego se puede medir el grosor del tejido graso y hacer una estimación del total de grasa contenido en el cuerpo.

La utilización de los ultrasonidos en la industria es variada. Podemos encontrar detectores de defectos en piezas metálicas, medición de espesor de las mismas, apertura automática de puertas, etc.

EJERCICIOS

9.1. Nos dicen que la amplitud de presión de una onda sonora en un punto de un medio de impedancia acústica Z_1 es P_1. Si la impedancia acústica fuese el doble y la amplitud de presión diez veces mayor ¿cuál sería la diferencia de nivel de intensidad producida entre el segundo y el primer sonido?

$$\left. \begin{array}{l} I_1 = \dfrac{1}{2} \dfrac{P_1^{\,2}}{Z_1} \\[2em] I_2 = \dfrac{1}{2} \dfrac{P_2^{\,2}}{Z_2} \end{array} \right\} \qquad Z_2 = 2\,Z_1 \ ; \ P_2 = 10\,P_1$$

$$I_2 = \dfrac{1}{2} \dfrac{(10\,P_1)^2}{2\,Z_1} = 50\,I_1$$

$$\left. \begin{array}{l} S_2 = 10\,log\,\dfrac{I_2}{I_0} \\[2em] S_1 = 10\,log\,\dfrac{I_1}{I_0} \end{array} \right\} \qquad \Delta S = S_2 - S_1 = 10\left[\,log\dfrac{I_2}{I_0} - log\dfrac{I_1}{I_0}\,\right] = 10\,log\,\dfrac{I_2}{I_1} = 10\,log\,50 = 16{,}98\ dB$$

9.2. Un muro de 60 cm tiene un espesor de semiabsorción de 80 cm y una impedancia acústica de 4200 Ω acústicos. Si a este muro le llega una onda de 5 W/m²,

  a) ¿Cuál es la intensidad reflejada en la primera cara del muro?
  b) ¿Cuál es la intensidad que llega a la segunda cara?
  c) ¿Cuál es la intensidad reflejada en la segunda cara?
  (Impedancia del aire Z_a = 420 Ω acústicos)

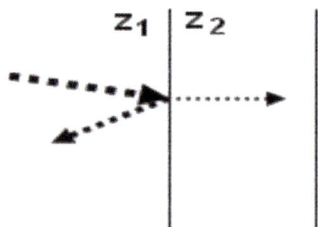

El factor de transmisión viene dado por la expresión

$F_t = \dfrac{4r}{(1+r)^2}$ *siendo* $r = z_2/z_1 = 4200\,/\,420 = 10$

Luego $F_t = 4{\cdot}10\,/\,(1+10)^2 = 40\,/\,121 = 0{,}33$

El factor de reflexión será $F_r = 1-F_t = 0{,}67$

  a) $I_r = I_0 \cdot F_r = 5{\cdot}0{,}67 = 3{,}35$ *W/m² luego la transmitida será* $I_t = 5{\cdot}0{,}33 = 1{,}65$ *W/m²*

Para calcular la intensidad que llega a la segunda cara deberemos aplicar la ecuación de absorción a la intensidad transmitida ($I_0 = 1{,}65$ W/m²) $\quad \rightarrow I = I_0\,e^{-\beta x}$

Para obtener el coeficiente β aplicamos $\quad \beta = \dfrac{ln\,2}{D} = \dfrac{0{,}693}{0{,}8} = 0{,}866\ m^{-1}$

  b) $I = I_0\,e^{-\beta x} = 1{,}65\ e^{-0{,}866{\cdot}0{,}6} = 0{,}98$ *W/m²*

c)   *Tendremos que calcular el factor de transmisión en la segunda cara (ahora z_2 es 420 Ω y z_1 4200 Ω); luego r'= 420/4200 = 0,1*

$F'_t = 4·0,1 / (1+0,1)^2 = 0,33$ (el mismo que en el caso anterior, pues es independiente del sentido de circulación de la onda); en consecuencia $F'_r = 0,67$

$I'_r = 0,98 · 0,67 = 0,656$ w/m²

9.3. Un sonido se transmite a través de un medio cuya impedancia acústica es de 272 ohmios acústicos. Si la amplitud de presión del sonido a 1 m del foco es de 2 N/m². Calcular:
a) La intensidad de la onda a 20 m del foco.
b) La potencia de la fuente.

a) $I = \dfrac{1}{2}\dfrac{P^2}{Z}$ *con esta expresión calculamos la intensidad a 1 m del foco*

$I = \dfrac{1}{2} · \dfrac{2^2}{272} = 7,35·10^{-3}$ W/m² *y mediante la ecuación de atenuación obtendremos la intensidad a 20 m*

$$\dfrac{I_1}{I_2} = \dfrac{R_2^2}{R_1^2} \quad \rightarrow \quad \dfrac{7,35·10^{-3}}{I_2} = \dfrac{20^2}{1^2} \quad \rightarrow \quad I_2 = 1,84 · 10^{-5} \text{ W/m}^2$$

b) La potencia la obtenemos de la ecuación $I_1 = \dfrac{P}{4\pi R_1^2}$ $\rightarrow$

$P = I_1· 4\pi R_1^2 = 7,35 ·10^{-3}·4\pi·1^2 = 0,0924$ W

(El mismo resultado habríamos obtenido efectuando los cálculos en el segundo punto)

9.4. El máximo nivel de intensidad (en dB) que pueden soportar los obreros de una fábrica es de 60 dB. Si cada una de las máquinas produce 40 dB, ¿cuántas de ellas podrán funcionar al mismo tiempo?

Calcularemos la intensidad física de cada una de las máquinas
$S = 10 \log (I / I_0) = 40 = 10 \log (I /10^{-12})$ $\rightarrow$ $I = 10^{-8}$ W/m²
Las intensidades físicas se suman linealmente, luego n máquinas darán una intensidad física de $n · 10^{-8}$ W/m²
$60 = 10 \log (n · 10^{-8} / 10^{-12})$ $\rightarrow$ $10^6 = n · 10^4$ $\rightarrow$ n = 100 máquinas

9.5. Un foco sonoro emite un sonido de 1000 Hz y potencia 0,5 W. Calcúlese el coeficiente de absorción del material con que se tiene que construir un recinto para que a 20 m del foco y con un espesor de 15 cm no se perciba sensación sonora alguna en el interior del recinto (Considérese el factor de transmisión = 0,5).

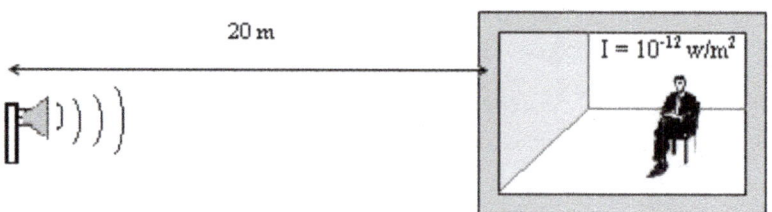

Para que en el interior del recinto no se perciba sensación sonora, la intensidad física debe ser de 10^{-12} W/m² *(la intensidad umbral de audición).*

Empezaremos por calcular la intensidad física que llega al exterior del recinto *(Atenuación)*

$$I = \frac{P_e}{4\pi R^2} = \frac{0.5}{4\pi \cdot 20^2} = 9,95 \cdot 10^{-5} \frac{w}{m^2}$$

De esta intensidad, pasa al muro un 50% *(Factor de transmisión = 0,5)*, y al valor obtenido le aplicaremos la ecuación de absorción *(interior del muro)*

$I_0 = 0,5 \cdot 9,95 \cdot 10^{-5} = 4,975 \cdot 10^{-5}$ *w/m²* ; *si llamamos I´ a la intensidad que llega a la cara interna del muro, se deberá cumplir*

$I´ = I_0 \, e^{-\beta x}$; *pero I´ deberá ser necesariamente I´ = 2 · 10^{-12} para que al multiplicar por 0,5 (Factor de transmisión) nos dé el valor máximo permitido en el interior del recinto*

$2 \cdot 10^{-12} = 4,975 \cdot 10^{-5} \, e^{-\beta \, 0,15}$ → $\beta = 113,5 \; m^{-1}$

9.6. Un foco emite una onda sonora con una frecuencia de 1000 Hz y una potencia de 0,8 W. A 30 m de la onda hay un muro de 10 cm de grosor y una β de 6,5 m^{-1}. El factor de transmisión de la onda entre el aire y el muro es de 0,7. ¿Con qué intensidad física alcanza la onda el otro lado del muro? ¿Con que nivel de intensidad percibirá una persona el sonido? Si el foco empieza a moverse alejándose del muro, ¿el sonido percibido será más agudo o más grave?

Dato: $I_0 = 10^{-12}$ W/m² para una frecuencia de 1000 Hz.

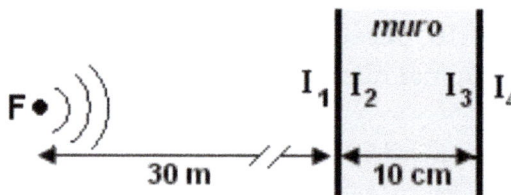

1) Las fases en las que consideraremos dividido el proceso son las siguientes
a) Desde el foco F hasta la primera cara del muro (I_1): Atenuación

$$I_1 = \frac{P_e}{4\pi R^2} = \frac{0,8}{4\pi \cdot 30^2} = 7,07 \cdot 10^{-5} \frac{W}{m^2}$$

b) De cara externa del muro a cara interna del muro $I_1 \rightarrow I_2$: Transmisión

$$I_2 = F_t \cdot I_1 \quad \rightarrow \quad I_2 = 0,7 \cdot 7,07 \cdot 10^{-5} \frac{W}{m^2} = 4,95 \cdot 10^{-5} \frac{W}{m^2}$$

a) Recorrido de la onda por el interior del muro $I_2 \rightarrow I_3$: Absorción

$$I_3 = I_2 \, e^{-\tau x} \quad \rightarrow \quad I_3 = 4,95 \cdot 10^{-5} \, e^{-6,5 \cdot 0,1} = 2,58 \cdot 10^{-5} \frac{W}{m^2}$$

d) De cara interna del muro a cara externa del muro $I_3 \rightarrow I_4$: Transmisión

$$I_4 = F_t \cdot I_3 \quad \rightarrow \quad I_4 = 0,7 \cdot 2,58 \cdot 10^{-5} \; \frac{W}{m^2} = 1,81 \cdot 10^{-5} \; \frac{W}{m^2}$$

El nivel de intensidad que ocasiona la I_4, será

$$S = 10 \log \frac{I_4}{I_0} = 10 \; \log \frac{1,81 \cdot 10^{-5}}{10^{-12}} = 72,58 \, dB$$

2) Si el foco comienza a alejarse de la pared, la aplicación del efecto Doppler dará una frecuencia observada (v_o) menor que la emitida (v_e) ya que $v_o = 0$ y v_F es positiva

$$v_o = v_e \frac{c + v_o}{c + v_F}$$

Luego el sonido percibido será más grave que el emitido.

9.7. ¿Cuánto vale la sensación sonora y el nivel de intensidad de un sonido de 200 Hz y 10⁻⁵ W/m²?

$S = 10 \log I/10^{-12} = 70 \, dB$.
De la gráfica se obtiene que la sensación sonora es 65 fones.

9.8. Cuando un estudiante sentado en la última fila de clase grita, sus compañeros situados a 1 m perciben un nivel de intensidad de 70 dB. Calcula el nivel de intensidad percibido por el profesor cuando 10 estudiantes de la última fila se ponen a gritar, si la fila está situada a 8 m del profesor.

La intensidad física del sonido de un estudiante a 1 m será 10^{-5} W/m².
La intensidad física del sonido de un estudiante a 8 m será $1,5625 \; 10^{-7}$ W/m².
La intensidad física del sonido de 10 estudiantes a 8 m será $1,5625 \; 10^{-6}$ W/m².
El nivel de intensidad percibido por el profesor será 61,94 dB.

9.9. El volcán Krakatoa desapareció en 1883 con una fuerte explosión que se oyó a 4800 km de distancia. Calcula el nivel de intensidad (en dB) del sonido de la explosión a 10 km del volcán (suponiendo que no hay absorción y que la frecuencia del sonido son 1000 Hz).

Suponemos que si se oyó a 4800 km, esta será la distancia umbral R_0, con $I_0 = 10^{-12}$ W/m².

Aplicando $\frac{I_1}{I_0} = \frac{R_0^2}{R_1^2} \rightarrow I_1 = \frac{R_0^2}{R_1^2} I_0 = \frac{4800^2}{10^2} \, 10^{-12} = 2,304 \; 10^{-7}$ W/m².

$S = 10 \log \frac{2,304 \; 10^{-7}}{10^{-12}} = 53,6 \, dB$

Tema 10   Óptica de la visión y el color

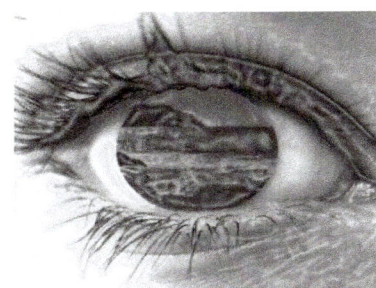

- 10.1. Potencia de una lente
- 10.2. El ojo humano
- 10.3. El proceso visual
- 10.4. Factores que influyen en la visión
- 10.5. Defectos de la visión
- 10.6. Corrección de los defectos refractivos

La luz, tanto visible como infrarroja, ultravioleta, ondas de radio, microondas, etc., dan lugar a una enorme cantidad de fenómenos naturales y su conocimiento es básico en cualquier curso de biofísica. El avance de la ciencia sería impensable sin el uso de instrumentos ópticos como la lupa, el microscopio o el telescopio. Uno de los procesos más interesantes donde se pone de manifiesto la intensa relación entre la física, la óptica, la fisiología y la biología, es el proceso de la visión humana. En este tema veremos en primer lugar las propiedades básicas de las lentes, para a continuación introducir la fisiología del ojo humano, cómo se produce el proceso de la visión tridimensional y el color y los principales defectos de la visión y su corrección.

10.1. POTENCIA DE UNA LENTE

Tanto el proceso físico de la visión, como diferentes instrumentos ópticos (microscopios, telescopios, cámaras fotográficas, etc.), se basan en las propiedades de las lentes, por lo que es necesario hacer aquí un breve repaso de las principales características de las lentes.

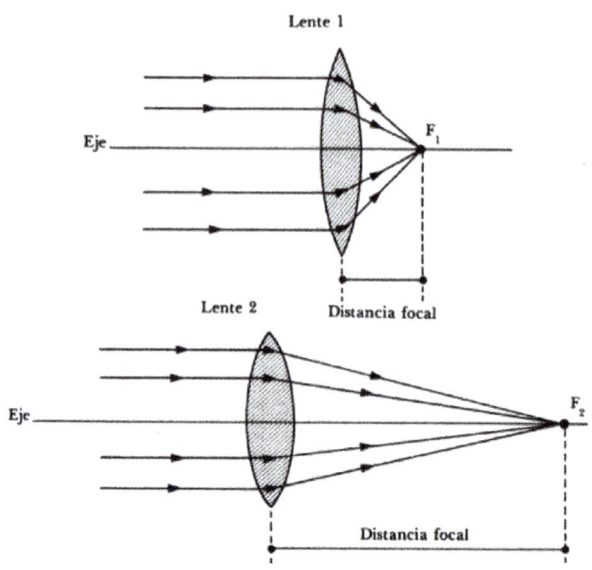

Una lente es un objeto transparente con dos superficies esféricas de separación del medio (aunque una de ellas puede ser plana). De forma genérica se pueden clasificar en convergentes y divergentes.

Las lentes convergentes, como una lupa, son más gruesas en el centro que en los extremos (figura adjunta), mientras en las divergentes es al contrario (figura de abajo). Si los rayos de luz provienen de un punto muy lejano, de forma que se pueden considerar paralelos, la lente convergente hace que los rayos coincidan en un punto al que llamamos foco (F). Se define la distancia focal como la distancia de la lente al foco, y la potencia de la lente (en dioptrías, D) es la inversa de la distancia focal (dada en m). Como se observa en la figura de arriba, la lente 1 es más potente que la 2.

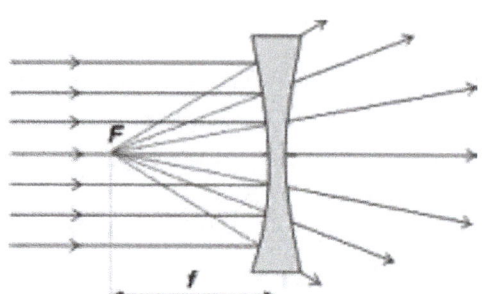

En el caso de las lentes divergentes, su distancia focal está a la izquierda ya que se forma con la prolongación de los rayos que llegan paralelos, por lo que su potencia será negativa.

✎ **Ejemplo 10.1 Potencia de una lente**

Calcula la potencia de dos lupas diferentes si observas que concentran los rayos solares, una a 20 cm de la lente y la otra a 5 cm.

Solución: Para la primera lente $P = 1/0,2 = 5$ D. Para la segunda $P = 1/0,05 = 20$ D

10.2. EL OJO HUMANO

El ojo humano está formado por un grupo óptico - la córnea, el iris, la pupila y el cristalino-, uno fotorreceptor - la retina- y otros elementos accesorios encargados de diversas tareas como protección, transmisión de información nerviosa, alimentación, mantenimiento de la forma, etc. Se pueden distinguir las siguientes partes:

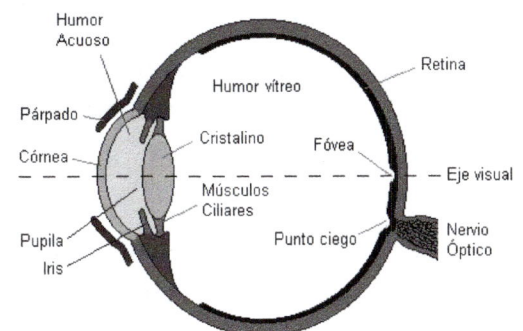

Párpado: Membrana de piel que protege el ojo del exterior y ayuda a regular la cantidad de luz que llega. Si esta es excesiva, se cierra evitando deslumbramientos.

Córnea: Membrana transparente y muy resistente de curvatura fija que cubre la parte anterior del ojo. Posee forma de lente convexa (concentra los rayos de luz en un punto) que le permite enfocar las imágenes sobre la retina, aunque sin conseguir formar una imagen nítida. De esta última función se ocupa el cristalino.

Humor acuoso: Líquido acuoso situado entre la córnea y el cristalino. Actúa como fuente de nutrientes para el cristalino y la córnea manteniendo la forma de esta gracias a la presión ejercida por el líquido.

Iris y pupila: El iris está situado detrás de la córnea y delante del cristalino con una abertura en el centro llamada pupila cuya función es regular la

cantidad de luz que entra en el ojo; abriéndose en condiciones de oscuridad y cerrándose si la intensidad de luz es elevada.

Cristalino: Es un cuerpo en forma de lente biconvexa transparente que puede cambiar de forma por efecto de los músculos ciliares, proceso conocido como acomodación, para conseguir un enfoque nítido de la imagen sobre la retina.

Humor vítreo: Es una masa gelatinosa y transparente compuesta casi exclusivamente por agua que rellena la cavidad situada entre el cristalino y la retina manteniendo su forma.

Retina: Porción del ojo sensible a la luz sobre la que se forman las imágenes. Sobre su superficie se encuentran unas células especiales encargadas de la visión: los conos y los bastones. Los conos son responsables de la visión en colores mientras que los bastones nos permiten ver en la oscuridad.

Fóvea o mancha amarilla: Es una pequeña depresión, poco profunda, situada en la retina donde solo hay un tipo de células nerviosas: los conos. Es el área de mayor agudeza visual ya que aquí se concentran las imágenes procedentes del centro del campo visual.

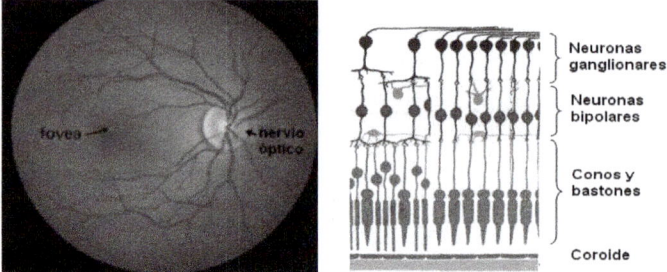

Nervio óptico: Transporta los impulsos nerviosos producidos en la retina al cerebro.

Punto ciego: Es el punto de unión entre la retina y el nervio óptico. Se llama así porque esta zona no es sensible a la luz.

10.3. EL PROCESO VISUAL

A menudo, se compara el funcionamiento del ojo con el de una cámara fotográfica. La pupila actuaría de diafragma, la retina de película, la córnea de lente y el cristalino sería equivalente a acercar o alejar la cámara del objeto para conseguir un buen enfoque. La analogía no acaba aquí, pues al igual que en la cámara de fotos la imagen que se forma sobre la retina está invertida. Pero esto no supone ningún problema ya que el cerebro se encarga de darle la vuelta para que la veamos correctamente.

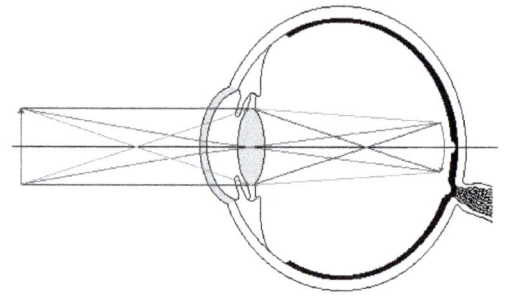

La sensibilidad y los tipos de visión. Al igual que en la fotografía, la cantidad de luz juega un papel importante en la visión. Así, en condiciones de buena iluminación (más de 3 cd/m²) como ocurre de día, la visión es nítida, detallada y se distinguen muy bien los colores; es la visión fotópica. Para niveles inferiores a 0,25 cd/m² desaparece la sensación de color y la visión es más sensible a los tonos azules y a la intensidad de la luz. Es la llamada visión escotópica. En situaciones intermedias, la capacidad para distinguir los colores disminuye a medida que baja la cantidad de luz pasando de una gran sensibilidad hacia el amarillo a una hacia el azul. Es la visión mesiópica.

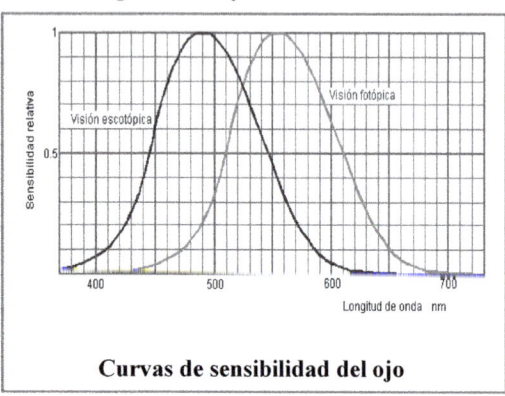

Curvas de sensibilidad del ojo

En estas condiciones, se definen unas curvas de sensibilidad del ojo a la luz visible para un determinado observador patrón que tiene un máximo en la longitud de onda de 555 nm (amarillo verdoso) para la visión fotópica y otro de 480 nm (azul verdoso) para la visión escotópica. Al desplazamiento del máximo de la curva al disminuir la cantidad de luz recibida se llama efecto Purkinje.

Toda fuente de luz que emita en valores cercanos al máximo de la visión diurna (555 nm) tendrá un rendimiento energético óptimo porque producirá la máxima sensación luminosa en el ojo con el mínimo consumo de energía. No obstante, si la fuente no ofrece una buena reproducción cromática puede provocar resultados contraproducentes.

La acomodación. Se llama acomodación a la capacidad del ojo para enfocar automáticamente objetos situados a diferentes distancias. Esta función se lleva a cabo en el cristalino que varía su forma al efecto. Pero esta capacidad se va perdiendo con los años debido a la pérdida de elasticidad que sufre. Es lo que se conoce como presbicia o vista cansada y hace que aumente la distancia focal y la cantidad de luz mínima necesaria para que se forme una imagen nítida.

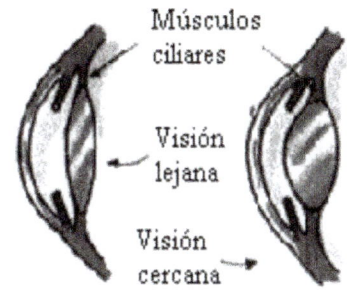

La adaptación. La adaptación es la facultad del ojo para ajustarse automáticamente a cambios en los niveles de iluminación. Existen dos formas de conseguir esa adaptación. La primera se debe a la capacidad del iris para regular la abertura de la pupila, que es capaz se regular su superficie, en la proporción de 16 a 1, pero como los cambios de iluminación pueden llegar a relaciones de 100.000 a 1, habremos de completar la adaptación con cambios fotoquímicos en la retina. Para pasar de ambientes oscuros a luminosos el proceso es muy rápido, pero en caso contrario es mucho más lento. Al cabo de un minuto se tiene una adaptación aceptable. A medida que pasa el tiempo, vemos mejor en la oscuridad y a la media hora ya vemos bastante bien. La adaptación completa se produce pasada una hora.

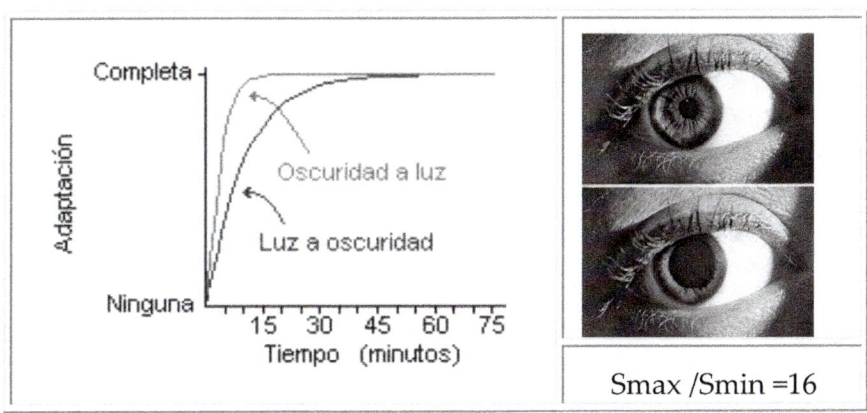

Debido a la estructura nerviosa de la retina, los ojos ven con una claridad mayor sólo en la región de la fóvea. Las células con forma de conos están conectadas de forma individual con otras fibras nerviosas, de modo que los estímulos que llegan a cada una de ellas se reproducen y permiten distinguir los pequeños detalles. Por otro lado, las células con forma de bastones se conectan en grupo y responden a los estímulos que alcanzan un área general (es decir, los estímulos luminosos), pero no tienen capacidad para separar los pequeños detalles de la imagen visual. La diferente localización y estructura de estas células conducen a la división del campo visual del ojo en una pequeña región central de gran agudeza y en las zonas que la rodean, de menor agudeza y con una gran sensibilidad a la luz. Así, durante la noche, los objetos confusos se pueden ver por la parte periférica de la retina cuando son invisibles para la fóvea central.

El mecanismo de la visión nocturna implica la sensibilización de las células en forma de bastones gracias a un pigmento, la púrpura visual o rodopsina, sintetizado en su interior. Para la producción de este pigmento es necesaria la vitamina A y su deficiencia conduce a la ceguera nocturna. La rodopsina se blanquea por la acción de la luz y los bastones deben reconstituirla en la oscuridad, de ahí que una persona que entra en una habitación oscura procedente del exterior con luz del sol, no puede ver hasta que el pigmento no empieza a formarse; cuando los ojos son sensibles a unos niveles bajos de iluminación, quiere decir que se han adaptado a la oscuridad.

En la capa externa de la retina está presente un pigmento marrón que sirve para proteger las células con forma de conos de exceso de exposición a la luz. Cuando la luz intensa alcanza la retina, los gránulos de este pigmento emigran a los espacios que circundan a estas células, revistiéndolas y ocultándolas. De este modo, los ojos se adaptan a la luz.

El campo visual

Volviendo al ejemplo de la cámara de fotos, el ojo humano también dispone de un campo visual. Cada ojo ve aproximadamente 150º sobre el plano horizontal y con la superposición de ambos se abarcan los 180º. Sobre el plano vertical sólo son unos 130º, 60º por encima de la horizontal y 70º por debajo.

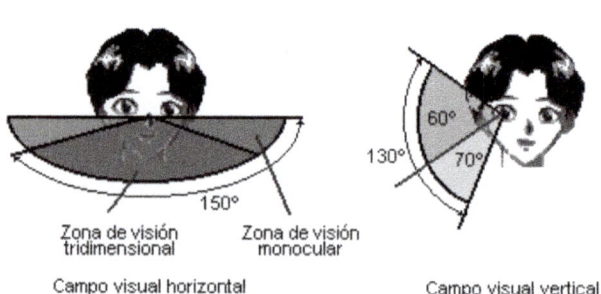

El campo visual de cada ojo es de tipo monocular, sin sensación de profundidad, siendo la visión en la zona de superposición de ambos campos del tipo binocular. La sensación de profundidad o **visión tridimensional** se produce en el cerebro cuando este superpone e interpreta ambas imágenes distintas entre sí.

10.4. FACTORES QUE INFLUYEN EN LA VISIÓN

Los factores externos que influyen sobre la formación de una buena imagen en la retina pueden dividirse en dos clases: los subjetivos y los objetivos. Los primeros dependen del propio individuo como su salud visual (depende de la edad y del deterioro de la vista), el nivel de atención en lo que mira, si está en reposo o en movimiento o la comodidad visual (nivel de iluminación o deslumbramiento). Mientras que los segundos dependen de lo que estemos mirando, del objeto visual. Son los factores objetivos y son el tamaño, la agudeza visual y el contraste.

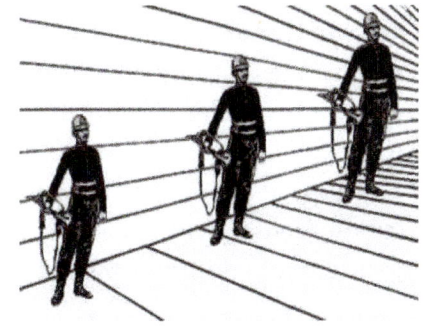

El tamaño. El tamaño aparente de un cuerpo en relación con el resto de los elementos que forman el campo visual es un factor importante para distinguirlo con rapidez. Por ejemplo, en la figura adjunta los tres soldados de la imagen de la derecha son de idéntico tamaño, al igual que los dos segmentos marcados con trazo grueso en la otra imagen. El hábito adquirido sobre las perspectivas, es lo que nos da una percepción errónea del tamaño.

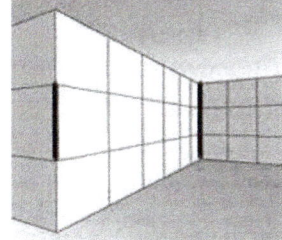

La agudeza visual. Se define la agudeza visual como el ángulo mínimo necesario para poder percibir dos puntos como separados. Para una agudeza visual correcta, ese ángulo debe ser de 1′ (1 minuto sexagesimal) en condiciones de buena iluminación. La condición necesaria para que las imágenes se vean separadas, es que se formen en células fotosensibles separadas por una célula intermedia.

El contraste. El contraste se produce por diferencias entre colores o luminancias (porción de luz reflejada por un cuerpo que llega al ojo) entre un elemento del campo visual y el resto. Mientras mayor sea mejor lo veremos, más detalles distinguiremos y menos fatigaremos la vista. Una buena iluminación ayudará mucho y puede llegar a compensar bajos contrastes en colores aumentando la luminancia. Por otra parte el contraste relativo y la mayor o menor iluminación, puede modificar la percepción subjetiva del color.

Los círculos centrales de los cinco cuadrados de la imagen superior son del mismo color.

10.5. DEFECTOS DE LA VISIÓN

Clasificamos los defectos de la visión en dos grandes grupos: Cromáticos y refractivos.

Cromáticos: Como hemos visto en el estudio de la retina, en la fóvea se concentran las células sensibles al color denominadas conos, que son de tres tipos diferentes, sensibles al rojo, al azul y al verde. Estos tipos están distribuidos en una proporción aproximada del 33%. El problema llega cuando uno de estos tres tipos de conos falta o funciona defectuosamente. Esto ocurre mucho más frecuentemente de lo que podríamos pensar. En tal caso, se presentará el trastorno conocido como daltonismo o ceguera al color.

Tipos de daltonismo. La disfunción más frecuente es la ceguera para el rojo o el verde. Ésta se da en el 8% de los varones y el 1% de las mujeres y afecta bien a los conos responsables del rojo, bien a los del verde. Al faltar uno de estos conos, las tonalidades de luz que le deberían corresponder son captadas por el otro, de modo que una persona con este defecto identifica los dos colores como uno sólo. Menos frecuente es la ceguera para el azul, en la que faltan los conos responsables de este color y el paciente no es capaz de distinguir entre los tonos azules y los amarillos. Estas alteraciones se conocen como dicromatismos, pues el sujeto que las padece sólo dispone de dos tipos de conos. Pero también puede suceder que, presentándose los tres tipos de receptores, alguno de ellos (frecuentemente los del rojo o el verde) sea anómalo. En este caso lo que ocurrirá será que el paciente podrá distinguir los colores dentro de un espectro más restringido, pudiendo identificar como iguales aquellos tonos que para una persona normal resultan bastante parecidos (aunque siempre diferentes). Presentan, en conclusión, defectos parecidos a los dicromatismos, pero más leves. En este caso hablaremos de tricromatismos anómalos o debilidad para el color. Un último caso, mucho más excepcional es el monocromatismo, en el que todos los colores se aprecian como distintas tonalidades de un mismo color. El daltonismo es fácil de identificar mediante el Test de Stilling e Ishihara. Nada tiene que ver con el daltonismo el conocido fenómeno producido por la saturación cromática de los conos tras la visión prolongada de un determinado color, que hace que al apartar la vista hacia otro lugar veamos el color complementario.

Defectos refractivos. El diámetro anteroposterior del ojo en una persona normal es de 2,5 cm aproximadamente. Por otra parte, una persona normal debe ver correctamente puntos situados en el infinito (visión lejana) y puntos situados a 25 cm (visión cercana).

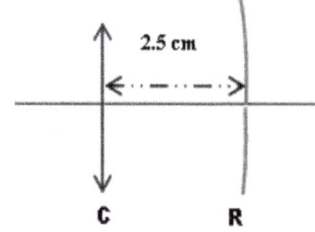

Para simplificar el estudio supondremos que todo el poder de convergencia del ojo generado por los sistemas ópticos que lo constituyen (humor acuoso humor vítreo y cristalino), se lo atribuimos a una lente convergente única (C) situada 2,5 cm delante de la retina (R). Para cualquier posición del punto objeto, s´ deberá ser de +0,025 m, por lo que la potencia de la lente tiene que ser necesariamente variable.

La fórmula de las lentes mediante la que se relacionan las distancias objeto (s) e imagen (s´) con la potencia P de la lente (inversa de la distancia focal imagen f´ expresada en metros) se puede escribir:

$$\frac{1}{s'} - \frac{1}{s} = \frac{1}{f'} = P \tag{10.1}$$

si la aplicamos a visión lejana (s = - ∞), y cercana (s = -0,25 m) y teniendo en cuenta que en ambos casos la distancia imagen s´ debe ser de +0,025 m podremos obtener las potencias del cristalino tanto en visión lejana como en visión cercana, por tanto (ver figura)

- En visión lejana, s = - ∞; s´= +0,025m → P= 1/0,025 = 40 D
- En visión cercana, s = -0,25 m; s´= +0,025 m → P = 44 D

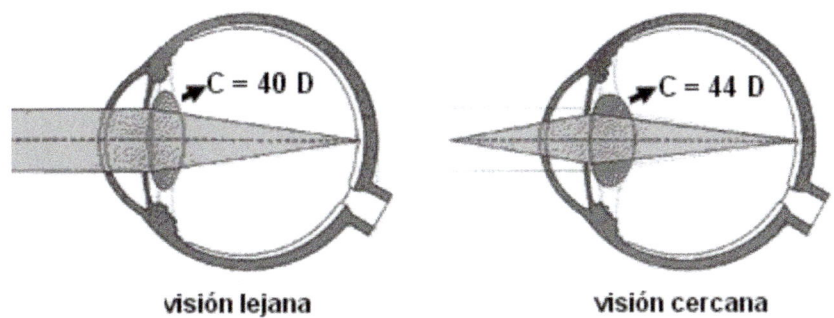

visión lejana   visión cercana

Es decir, en visión lejana, al ojo reducido le atribuimos una potencia de 40 D y en visión cercana la potencia es de 44 D. Esa diferencia de 4 dioptrías es lo que llamamos poder de acomodación. Hay que señalar que las potencias de 40 y 44 dioptrías, no son la potencia del cristalino, sino la de todo el sistema óptico que constituye el ojo.

De acuerdo con lo que acabamos de exponer los defectos refractivos los podemos clasificar de la siguiente forma (Figuras):

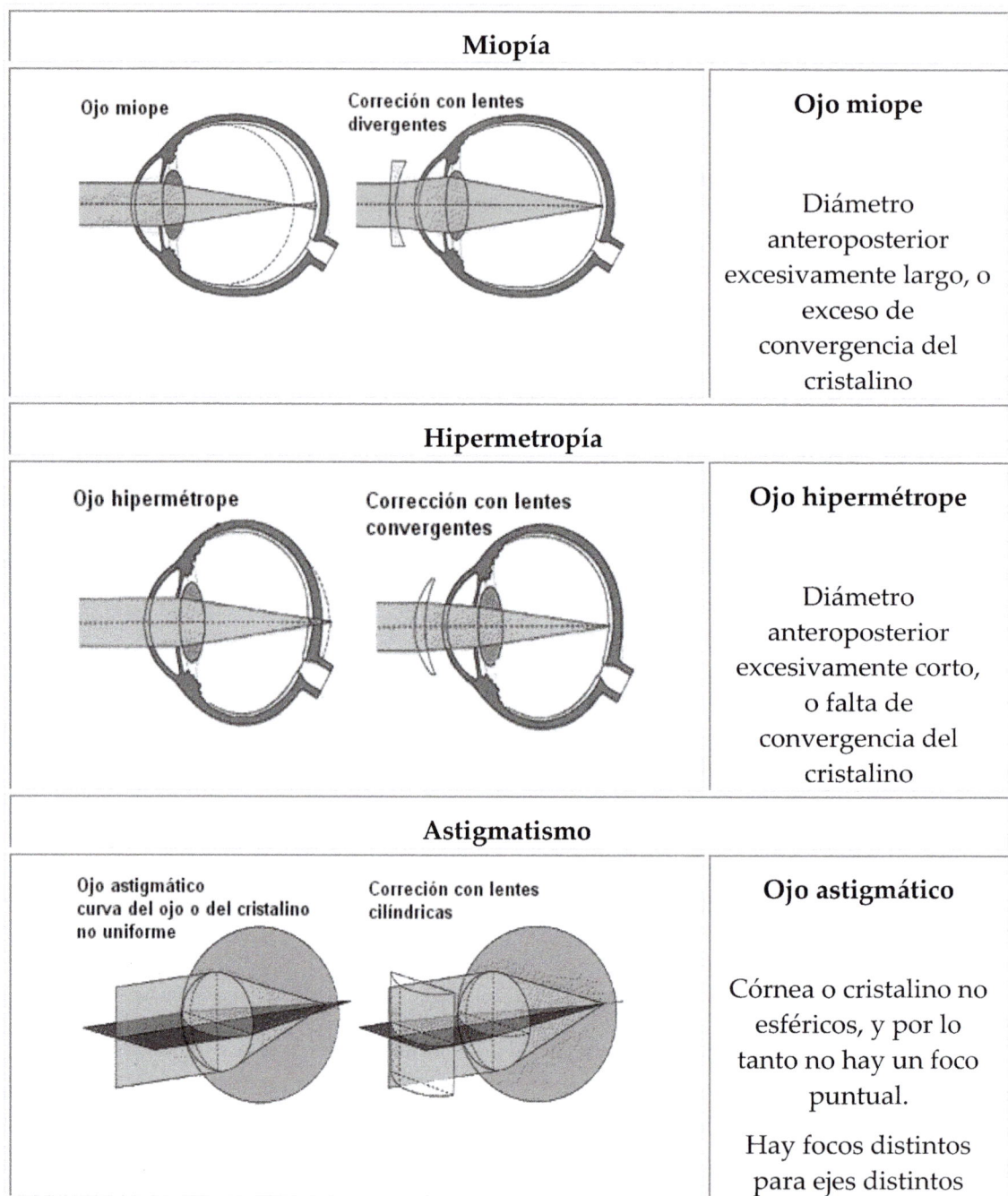

Miopía		Ojo miope
Ojo miope	Correción con lentes divergentes	Diámetro anteroposterior excesivamente largo, o exceso de convergencia del cristalino
Hipermetropía		**Ojo hipermétrope**
Ojo hipermétrope	Corrección con lentes convergentes	Diámetro anteroposterior excesivamente corto, o falta de convergencia del cristalino
Astigmatismo		**Ojo astigmático**
Ojo astigmático curva del ojo o del cristalino no uniforme	Correción con lentes cilíndricas	Córnea o cristalino no esféricos, y por lo tanto no hay un foco puntual. Hay focos distintos para ejes distintos

Presbicia, o vista cansada, que es la pérdida del poder de acomodación con la edad, esto significa que en cualquier persona, a partir de aproximadamente 40 años el punto próximo se va alejando. El tratamiento correctivo es similar al hipermétrope.

10.6. CORRECCIÓN DE LOS DEFECTOS REFRACTIVOS

Definimos punto remoto (**p**rem) como el punto más alejado que una persona puede ver con nitidez (en el ojo normal o emétrope este punto está en el infinito) y como punto próximo (**p**prox) el punto más próximo al ojo que podemos ver con nitidez (en el ojo emétrope se sitúa a 25 cm).

Miopía: en el miope el punto próximo está a menos de 25 cm, y el remoto a distancia finita. La corrección se hace atendiendo al punto remoto, es decir con el cristalino en su mínima convergencia. Si aplicamos la ecuación de las lentes a un miope

$$\frac{1}{s'} - \frac{1}{p_{rem}} = P \qquad (10.2)$$

en donde **p**rem no es infinito; si queremos que vea hasta el infinito, habremos de añadirle una lente correctora de potencia Pc, por lo que aplicando nuevamente la ecuación de las lentes quedará:

$$\frac{1}{s'} - \frac{1}{\infty} = P + P_c \qquad (10.3)$$

Si a la ecuación (10.3) le restamos la ecuación (10.2), quedará $\dfrac{1}{p_{rem}} = P_c$

Es decir, en un miope la lente correctora es la inversa del punto remoto expresado en metros.

Hipermetropía: En el hipermétrope el punto remoto está en el infinito y el próximo a una distancia superior a 25 cm. Por lo que la corrección se realiza atendiendo al punto próximo. Procediendo de modo análogo al caso anterior

$$\frac{1}{s'} - \frac{1}{p_{prox}} = P \qquad \rightarrow \qquad \text{sin lente correctora}$$

$$\frac{1}{s'} - \frac{1}{-0{,}25} = P + P_c \qquad \rightarrow \qquad \text{con lente correctora.}$$

Y si a esta ecuación le restamos la anterior, quedará: $\dfrac{1}{0{,}25} + \dfrac{1}{p_{prox}} = P_c$

EJERCICIOS

10.1. Una persona tiene su punto remoto a 0,5 m y el punto próximo a 0,17 m. ¿Qué defecto de visión padece? ¿Cómo se corregirá? ¿Y dónde quedará el punto próximo cuando utilice sus gafas correctoras?

Punto remoto a distancia finita, luego es miope $\quad \dfrac{1}{p_{rem}} = P_c = \dfrac{1}{-0.5} = -2$ Dioptrías

$$\frac{1}{s'} - \frac{1}{s} = \frac{1}{f'} = P \qquad\qquad \frac{1}{-0.17} - \frac{1}{s} = -2 \qquad s = -0,2575 \, m$$

El punto próximo quedará a 25,75 cm del ojo.

10.2. Una persona tiene el punto próximo a 0′50 m y el remoto a 4 m, justificar los defectos que padece y calcular la corrección.

Por tener el punto remoto a distancia finita es miope, pero al tener el punto próximo a una distancia superior a 25 cm, significa que con la edad se ha convertido en présbita.

Corrección de la miopía $\quad \dfrac{1}{p_{rem}} = P_c = \dfrac{1}{-4} = -0.25$ Dioptrías

Corrección de la presbicia *(igual que la hipermetropía)* $\quad \dfrac{1}{0.25} + \dfrac{1}{p_{prox}} = P_c$

$\dfrac{1}{0.25} + \dfrac{1}{-0.50} = P_c = +2$ Dioptrías $\qquad$ *Luego la persona necesita llevar bifocales*

10.3. El globo ocular de una persona normal tiene 2,5 cm (distancia del cristalino a la retina). Un individuo tiene el cristalino normal (cuya potencia puede variar entre 40 y 44 dioptrías), mientras que la distancia anterior es de 2,7 cm. a) ¿Dónde tiene su punto próximo? b) ¿A qué defecto de visión se corresponde? c) ¿Qué lentes necesita?

*Cálculo del **punto remoto*** $\quad \dfrac{1}{s'} - \dfrac{1}{s} = P \quad$ *en visión lejana el cristalino debe estar en su mínima convergencia, es decir en 40 dioptrías, s′ viene determinada por las dimensiones del ojo (2,7 cm)*

$$\frac{1}{+0,027} - \frac{1}{s} = 40 \quad s = P_{rem} = -0,3375 \, m \quad \text{luego es miope, y la corrección será}$$

$$\frac{1}{P_{rem}} = P_c = \frac{1}{-0,3375} = -2,96 \, Dioptrías;$$

Punto próximo $\quad \dfrac{1}{+0,027} - \dfrac{1}{p_p} = 44 \qquad p_p = -0,1436 \, m$

10.4. Una persona de joven no veía nítidamente objetos situados a menos de 120 cm de sus ojos. Con la edad no ve nítidamente los situados a menos de 180 cm. ¿Qué defectos de visión padece y qué tipo de lentes debería usar para ver de lejos y cerca?

Punto próximo a distancia superior a 0,25 m, luego es hipermétrope, que con la edad se ha convertido además en présbita.

Corrección de la hipermetropía

$$\frac{1}{0,25} + \frac{1}{P_{prox}} = P_c \qquad\qquad \frac{1}{0,25} + \frac{1}{-1,2} = +3,16 \; Dioptrías$$

Corrección de la presbicia $\qquad\qquad \dfrac{1}{0,25} + \dfrac{1}{-1,8} = +3,44 \; Dioptrías$

10.5. El globo ocular de una persona normal tiene 2,5 cm (distancia del cristalino a la retina). Un individuo tiene un cristalino cuya potencia puede variar entre 42 y 45 dioptrías, mientras que su diámetro antero-posterior es de 2,4 cm. a) ¿Dónde tiene su punto próximo? b) ¿Y el punto remoto? c) A qué defecto de visión se corresponde. d) ¿Qué lentes necesita?

a)   veamos donde tiene esta persona su punto próximo sin lentes correctoras:

$$\frac{1}{+0,024} - \frac{1}{s} = 45; \quad s = -0.3 \; m \;\; (punto \; próximo) \; y \; como \; esta \; distancia \; es \; superior \; a \; -0.25 \; m,$$

concluimos que tiene una ligera presbicia.

b)   Para calcular el punto remoto

$$\frac{1}{+0,024} - \frac{1}{s} = 42; \quad s = -3 \; m \quad punto \; remoto \; a \; distancia \; finita, \; luego \; es \; miope.$$

c)   Miopía y presbicia

d)   Para corregirlas:

Corrección de la presbicia $\qquad \dfrac{1}{0,25} + \dfrac{1}{-0,3} = +0,666 \; Dioptrías$

Corrección de la miopía $\quad \dfrac{1}{P_{rem}} = P_c \quad Pc = -3,33 \; Dioptrías.$

Tema 11 Rayos X y radiaciones ionizantes

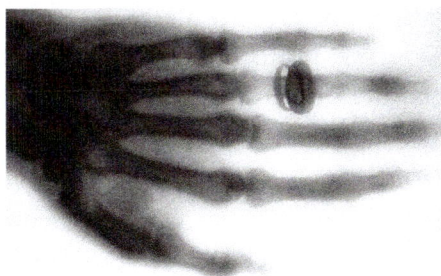

- 11.1. Producción de rayos X
- 11.2. Efectos biológicos de los rayos X
- 11.3. Revisión de conceptos de física atómica y nuclear
- 11.4. Dosimetría física y biológica

La primera radiografía médica se atribuye a Wilhelm Röntgen, y en ella aparece la mano izquierda de su esposa Anna Bertha Ludwig, en la que puede apreciarse también su anillo de compromiso. Röntgen descubrió los rayos X (así denominados porque eran rayos desconocidos) en 1895, obteniendo el premio Nobel de Física en 1901.

Los rayos X, tan utilizados en el ámbito médico, son un tipo de radiación ionizante. Ya vimos en su momento, que las ondas se clasifican en ondas mecánicas (necesitan soporte material) y ondas electromagnéticas, que no necesitan la materia como medio de transporte. También es conocido el hecho de que la radiación electromagnética presenta en ocasiones comportamiento ondulatorio, mientras que otros fenómenos se justifican mejor con el comportamiento corpuscular.

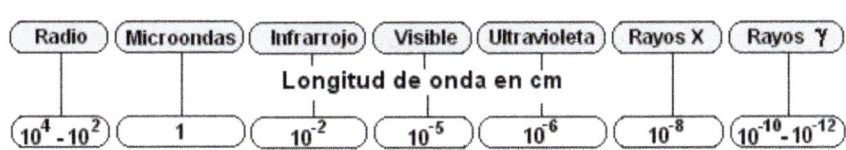

Distinguiremos unas radiaciones de otras en función de su frecuencia o longitud de onda, tal como se muestra en el esquema anterior, puesto que el espectro de las ondas electromagnéticas abarca desde las ondas de radio, hasta la radiación γ, y que en términos de longitud de onda, abarca desde algunos km hasta 10^{-12} cm.

11.1 PRODUCCIÓN DE RAYOS X

Los rayos X se producen en virtud de un proceso por el cual la energía cinética de los electrones se transforma en radiación de muy corta longitud de onda. El sistema experimental utilizado por Röntgen era una campana de vidrio en la que se había hecho un vacío parcial. El cátodo contenido en su interior, tal como se aprecia en la Figura 11.1, está conectado a un circuito eléctrico que al entrar en funcionamiento calentará al filamento y por tanto emitirá electrones; estos electrones serán acelerados por un potencial del orden de 100 kV existente entre el ánodo y el cátodo. Cuando los electrones así emitidos llegan al ánodo (o anticátodo) a gran velocidad y frenarse, transforman su energía cinética, E_C, en radiación de muy corta longitud de onda que denominamos rayos X. Este proceso puede realizarse en el denominado tubo de Crookes (Figura 11.1), que consiste en un tubo de vidrio con un ánodo y un cátodo.

Figura 11.1. Esquema precursor del tubo de Crookes, utilizado en la producción de rayos catódicos y cuyo uso permitió el descubrimiento de los rayos X. La figura muestra un esquema simple compuesto por un ánodo y un cátodo. Este esquema se modificó posteriormente para incluir dos cátodos.

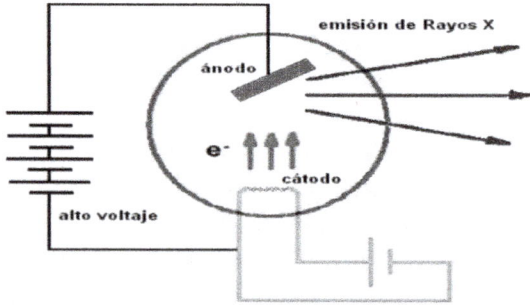

La energía de los rayos X obtenidos dependerá de la Ec de los electrones, que coincidirá con el trabajo realizado por el campo eléctrico. Si llamamos V al potencial entre ánodo y cátodo, se cumplirá

$$eV = \frac{1}{2}mv^2 \tag{11.1}$$

Para el caso en el que toda la energía cinética se convierta en radiación, y teniendo en cuenta que la energía de un fotón se puede expresar como $E = h\nu$, podemos obtener

$$\frac{1}{2}mv^2 = h\nu_0 \quad \rightarrow \quad h\nu_0 = eV \quad \rightarrow \quad \nu_0 = \frac{eV}{h} \tag{11.2}$$

La ecuación (11.2) puede expresarse en términos de longitud de onda:

$$\lambda_0 = \frac{c}{\nu_0} = \frac{c\,h}{e\,V} \tag{11.3}$$

La ecuación (11.3) pone de manifiesto que la longitud de onda de los rayos X obtenidos es inversamente proporcional al voltaje existente entre ánodo y cátodo. Al sustituir los valores de *c, h,* y *e* obtenemos la expresión

$$\lambda_0 = 12{,}345 \, / \, V \tag{11.4}$$

expresión en la que V se expresa en kV y λ_0 en Å (1 Å = 10^{-10} m = 0,1 nm).

Las propiedades más importantes de los rayos X son:

1.- No se desvían al pasar por campos eléctricos o magnéticos. Luego no se trata de materia cargada

2.- Su gran poder de penetración en la materia

3.- Provocan la fluorescencia en determinados compuestos

4.- Provocan la ionización de los átomos

5.- Impresionan las placas fotográficas

⟋ Ejemplo 11.1 Televisores de rayos catódicos

Los televisores no siempre han sido de pantalla plana. Los modelos anteriores de televisor utilizaban tubos de rayos catódicos proporcionando un voltaje de 25 kV. Los electrones emitidos por el cátodo emitían rayos X al impactar contra la pantalla. ¿Cuál es la longitud de onda de los rayos X correspondientes a estos televisores?

Se puede resolver de forma sencilla utilizando directamente la Ecuación (11.4):
$$\lambda_0 = 12{,}345/25 = 0{,}494 \, \text{Å} \approx 0{,}05 \, nm$$

⟋ Ejemplo 11.2 Placas dentales

Para realizar placas dentales se generan rayos X con voltajes entre 65 kV y 100 kV, dependiendo de la zona que se desea examinar. Calcula el rango de longitudes de onda correspondiente.

Procediendo como en el ejemplo anterior, y utilizando valores de 65 y 100 kV, se obtienen los valores $\lambda_0 = 190$ Å y $\lambda_0 = 123{,}5$ Å, o bien 19 y 12.4 nm.

De estas propiedades parece deducirse que se trata de ondas electromagnéticas, pero falta comprobar que esa onda es capaz de difractarse. Sin embargo, para conseguir fenómenos de difracción con longitudes de onda tan pequeñas necesitaríamos rendijas de esa anchura. En 1912 Von Laue consiguió la difracción de Rayos X en cristales naturales que constituyen por su estructura reticular verdaderas redes de difracción adecuadas para ondas electromagnéticas de tan corta longitud de onda. Estas figuras de difracción (denominadas Lauegramas, Figura 11.2), fueron fundamentales a la hora de determinar la estructura de la molécula de ADN.

En resumen, las propiedades de los rayos X serán las mismas que las de las ondas electromagnéticas excepto aquellas que vengan determinadas por su muy corta longitud de onda

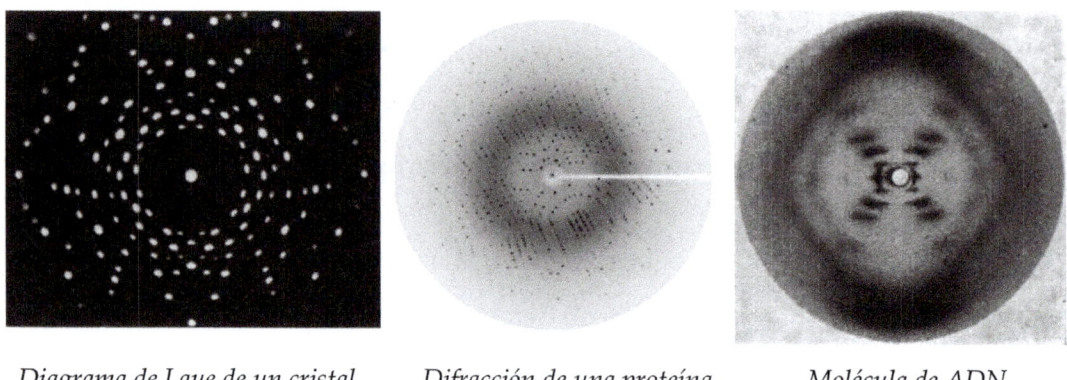

Diagrama de Laue de un cristal *Difracción de una proteína* *Molécula de ADN*

Figura 11.2. Ejemplos de patrones de difracción de Rayos X (lauegramas).

11.2 EFECTOS BIOLÓGICOS DE LOS RAYOS X

Son radiaciones biológicamente ionizantes, es decir, radiaciones en las que la energía de sus cuantos es suficiente para ionizar o romper moléculas de interés biológico.

Los efectos los dividimos en directos o indirectos. Los directos se producen cuando la radiación rompe una molécula o la afecta en una zona relevante por su función biológica. Debido a su carácter aleatorio, este efecto es relativamente casual y poco probable. En los efectos indirectos, la radiación puede ionizar o excitar la materia de los alrededores de regiones de interés y producir compuestos químicos activos capaces de perjudicar macromoléculas o estructuras de importancia biológica, y que naturalmente dependerán de las condiciones del entorno de los centros sensibles. Por ejemplo, al incidir la radiación sobre moléculas de agua, da lugar a un incremento de radicales H^+, OH^- y H_2O_2, que pueden afectar a centros de interés, por ejemplo, el radical OH^- afecta rápidamente a los aminoácidos aromáticos. También la alteración de ácidos nucleicos puede tener efectos catastróficos en lo que a código genético se refiere.

Por otra parte, se observa una sensibilidad mucho mayor en las células que se están reproduciendo. Este efecto se utiliza para luchar mediante radioterapia contra las células cancerosas, por ser células con un ritmo de proliferación mayor que las células sanas, y por lo tanto más sensibles que éstas a la radiación. Es esta la razón de la prohibición absoluta a las embarazadas de someterse a este tipo de radiaciones.

Absorción de rayos X

El poder de penetración se rige por la ley general de absorción

$$I = I_0 \cdot e^{-\beta x} \tag{11.5}$$

Hay que hacer notar que β depende de la longitud de onda λ de los rayos utilizados, según la ley de Bragg-Pierce:

$$\beta = c \, \rho \, z^3 \, \lambda^3 \tag{11.6}$$

en donde ρ es la densidad y z el número atómico.

Al representar $\beta = f(\lambda)$, se observan discontinuidades en forma de bruscos aumentos de carácter transitorio (absorción selectiva), que corresponden a valores de λ característicos del espectro del cuerpo si actuara de anticátodo (se trata de un fenómeno de resonancia o espectro de absorción, pues el cuerpo absorbe aquellas radiaciones cuya energía es capaz de arrancar un electrón de la capa en que se encuentra).

En general la absorción crecerá para los elementos pesados. Este hecho permite la obtención de radiografías, pues el Ca (huesos), es más absorbente que el H_2, O_2, N_2 (tejidos).

11.3 REVISIÓN DE CONCEPTOS DE FÍSICA ATÓMICA Y NUCLEAR

Tratando de relacionar la fluorescencia y la fosforescencia con los rayos X, Becquerel estudió determinadas sustancias que presentaban la propiedad de emitir luz después de ser excitados para determinar si emitían rayos X; solo obtuvo resultados positivos cuando experimentó con un compuesto de Uranio. Sobre una placa fotográfica envuelta en papel negro, colocó el compuesto de Uranio y al revelar la placa observó que sobre ella quedó grabado el perfil del objeto, concluyendo que las radiaciones emitidas por el compuesto de Uranio eran capaces de atravesar el papel negro. Posteriormente comprobó que esa radiación también producía efectos ionizantes y que la intensidad de la radiación era proporcional a la fracción de masa de Uranio que había en el compuesto. Posteriormente los esposos Curie descubrieron que también el Torio, el Polonio y especialmente el Radio también presentaban la misma propiedad que se acabó denominando radiactividad.

Para determinar la naturaleza de la radiactividad se hizo la experiencia de hacer pasar dicha radiación por un campo magnético perpendicular a la misma, observando en una pantalla fluorescente tres puntos bien diferenciados; uno impactaba en la pantalla sin desviarse y que correspondería a la inexistencia de carga eléctrica (radiación γ) y los otros dos con desvíos a uno y otro lado del punto central (radiaciones α, β) y que por tanto serán portadoras de cargas eléctricas de signo contrario (ver figura). Esto nos permite concluir que existen tres tipos principales de radiactividad denominadas α, β y γ. Hemos comentado ya el origen de la radiación γ, radiación electromagnética de gran frecuencia y energía (de hecho, es el único tipo de radiación más energética que los rayos X). Las radiaciones α y β no

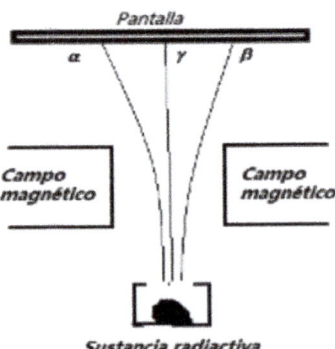

son propiamente radiaciones, sino partículas: núcleos de helio (es decir, dos protones más dos neutrones) en el caso α, y un electrón o un positrón (también llamado antielectrón) en los casos β^- y β^+, respectivamente.

Estas radiaciones se deben a la tendencia de los núcleos (los cuales pueden ser representados mediante los dos parámetros ya citados, Z o número de protones, y N número de neutrones, siendo N = A - Z) a tener, en lo posible, el mismo número de neutrones que de protones, ya que así, según el principio de exclusión de Pauli, se minimiza la energía. Por otro lado, la repulsión electrostática entre protones favorece que el número de éstos tienda a ser algo menor que el de neutrones. De estas dos tendencias se deducen unas configuraciones (es decir, unos ciertos valores de Z y N) preferentes para los núcleos, los cuales tienden a dichas configuraciones. Por ello, al tener un núcleo de composición Z y N no preferente, éste tiende, en algunas ocasiones, a expulsar neutrones y protones (caso α) o a convertir protones en neutrones, con emisión de un positrón y de un neutrino (radiación β^+) o bien a convertir neutrones en protones, emitiendo en este caso un electrón y un antineutrino (radiación β^-). Estos dos últimos procesos de la radiación β se deben a la interacción nuclear débil. En la actualidad se ha conseguido ya la unificación de las interacciones electromagnéticas y débiles, y parece próxima la inclusión de las interacciones fuertes en este esquema unificado. Sólo la interacción gravitatoria queda por ahora lejos del ideal largamente perseguido de la unificación de todas las interacciones conocidas en una sola interacción.

Las reacciones de desintegración β, se producen según el siguiente esquema

$$p \quad \rightarrow \quad n + e^+ + \nu \quad \text{(transición de protón a neutrón)}$$

$$n \quad \rightarrow \quad p + e^- + \bar{\nu} \quad \text{(transición de neutrón a protón)}$$

en donde e^+ representa el positrón o antielectrón, ν el neutrino y $\bar{\nu}$ el antineutrino.

Por otro lado, la emisión de una partícula tiende a reducir la proporción relativa de protones frente a neutrones, reduciéndose por tanto la influencia relativa de las repulsiones electrostáticas.

Las reacciones de desintegración α, se producen según el siguiente esquema

$$Z_{final} = Z_{inicial} - 2 \qquad A_{final} = A_{inicial} - 4$$

Periodo de semidesintegración

Es posible describir en promedio, el número total de núcleos que se han desintegrado o que quedan por desintegrarse de una cierta población y en un instante dado, según la ecuación

$$dN = - \lambda N dt \qquad (11.7)$$

de la que fácilmente se llega a la expresión

$$N(t) = N_0 e^{-\lambda t} \qquad (11.8)$$

donde N_0 es el número inicial de núcleos sin desintegrar, y λ una constante característica del elemento.

Se define la semivida (o periodo de semidesintegración) $T_{1/2}$ como el tiempo que una población N, tarda en reducirse a la mitad, cumpliéndose la relación

$$\lambda = \ln 2 \, / \, T_{1/2} \qquad (11.9)$$

Dicha semivida es una propiedad característica del núcleo y del tipo de desintegración, y puede variar desde milmillonésimas de segundo, hasta millones de años.

Se define la actividad de una muestra N, como

$$A = - dN/dt = - \lambda N(t) = [\ln 2 \, / \, T_{1/2}] \cdot N(t) \qquad (11.10)$$

Para medir la actividad de una muestra se utiliza el **curio** definido como la masa de material que emite $3{,}7 \cdot 10^{10}$ desintegraciones por segundo, actividad que corresponde a un gramo de radio puro.

La actividad de una sustancia depende del tiempo, decayendo según una función exponencial decreciente (Figura 11.3).

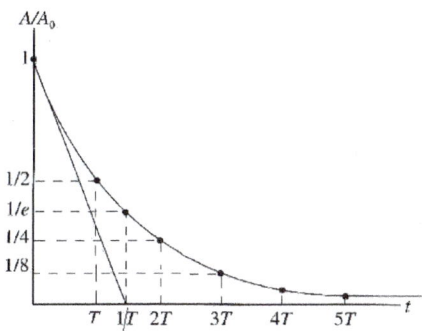

Figura 11.3. Decaimiento exponencial de la actividad de una muestra a lo largo del tiempo. El valor T indica la semivida, y es el tiempo en que la actividad se reduce a la mitad.

11.4 DOSIMETRÍA FÍSICA Y BIOLÓGICA

Desde el punto de vista físico, la dosis radiactiva se define como energía de radiación absorbida por unidad de masa, y su unidad es el rad, definido como

$$10^{-2} \text{ julios kg}^{-1}, \text{ o el Gray (Gy)} = 1 \text{ julio kg}^{-1}$$

Dicha dosis depende de tres factores: a) el número de desintegraciones por segundo; b) la energía de cada radiación; c) el tiempo de exposición.

La dosificación física no informa directamente sobre los efectos biológicos. Una misma cantidad de energía puede producir diferentes efectos según cual sea el tipo de radiación de que se trate. Para definir una dosimetría que dé una idea directa de las implicaciones biológicas se acostumbra a tomar como patrón los rayos X de 200 keV de energía y se define la eficacia biológica relativa (EBR) de las demás radiaciones con respecto a este patrón (Tabla 11.1).

Tabla 11.1 Eficacia biológica relativa (EBR) de distintas radiaciones

Radiación	EBR
Rayos X y rayos γ	1
Beta	1
Protones	10
Neutrones	10
Alfa	20

La dosimetría biológica es así la dosimetría física multiplicada por este factor comparativo, y su unidad es el **rem** (radio equivalent man).

$$1 \text{ rem} = \text{EBR} \times 1 \text{ rad} \qquad (\text{con EBR} = 1)$$

Se acostumbra también a utilizar como unidad el **Sievert** (Sv) igual a 10 rem. La eficacia biológica relativa depende básicamente de la transferencia lineal de energía de la radiación en cuestión, es decir, de la energía depositada en el tejido por unidad de longitud del recorrido de la radiación: cuanto mayor es esta última, mayor la EBR de la radiación.

Los efectos biológicos de la radiación están relacionados estrechamente con la dosis expresada en rem. Así, por ejemplo, una dosis de 0 a 25 rem parece tener pocas consecuencias; de 25 a 100 rem se observan ligeros cambios en la sangre; de 100 a 200 rem los perjuicios son ya observables, pero es posible una recuperación al menos parcial. A partir de 200 y hasta 600 rem la probabilidad de morir crece rápidamente, por afecciones de la médula ósea, síndromes gastrointestinales y lesiones en el sistema nervioso. Dicha probabilidad supera el 90 por 100 a partir de los 600 rem. Los efectos pueden depender, además, de otros factores, como el tiempo total en que se ha administrado la dosis, o la presencia de radiosensibilizadores (O_2) o radioprotectores (SH). La gran eficacia destructora de pequeñas energías de radiación proviene de su acción directa o indirecta sobre partes importantes de la célula (ácidos nucleicos, enzimas, mitocondrias, membranas internas, etcétera), dada la fuerte localización de los paquetes de energía. Si dicha energía se suministrara en forma deslocalizada, por ejemplo, en forma de calor, los efectos serían imperceptibles.

Para describir los efectos de una dosis D determinada de radiación sobre una cierta población se acostumbra a representar los efectos de la dosis (por ejemplo, tanto por ciento de la población superviviente tras una determinada dosis) en función de dicha dosis. El modelo más simple es un modelo exponencial de la forma

$$C_D = C_0\, e^{-D/D_0} \tag{11.11}$$

donde D_0 es una dosis característica, que depende del tipo de radiación y del tipo de población, y C_D el número de individuos de la población supervivientes tras la dosis D. Esta ecuación es adecuada, por ejemplo, para la descripción de la inactivación de virus y de enzimas y, en general, refleja que sólo es necesario un impacto para inactivar un blanco.

En cambio, si para inactivar el blanco son necesarios r impactos, la población superviviente a una dosis D viene descrita por la ecuación

$$C_D = C_0\left[1 - \left(1 - e^{-D/D_0}\right)^r\right] \tag{11.12}$$

Este tipo de curvas acostumbran a ser más adecuadas que la anterior para describir los efectos de la radiación sobre bacterias u organismos superiores.

A bajas dosis, los efectos son menores que en el caso con r = 1 (caso exponencial), pero tienden al caso exponencial para dosis elevadas.

En algunas ocasiones, si la población está compuesta por dos o más especies de resistencias diferentes, se pueden tener curvas mucho más complicadas. Incluso puede darse el caso de que algunas especies resulten estimuladas en vez de perjudicadas por bajos niveles de radiación.

EJERCICIOS

11.1. ¿Qué núcleo sufre una desintegración α, para dar $^{238}_{92}U$? ¿Qué núcleo se produce cuando $^{135}_{54}Xe$ experimenta una desintegración β⁻?

a) Una partícula α es un núcleo de Helio $^{4}_{2}He$; luego siendo Z el número atómico y A el número másico, en una desintegración α se cumplirá

$$Z_{inicial} = Z_{final} + 2 \qquad \rightarrow \qquad Z_{inicial} = 92 + 2 = 94$$
$$A_{inicial} = A_{final} + 4 \qquad \rightarrow \qquad A_{inicial} = 238 + 4 = 242$$

El núcleo de número másico 242 y número atómico 94 es el Plutonio, luego la reacción es

$$^{242}_{94}Pu \quad \rightarrow \quad ^{238}_{92}U + ^{4}_{2}He$$

b) Una partícula β, es un electrón de carga eléctrica -1, y masa no considerable luego en una desintegración β^- se cumplirá

$$Z_{inicial} = Z_{final} - 1 \qquad \rightarrow \qquad Z_{final} = Z_{inicial} + 1 = 54 + 1 = 55$$
$$A_{inicial} = A_{final}$$

El elemento de número atómico 55 es el Cesio, luego la reacción es

$$^{135}_{54}Xe \rightarrow ^{135}_{55}Cs + \beta + \overline{\nu}$$

($\overline{\nu}$ es el antineutrino electrónico, partícula sin masa ni carga que solo transporta parte de la energía de desintegración).

11.2. El $^{99}_{42}Mo$ se desintegra dando lugar a un radiofármaco ampliamente utilizado en exploraciones radiológicas, el $^{99}_{43}Tc$ metaestable. ¿Qué tipo de desintegración nuclear tiene lugar en este proceso? Si el $^{99}_{42}Mo$ tiene un periodo de semidesintegración de 66 horas, ¿qué porcentaje del contenido original del generador habrá cuando hayan transcurrido 10 días?

La reacción será: $^{99}_{42}Mo \rightarrow ^{99}_{43}Tc + \beta + \overline{\nu}$

Radiación beta negativa, en la que un neutrón se transforma en protón emitiendo un electrón o partícula β y un antineutrino. Lógicamente el número atómico del tecnecio es una unidad superior al del molibdeno, mientras que el número másico permanece inalterado.

$$T_{\frac{1}{2}} \left(^{99}_{42}Mo \right) = 66\ h \quad \rightarrow \quad \lambda = \frac{\ln 2}{T_{1/2}} = \frac{\ln 2}{66}$$

Como el tiempo lo estamos expresando en horas, los 10 dias los pondremos como 240 horas

$$N = N_0\, e^{-\lambda t} \quad \rightarrow \quad N/N_0 = e^{-\lambda t} = e^{-\frac{\ln 2}{66}\cdot 240} = 0,0804 = 8,04\%$$

11.3. Un fragmento de madera hallado en unas excavaciones presenta 11,6 desintegraciones por minuto por cada gramo de carbón. Si la semivida del ^{14}C es de 5730 años, calcular la antigüedad de la madera sabiendo que el cociente ^{14}C/ ^{12}C en la atmósfera es $1'3\cdot 10^{-12}$.

El número de núcleos radioactivos decae exponencialmente según la ecuación N = N_0 e^{-\lambda t}, en donde λ es 0,693 / T_{1/2}. Sustituyendo T_{1/2}=5730 obtenemos:

$$\lambda = \frac{0,693}{5730} = 1,209\cdot 10^{-4} \quad \text{años}^{-1}$$

La actividad de una muestra, A, se define como A = λN, siendo N el número de núcleos radiactivos presentes en la muestra

$$N = \frac{A}{\lambda} = \frac{11,6\cdot 60\cdot 24\cdot 365}{1,209\cdot 10^{-4}} = 5,043\cdot 10^{10} \text{ Núcleos radiactiv.}$$

Los núcleos radiactivos existentes por gramo en la madera en el instante en que se taló el árbol (N_0) serán

$$N_0 = \frac{^{14}C\cdot 6,023\cdot 10^{23}}{^{12}C\cdot 12} = 6,52\cdot 10^{10} \text{ Núcleos radiactiv.}$$

La relación entre ambas magnitudes viene dada por la expresión N = N_0 e^{-\lambda t} en la que sustituyendo los valores anteriores, podemos obtener t: 5.043 · 10^{10} = 6.52 · 10^{10} e^{-1,209\, 10-4t}

Sol: t = 2124 años

11.4. Para destruir el 60% de una determinada población de bacterias se necesita una dosis de 400 rad de rayos X de 200 keV. Si 100 rad de partículas β de cierta energía destruyen casi el mismo tanto por ciento de la población, ¿cuál es la eficacia biológica relativa de dichas partículas β? (Se toma como EBR = 1 para los rayos X de 200 Kev).

$$EBR_{rayos\,X}\cdot DOSIS_{rayos\,X} = EBR_\beta \cdot DOSIS_\beta \quad \rightarrow \quad EBR_\beta = 1\cdot \frac{1\cdot 400}{100} = 4$$

11.5. Se pretende destruir un tumor de 10^{10} células, mediante una radiación γ de alta energía. La intensidad de la dosis recibida es de 1800 rad/hora. ¿Cuánto tiempo de exposición será necesario para reducir el tumor a tan solo 10 células? Se supone que la destrucción del tumor obedece a una función del tipo

$$C(D) = C_0 e^{-D/D_0}, \text{ con } D_0 = 200 \text{ rad.}$$

Según la ecuación de disminución de la población, se tiene

$$C(D) = 10 = C_0 e^{-D/D_0} = 10^{10} \cdot e^{-D/200} \quad \rightarrow \quad D = 414,65 \ rad \ = 1800 \cdot t \rightarrow t = 2,302$$

horas

11.6. Tras la aplicación de radiación γ a un tumor durante un cierto tiempo, la población celular se reduce de 10^8 a 10^4 células. La intensidad de la radiación es de 2500 rad/h, y la destrucción del tumor responde a la siguiente ecuación:

$$C(D) = C_0 \cdot e^{(-D/D_0)}, \textbf{ donde } D_0 = 250 \textbf{ rad.}$$

¿Durante cuánto tiempo se ha aplicado la radiación?

$$C = C_0 e^{-D/D_0} \quad \rightarrow \quad 10^4 = 10^8 e^{-D/250} \quad \rightarrow \quad ln \ 10^{-4} = D / 250 \quad \rightarrow \quad D = 2302,59 \ rad$$

$$D = I \cdot t \quad \rightarrow \quad t = D / I = 2302,9 / 2500 = 0,921 \ horas = 55,27 \ min$$

I. UNIDADES Y CONVERSIONES

MAGNITUD	Ecuación de definición	SI	cgs	Equivalencia
Longitud	L	m	cm	$1\ m = 10^2\ cm$
Masa	M	kg	g	$1\ kg = 10^3\ g$
Tiempo	T	s	s	
Superficie	L^2	m^2	cm^2	$1\ m^2 = 10^4\ cm^2$
Volumen	L^3	m^3	cm^3	$1\ m^3 = 10^6\ cm^3$
	1 litro $= 10^3\ cm^3 = 10^{-3}\ m^3$			
Densidad	$\rho = m\ /\ V$	$kg\ /m^3$	$g\ /cm^3$	$1\ kg\ /m^3 = 10^{-3}\ g\ /cm^3$
Velocidad	$v = de/dt$	m/s	cm/s	$1\ m/s = 10^2\ cm/s$
Aceleración	$a = dv/dt$	m/s^2	cm/s^2	$1\ m/s^2 = 10^2\ cm/s^2$
Fuerza	$F = m\cdot a$	$kg\cdot m\cdot s^{-2}$ =Newton	$g\cdot cm\cdot s^{-2}$ =dina	$1\ N = 10^5$ dinas
Presión	$P = F/S$	N/m^2 =Pa	$dinas/cm^2$	$1\ Pa = 10\ dinas/cm^2$
	1 atmósfera = 760 mm Hg = $1{,}013\cdot 10^5$ Pa			
Trabajo	$W = \int F\cdot dr$	$N\cdot m$ =Julio	$dina\cdot cm$ =ergio	$1\ J = 10^7$ ergios
	1atm· litro = 101,3 julios			
Viscosidad	$\eta = \dfrac{F/S}{dv/dz}$	$\dfrac{N/m^2}{\frac{m}{s}/m} = Pa\cdot s$	$\dfrac{dina}{cm^2}\cdot s$ =poise	$1\ Pa\cdot s = 10$ poises
	1cp (centipoise) = 10^{-2} poises = 1 mPa·s (miliPascal· s)			
Tensión sup.	$\sigma = F/l$	N/m	dina/cm	$1\ N/m = 10^3\ dinas/cm$
Calor	W	Julio = $N\cdot m$	ergio = $dina\cdot cm$	$1\ J = 10^7$ ergios
	1 caloría = 4,18 julios			
Temperatura		K	K	
Calor específico	$C_e = \dfrac{1}{m}\dfrac{dQ}{dT}$	Julio/(kg·K)	Ergio/(g·K)	$1\ J\ /(kg\cdot K) =$ $=10^4$ Ergio/(g·K)
	Frecuentemente se usa en sólidos y líquidos la cal /(g·K) (1 cal/(g·K) = 4180 J/(kg·K)) En gases (C_p y C_v) se utiliza la cal/(mol·K) y también el J/(mol·K)			
R	R = 0,082 atm·l / (mol·K) = 8,31 J / (mol·K) = 1,988 ≈ 2 cal / (mol·K)			
Entropía	$S = \int \dfrac{dQ}{T}$	Julio / K	Ergio / K	$1\ J = 10^7$ ergios
	1 cal / K = 4,18 Julios / K			

II. EJERCICIOS Y CUESTIONES DE REPASO

MEDIDAS Y MAGNITUDES

1. Un piloto de fórmula uno recorre un circuito de longitud 5793 m en un tiempo de 1 min y 19,525 s. Si el error en la medida de la longitud del circuito es de 1 m y en la medida del tiempo de 1 ms, calcula la velocidad media del piloto.

2. Una determinada disolución se prepara con 25 g de soluto disueltos en 1,25 L de agua. Si se utilizan balanzas para medir la cantidad de soluto y disolvente con sensibilidades de 0,01 g, 0,1 g y 1 g, calcula la concentración con su error en cada caso. Repite de nuevo los cálculos para el caso de 2 g de soluto y 100 mL de agua. En función de los resultados en ambos, discute cuál es el efecto que tiene sobre el error final de la concentración la sensibilidad de la balanza y la cantidad de soluto y disolvente.

3. ¿Se puede relacionar linealmente la densidad del agua con la concentración de sal? En el laboratorio se realizan las siguientes medidas de densidad con sus respectivos errores: 0,999±0,011, 1,024±0,011, 1,049±0,012 y 1,073±0,013, en unidades de g/cm^3, correspondientes a unas concentraciones de 4%, 8%, 12% y 16%, respectivamente. El error de las concentraciones en todos los casos es de 0,5%. Encontrad la ecuación que relaciona la concentración de sal con la densidad. Si para una determinada muestra de agua con sal se mide una densidad de $(1,020\pm0,012)$ g/cm^3, calcula la concentración de sal con su error.

4. Para envasar un zumo que es una mezcla de dos líquidos, se toman 30,8 g del primer líquido medido con un error del 3 %. Rellenamos el frasco hasta obtener 125,0 ± 0,3 g ¿qué cantidad con su error hay del segundo líquido en la mezcla?

5. Escribe correctamente las siguientes magnitudes con su error:
(47,37502 ± 0,001459) cm
(6257 ± 251) kg
823 g con una precisión del 2 %
(67893468,79 ± 625,2) kg
(232,6602 ± 0,01421) cm
0,0007346 g con una precisión del 6 %

6. Para obtener el volumen de una barra cilíndrica se midió su longitud, L, con una regla que aprecia mm y su diámetro, d, con un pie de rey que aprecia 0,1 mm. Los datos obtenidos son:

d (mm) = 6,8   7,1   6,9   L(cm) = 33,1   33,0   33,1

Comprueba si las medidas son suficientes. Suponiendo que lo sean, calcula con su error el volumen de la varilla.

7. Para calcular el volumen de una esfera se mide el diámetro 3 veces con un instrumento que aprecia centésimas de mm y se obtienen 15,23 mm, 15,14 mm y 15,03 mm
    a) comprobar si las medidas realizadas son suficientes
    b) suponiendo que las tres medidas son suficientes, calcula con su error el diámetro
    c) obtener el valor del volumen a partir de los datos anteriores ($V = 4/3\ \pi\ r^3$)
    d) calcular el error absoluto y relativo del volumen

8. Un aceite de oliva tiene de densidad $0,916 \pm 0,001$ g/cm³ a temperatura ambiente. Calcula, con su error, la masa del aceite contenido en una garrafa de $5,00 \pm 0,02$ L.

9. La presión de un líquido a una cierta profundidad es $P = P_A + \rho\ g\ h$.
Si la presión atmosférica $P_A = 1,013 \cdot 10^5$ Pa con una precisión del 4 %, la densidad del agua es 1100 ± 10 kg/m³ y $g = 9,8$ m/s² considerado sin error, calcula la presión con su error a 5 m de profundidad medida con una regla que aprecia cm.

10. A partir de la tabla que nos da la densidad del agua a diferentes temperaturas, calcula con su error, la densidad del agua a 27 °C medido con un termómetro que aprecia 1 °C.

T (°C)	20	22	24	26	28	30
ρ (g/cm³)	0,998230	0,997797	0,997323	0,996810	0,996259	0,995971

11. Queremos calcular cuánto líquido se ha evaporado tras hervir una sopa y dejarla enfriar. Para ello, se ha pesado inicialmente la sopa vertida en el recipiente (previamente tarado) y se ha obtenido una masa de 560,3 g medido con una precisión del 0,1 %. Tras media hora se ha vuelto a pesar y se ha obtenido una lectura de 487,2 g medida con una balanza que aprecia décimas de gramos. Calcula la cantidad de sopa evaporada con su error.

12. Calcula, con su error, la presión (Fuerza/Superficie) que ejerce un hombre $838,5 \pm 0,5$ N de peso al colocarse sobre una tabla de 2160 ± 10 cm². Da el resultado en el S.I. (Pascales).

13. Para estimar el volumen de aire que contiene una habitación cuadrada, que según los planos mide 18,55 m de lado (con una incertidumbre de 5 cm), se mide tres veces la altura de la habitación con una cinta métrica que aprecia cm y se obtiene 2,36; 2,40 y 2,38 m.

a) Comprueba si las medidas de la altura son suficientes o se deben realizar más.

b) Calcula el valor de la altura de la habitación con su error.

c) Calcula el volumen de aire contenido en la habitación con su correspondiente error.

d) Escribe el resultado del volumen de aire correctamente con su error.

FLUIDOS

14.   En una jirafa erguida la altura desde el corazón hasta el cerebro es 2,5 m. La sangre debe entrar en el cerebro con una presión manométrica (presión absoluta - presión atmosférica) de 50 mmHg ¿Cuál debe ser la presión manométrica en el corazón? ¿Y la presión absoluta? Densidad de la sangre= 1,050 g/cm^3.

15.   Una plancha de poliestireno de 20 cm de altura y una superficie de 40 dm^2 está flotando en el agua.

a)   que fracción de su volumen sobresale del agua

b)   si sobre esta plancha se sube un niño que pesa 35 kg ¿cuál será ahora la fracción de volumen que sobresale? Densidad poliestireno = 300 kg/m^3.

16.   Por una tubería de 1,3 cm de radio circula petróleo de densidad 0,85 g/cm^3 y viscosidad 0,012 Pa·s, a una velocidad de 1 m/s. Razona si circulará en régimen laminar o turbulento

17.   Un fluido de densidad 0,8 g/cm^3 circula por una tubería horizontal cuyo diámetro se reduce de 10 a 6 cm. En la sección más ancha su velocidad es de 10 cm/s. Calcula la velocidad en la sección más estrecha y la diferencia de presiones entre dos puntos situados en esas secciones.

18.   El aceite de un motor pasa por un tubo de 0,9 mm de radio y una longitud de 55 mm, siendo 4·10^3 Pa la diferencia de presión entre los extremos del tubo. ¿Cuál es el caudal? Viscosidad del aceite 0,2 Pa s.

19.   Calcula la velocidad de sedimentación de dos granos de arena de 1 mm y 0,5 mm de diámetro y densidad 3 g/cm^3 en el agua (ρ = 1 g/cm3, η = 0,001 Pa·s)

20. Desde un depósito de gran extensión fluye agua en régimen de Bernouille como se indica en la figura. El depósito está abierto a la atmósfera y la presión es de 0,97 atm. La altura del punto 1 es de 12 m con respecto a los puntos 3 y 4. La sección transversal de la tubería en los puntos 2 y 3 es 300 cm² y el 4 de 100cm². Calcular:

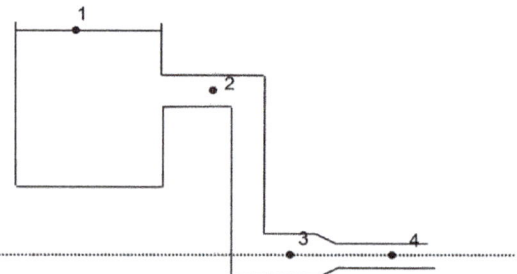

a) El caudal de agua que fluye por el punto 4.
b) La presión en 3.
c) La altura del punto 2 para que la presión en él sea de 1,2 atm.

21. ¿Cuántas atmósferas y pascales son 1150 mbar?

22. ¿Qué dice el teorema de continuidad y qué relación tiene con el caudal?

23. Escribe el principio de Arquímedes

24. Un vaso con cubitos de hielo está lleno de agua hasta el borde. Al deshacerse los cubitos ¿bajará el nivel del agua, se quedará igual o se saldrá el agua? (La densidad del hielo, como sabes, es menor que la del agua)

25. Un bloque de madera flota en agua con el 75 % de su volumen sumergido. Si sobre él se coloca otro bloque del mismo volumen y de un material desconocido, el nivel del agua llega justo hasta la superficie de separación de los dos bloques. Determina las densidades de los materiales de ambos bloques.

26. ¿Cuáles son las unidades de la viscosidad en el SI? Justifica tu respuesta.

27. Si por una tubería hacemos circular primero un líquido de viscosidad 1 Pa s y después otro de 3 Pa s ¿qué tenemos que hacer para conseguir que circulen con la misma velocidad? Justifica tu respuesta.

28. Explica qué es la velocidad de sedimentación y cuando se puede aplicar la fórmula. Di qué significa cada término en la fórmula.

29. En un recipiente se indica que un líquido tiene una viscosidad de 20 Pa s. ¿Es muy viscoso? ¿Es suficiente esta información?

30. ¿Cuál es la diferencia entre fluidos newtonianos y no newtonianos? Pon algún ejemplo.

31.   Define la tensión superficial y sus unidades en el S.I.

32.   ¿Por qué tienden a unirse dos gotas de un mismo líquido?

33.   ¿Dónde será mayor la presión interna, en una gota de agua jabonosa o en una pompa de jabón, si tienen el mismo radio?

34.   Si tenemos dos tubos capilares de radio 0,3 mm y 0,1 cm que se introducen en agua, ¿en cuál de los dos se producirá mayor ascenso capilar? ¿Por qué?

35.   Si el ángulo de contacto entre un líquido y el vidrio es de 100º, ¿se producirá ascenso o descenso capilar? ¿Por qué?

36.   ¿Qué pesa más, una gota de agua pura o una de agua jabonosa, producidas por el mismo cuentagotas?

37.   Calcula el tiempo que tarda un glóbulo rojo humano en sedimentar 1 cm en plasma sanguíneo, suponiendo que tiene forma esférica de radio 2 μm i que la densidad relativa es 1,3. Viscosidad y densidad del plasma: $2,084 \cdot 10^{-3}$ Pa s y 1,056 g/cm³ respectivamente.

38.   Calcula la diferencia de presión entre los extremos de un tubo de 0,1 m de radio y 5 m de longitud por el cual circula un líquido de viscosidad 1,5 mPa s para que el caudal sea 40 l/s. ¿Qué pasará en otro tubo cuyo radio sea la mitad del anterior?

39.   Por un tubo fluye agua a 20 °C con un caudal de 200 cm³/s. ¿Cuál es el diámetro mínimo del tubo que permite que el flujo sea laminar? Viscosidad del agua a 20 °C = 1 mPas.

40.   En la tabla adjunta se proporcionan las medidas de viscosidad de los fluidos A, B y C, en función de la velocidad de cizalla. Indica qué nombre reciben estos fluidos en función de su diferente comportamiento.

$\dot{\gamma}\ (s^{-1})$	η (Pa s)		
	A	B	C
1	20	20	20
10	40	20	6,3
100	80	20	2,0
300	110	20	1,2

41. Los reogramas siguientes corresponden a diferentes tipos de fluidos que en general, responden a una ecuación de la forma: $\tau = \tau_0 + k\,n$. Indica el tipo de fluido al cual corresponde cada gráfica, así como la ley correspondiente.

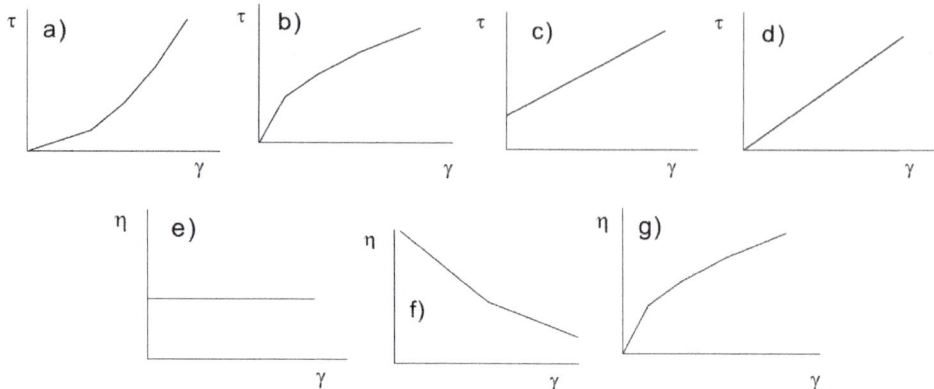

42. Un grifo de jardín gotea. ¿Cuándo serán las gotas de agua más grandes, en invierno o en verano?

43. Con un cuentagotas se producen 50 gotas de agua que ocupan un volumen de 5 mL. Calcula cuanto volumen ocuparán 50 gotas de alcohol y cuál es la sobrepresión existente en el interior de cada gota de alcohol. Datos: $\sigma_{alcohol\text{-}aire} = 22$ mN/m; $\sigma_{agua\text{-}aire} = 73$ mN/m), densidad del alcohol: 0,79 g/cm³, viscosidad del alcohol: 1,2 mPas.

44. Tras analizar la gráfica adjunta, obtenida al medir viscosidades con un viscosímetro rotatorio, comenta las características de los fluidos A (●) y B (■). ¿Cuál de los dos es más viscoso? ¿Qué leyes cumplen?

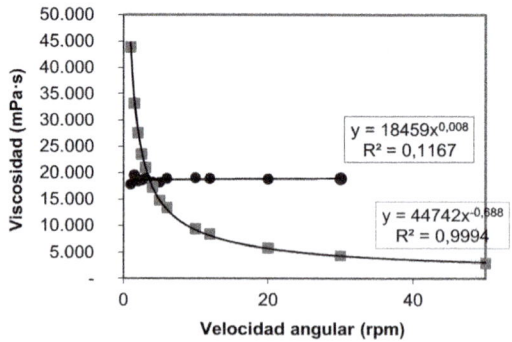

45. Supongamos dos líquidos A y B, con ángulos de contacto en un mismo capilar de 30° y 60° respectivamente. Si la altura conseguida por A es la mitad que la de B, y las densidades relativas son $\rho_A = 1,1$ y $\rho_B = 1,4$ calcula la tensión superficial de B sabiendo que la de A es 0,07 N/m.

46. El profesor de física va con su hijo a la feria y le compra unos globos de helio. En un descuido, el niño comienza a ascender debido a la gran cantidad de globos que le ha comprado. Si la masa total de un globo hinchado es de 6,5 g, y cada globo tiene un volumen de 33,5 dm³, calcula cuántos globos se compraron (masa del niño: 20 kg, densidad del aire: 1,29 kg/m³).

47. Un vampiro necesita urgentemente una transfusión de sangre. Si la transfusión se realiza con una sonda horizontal de 2 mm de diámetro y 50 cm de longitud, y la sangre tarda 2 s en recorrer la sonda produciéndose una caída de presión de 4 kPa, calcula la viscosidad de la sangre.

48. Una cápsula rellena de un granulado de omeprazol flota en los jugos gástricos con el 28% de su volumen sumergido. El volumen de la capsula es de 211 mm³, y la masa de la cápsula vacía es de 40 mg. Considerando una densidad para los jugos gástricos de 1,02 g/cm³, calcula la cantidad de omeprazol que contiene la cápsula .

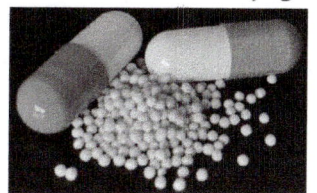

49. Para medir el caudal de oxígeno líquido que se suministra a un paciente se utiliza un dispositivo de Venturi (venturímetro) como el que se muestra en la figura, donde la parte más ancha tiene un diámetro de 10 cm y la parte más estrecha un diámetro de 6 cm. Si el caudal suministrado al paciente es de 12 L/min, calcula la diferencia de presión entre la zona ancha y la estrecha. (Densidad del oxígeno líquido: 1,14 g/cm³)

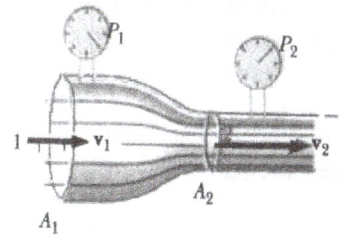

50. Se dispone de dos tubos de vidrio de igual longitud y radio. Se colocan ambos tubos tal como se muestra en la figura sobre un recipiente que contiene un líquido de viscosidad η. Se succiona el líquido que asciende hacia arriba y cuando llega a una longitud x, se tapa el extremo superior con un dedo, mientras el otro extremo permanece en el depósito. Se retira el dedo que obstruye la entrada de aire por el extremo superior ¿en qué razón estarán los tiempos de vaciado de ambos tubos? Dar el valor numérico para θ = 30°.

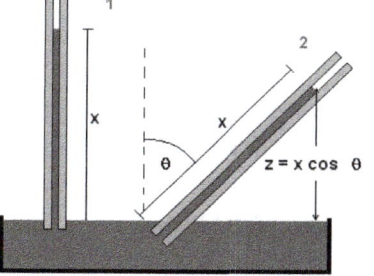

51. Por un tubo cilíndrico de 3 cm de radio circula leche a una velocidad de 5 cm/s. El tubo se divide en 4 tubos iguales de 2 cm de radio cada uno. Estos tubos terminan en recipientes de 1 L. ¿Cuánto tiempo tarda en llenarse cada una de las cuatro botellas?

52. Calcula el tiempo que tardarán en sedimentar las partículas de un determinado alimento sólido molido de 0,06 mm de diámetro y 2,2 g/cm³ de densidad, al dejarlas sobre un recipiente con agua de 15 cm de altura (viscosidad del agua 1 mPa·s).

53. Tenemos una botella de vidrio con una capacidad de 250 mL y una masa de 145 g. Si queremos que se hunda un 80% en agua, calcula el volumen de aceite que debemos poner dentro de la botella (densidad del aceite: 0,92 g/cm³).

54. Un tanque de agua de 4000 litros de capacidad tiene un grifo en su base, situada a 2 m de profundidad, que puede considerarse como una abertura de 1 cm² de sección. Calcula el tiempo que tardaríamos en llenar un cubo de 20 litros con el agua que sale de este grifo.

55. Una balsa de madera tiene una masa de 100 kg y ocupa un volumen de 500 litros. La balsa flota en el mar (densidad 1,03 g/cm³)
a) ¿Qué porcentaje de la balsa estará sumergido cuando esté vacía?
b) ¿Cuántas personas de 65 kg pueden subir sin que se hunda?

56. Por un tubo de 42 cm de longitud y 5,2 mm de radio, fluye leche entera. Si la diferencia de presión entre dos puntos es de 0,050 atm y la temperatura es de 20 °C, determinad el volumen (en litros) de leche que fluye cada hora. Viscosidad de la leche entera: 1,9 mPa s.

57. Si con un cuentagotas tenemos que 10 gotas de agua tienen una masa de 586 mg y 10 gotas de aceite tienen una masa de 267 mg, ¿Cuál es la tensión superficial del aceite? Tensión superficial del agua a 20 °C= 73 mN/m

58. Un líquido de densidad 1,2 y viscosidad 2 mPa·s, circula por una tubería cilíndrica de 1 cm de diámetro. Si la caída de presión a lo largo de 2 cm es de 40 Pa, calcula el gasto y si el régimen es laminar o turbulento.

TERMODINÁMICA

59. ¿Cómo se define la caloría? ¿Y las calorías alimentarias?

60. ¿Qué diferencia hay entre conducción y convección y en qué materiales se dan preferentemente?

61.   ¿De qué factores depende la cantidad de calor transferida por cualquiera de los tres mecanismos (conducción, convección i radiación)?

62.   Ley de enfriamiento. Escribe su expresión matemática, explica el significado de cada término y representa gráficamente.

63.   ¿Qué diferencia hay entre ecuación de estado y ecuación de proceso? Pon ejemplos.

64.   Si partimos de un cierto estado de un gas ideal y aumentamos su volumen hasta el doble ¿cómo será mayor el trabajo, a través de una isoterma o a través de una adiabática?

65.   En un gas ideal, ¿para qué tipo de proceso el trabajo y el calor coinciden? Justifica la respuesta a partir del primer principio de la Termodinámica.

66.   Calcula la temperatura final de una mezcla de 10 litros de agua a 70 °C y 80 litros de agua a 20 °C.

67.   Se tienen 0,5 moles de un gas diatómico que ocupan un volumen de 2 L a 6 atm. Por medio de un proceso isóbaro se duplica el volumen. A continuación se lleva de forma isócora hasta reducir su presión a la mitad. Finalmente se vuelve al estado inicial a temperatura constante. Determina:
a)   Valor de P, V y T en todos los estados
b)   Calor y trabajo en cada proceso

68.   Un cuerpo se está enfriando en un ambiente a 20 °C, según indica la figura adjunta. Calcula: a) La constante de enfriamiento. b) El tiempo que tardará en alcanzar la temperatura de 50 °C.

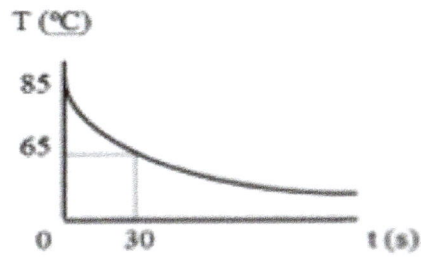

69.   Un mol de O_2 describe el ciclo de la figura. Si el trabajo en la compresión adiabática es de - 1375,22 J, calcular:
a)   El valor de las variables termodinámicas en cada estado.
b)   El Q, W y ΔU del ciclo.

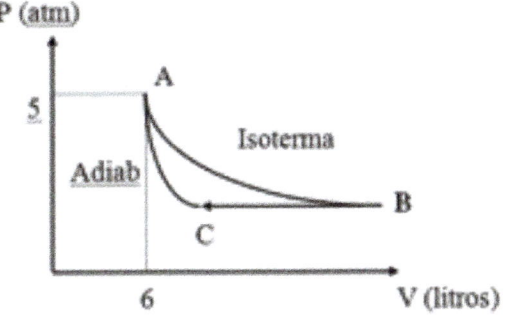

70. Calcula cuanto hielo a 0 °C puede fundirse si disponemos de 80 g de agua a 60 °C ($L_{f,hielo}$ = 80 cal/g).

71. Un trozo de hielo de 20 gramos está inicialmente a -10 °C. Calcula el calor necesario para pasarlo a vapor de agua a 100 °C.

72. Para enfriar una taza de té de 150 g a 90 °C se introduce un cubito de hielo de 50 g a -10 °C. ¿Qué temperatura alcanza la mezcla?

73. La vacuna Comirnaty de Pfizer/BioNTech debe conservarse en un recipiente adiabático a -70 °C. Si se introducen en el recipiente 175 dosis con una masa de 5 g cada una de ellas e inicialmente a 20 °C, calcula la cantidad de hielo seco inicialmente a -80 °C que debe introducirse en el recipiente para una adecuada conservación de las dosis. Considera que las dosis se comportan como agua, y que el hielo seco se comporta como hielo habitual.

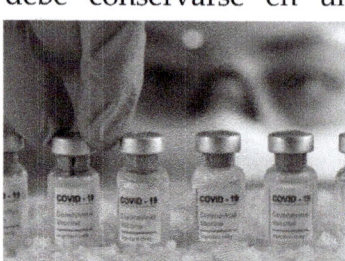

74. ¿Por qué "calienta" una manta? ¿Por qué en verano sentimos más calor cuando nos encontramos en zonas próximas al mar o a un gran río?

75. Comenta la frase: "La temperatura es la cantidad de calor que tiene un cuerpo".

76. Queremos enfriar 10 litros de café (considerar como agua) a 80 °C ¿Cuánto hielo a -15 °C tenemos que añadir para llevar la mezcla a 20 °C? (c_{agua}= 1 cal/g °C; c_{hielo} = 0,5 cal/g °C, $L_{f,hielo}$ = 80 cal/g; $L_{v,agua}$ = 540 cal/g °C).

77. Calcula la cantidad de calor que se debe absorber para enfriar una tonelada (1000 kg) de pescado desde 20 °C hasta -18 °C. Sabemos que el pescado se congela a -2,2 °C. (Datos: Calor específico antes de la congelación= 3,43 kJ/kg K, calor específico después de la congelación = 1,8 kJ/kg K; calor latente de congelación = 259 kJ/kg).

78. Tenemos 1,5 moles de argón (gas ideal monoatómico) que describen un ciclo termodinámico formado por tres procesos. Inicialmente se encuentran a condiciones ambientales (1 atm y 20 °C). Manteniendo el volumen constante se aumenta la presión hasta 5 atm. Posteriormente, se comprime el gas a presión constante. El ciclo se cierra con un proceso isotermo.
    a) Dibuja el esquema del ciclo en un diagrama P V.
    b) Indica en una tabla los valores de P, V y T de los 3 estados principales del ciclo.

c) Calcula los valores del trabajo, calor y variación de energía interna en los 3 procesos y en el ciclo total (presenta los resultados en una tabla).

79.   Tenemos un vaso de leche caliente a 80 °C en una habitación a 23 °C. Sabemos que la leche tarda 5 minutos en enfriarse hasta 60 °C. Supongamos ahora que repartimos la leche en dos vasos (cada uno con la misma cantidad). Sabiendo que la constante de enfriamiento es inversamente proporcional a la masa, calcula el tiempo que tardaría cada vaso en pasar a tener 40 °C.

80.   En un recipiente que contiene 200 g de agua a 80 °C se introduce 100 g de hierro a 1300 °C. Calcula la temperatura final de la mezcla y cuánta agua se evapora. (c_{agua} = 1 cal/g °C, c_{hierro} = 0,11 cal/g °C, Lv = 540 cal/g)

81.   Sacamos una taza de agua del microondas y la dejamos encima de la mesa. Al cabo de un rato medimos su temperatura (80 °C) y 5 minutos después volvemos a medir (60 °C). Calcula la constante de enfriamiento (dar con 3 cifras significativas, es decir distintas de cero) y la temperatura al cabo de 5 minutos más, sabiendo que la temperatura ambiente es de 19 °C.

82.   En una determinada transformación isócora, un gas diatómico evoluciona desde un estado inicial a 92,7 °C hasta un estado final a 140,55 °C, produciéndose una variación de entropía de 2,55 J/K. Calcula el número de moles del gas.

83.   Un mol de CO_2 describe el ciclo de la figura en el sentido ABC.
a)   En las transformaciones BC y CA, razona cuál es la adiabática y cuál es la isoterma.
b)   Calcula el valor de las variables termodinámicas (P,V,T) en cada estado, sabiendo que el trabajo en la compresión adiabática es de 1000 J. Dar los resultados en forma de tabla.
c)   Calcula la variación de energía interna en cada transformación y del ciclo.
d)   Indica cuál sería la relación entre el trabajo y el calor total del ciclo.

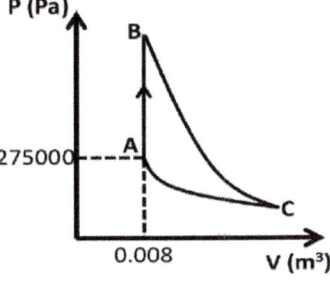

84.   Dentro de un recipiente aislado se tiene inicialmente 2,5 kg de agua líquida a 0 °C. Transcurrido un instante, se alcanza un estado en que se observa 2 kg de agua a 20 °C y 500 g de hielo a 0 °C. Razona cuál debe ser el signo de la entropía total del proceso y realiza su cálculo. Calor latente de fusión del hielo 80 cal/g.

85.   Dos moles de nitrógeno gas (N_2), considerado gas ideal, experimentan un ciclo termodinámico. Inicialmente (estado A) el gas se encuentra a una presión de 3 atm y un volumen de 20 L. Se realiza una expansión isoterma hasta alcanzar 2 atm (estado B). Posteriormente, se comprime el gas a presión constante hasta volver al volumen inicial (estado C). Se cierra el ciclo volviendo al estado inicial a través de una isocora.

a) Representa esquemáticamente las transformaciones en un diagrama pV.

b) Calcula las variables termodinámicas (p, V, T) en cada estado (pon los resultados en una tabla).

c) Calcula el calor, trabajo y variación de energía interna en cada proceso y en el ciclo total (presenta los resultados en una tabla).

86. Se tienen 30 litros de helio (considerado gas ideal) en condiciones ambientales de 1 atm y 20 °C (estado A). Se comprime el sistema a temperatura constante hasta triplicar la presión inicial (estado B). Seguidamente se realiza una expansión isobara hasta llegar a 15,5 litros (estado C) y el ciclo se cierra con un proceso adiabático.

a) Representa esquemáticamente las transformaciones en un diagrama PV.

b) Calcula las variables termodinámicas (P, V, T) en cada estado. Muestra los resultados en una tabla.

c) Calcula el calor, trabajo y energía interna en cada proceso y en el ciclo total (presenta los resultados en una tabla).

87. Ponemos al fuego 200 gramos de agua que hemos obtenido del grifo de agua caliente, a 40 °C. Tras 5 minutos hirviendo, retiramos del fuego, pesamos el agua restante y obtenemos un valor de 187 g.

a) Si despreciamos la evaporación previa a la ebullición, estima el calor total absorbido por el agua.

b) Si ahora añadimos 50 gramos de agua fría (a 20 °C), ¿cuál será la temperatura final de equilibrio?

Calor latente de vaporización: 2260 kJ/kg

Calor específico agua líquida: 4180 J/kg K

88. ¿Cuántos minutos tardará en evaporarse toda el agua de una cacerola si la ponemos al fuego y recibe 1700 J/s, teniendo en cuenta que inicialmente teníamos 200 gramos de agua a una temperatura ambiente de 23 °C? Datos: calor específico del agua = 1 cal/g °C; calor latente de fusión del agua = 80 cal/g, calor latente de vaporización del agua = 540 cal/g.

89. Un mol de un determinado gas evoluciona expansionándose hasta reducir la presión a la mitad, a) por medio de una evolución isoterma b) por medio de una evolución adiabática. ¿En cuál de las dos evoluciones se produce más trabajo, y en cual mayor variación de energía interna?

ONDAS, ACÚSTICA Y ÓPTICA

90.   ¿Cuál es la ecuación de una onda en una dimensión? ¿Qué indica cada una de las magnitudes implicadas?

91.   ¿Qué es una onda? ¿Qué diferencia hay entre ondas transversales y longitudinales? Pon un ejemplo de cada tipo.

92.   ¿Cuál es la diferencia entre atenuación y absorción de una onda? ¿En qué coinciden ambos fenómenos?

93.   Explica en qué consiste el efecto Doppler.

94.   Explica la diferencia entre miopía e hipermetropía y cómo se corrigen.

95.   ¿Cuáles son las cualidades del sonido y con qué magnitudes físicas están relacionadas?

96.   ¿Es cierta la frase: "Cinco instrumentos tocando juntos no se oyen cinco veces más fuerte"? Justifica la respuesta.

97.   Partes del oído humano y funciones físicas de cada una de ellas

98.   Un instrumento toca la nota La (440 Hz). Razona si un observador tendría que acercarse o alejarse del instrumento para sentir la nota como Sol (392 Hz).

99.   El sonido emitido por un transformador de alta tensión a 200 Hz se percibe con una sensación acústica de 60 fones a 5 m de distancia. ¿A qué distancia dejaría de oírse?

100.   La velocidad vertical de un punto de una cuerda horizontal en la que se mueve una onda armónica es $v_y = -0,105 \cos(2,2 x - 3,5 t)$ (todo en el Sistema Internacional). Calcula la longitud de onda, el periodo, la frecuencia y el desplazamiento máximo.

101.   Un estudiante grita al ver el examen de física con un nivel de intensidad de 80 dB. ¿Cuántos estudiantes gritando igual se necesitan para romper el tímpano al profesor de física (nivel de intensidad 120 dB)?

102.   Explica qué es el ángulo límite. Un vidrio tiene un índice de refracción de 1,2. Calcula su ángulo límite.

103. Los 50 estudiantes de un grupo gritan a la vez, de manera que en la puerta de la clase, a unos 2 m del grupo, el nivel de intensidad es de 90 dB ¿qué nivel de intensidad produce un solo alumno? ¿Cuál sería el nivel de intensidad al final del pasillo, a unos 30 m, cuando gritan todos?

104. La velocidad de la luz en el vacío es 300 000 km/s. Un rayo de color verde tiene una frecuencia de $5,66 \cdot 10^{14}$ Hz ¿Cuál es su longitud de onda? ¿A qué velocidad se desplazará en el agua si el índice de refracción es 1,333? ¿Cómo cambia la frecuencia si la fuente de luz se aleja del observador? Razona la respuesta.

105. Describe brevemente el proceso de visión humana con ayuda de un esquema del ojo humano con sus partes básicas.

106. ¿Por qué tenemos dos ojos en lugar de uno muy grande?.

107. El propietario de un coche oye que se ha disparado la alarma de su coche. Si lo escucha con 70 dB cuando se encuentra a 50 m, ¿cuál será el nivel de intensidad cuando se acerque a 5 m para desconectarla con el mando a distancia?

108. En el cambio de medio de un haz laser entre vidrio (n= 1,5) y agua (n=1,33), ¿se puede producir el fenómeno de reflexión total? ¿En qué dirección debe ir el haz laser: vidrio-agua o agua-vidrio? Justifica la respuesta. Calcula cual sería el ángulo límite (en grados, minutos y segundos) si éste existe.

109. Un altavoz de feria emite un sonido de 80 dB a 10 m. Calcula su distancia umbral. Calcula el nivel de intensidad de 20 altavoces juntos a 10 m.

110. Estoy con un grupo de amigos en un solar abierto escuchando una mascletá. Me encuentro a unos 20 m de la zona vallada. El marcador indica 102 dB, así que me alejo. ¿A qué distancia debo situarme para tener sólo 60 dB? (suponiendo que no hay eco ni efectos de absorción).
A esa distancia ¿cuál será mi sensación sonora (fones) si la del sonido de la mascletá tiene una frecuencia de 200 hz?

111. Un haz de luz pasa del aire al agua (n = 1,333) formando un ángulo de 60° dentro del agua con la superficie de separación. Calcula el ángulo de incidencia.

SOLUCIONES DE LOS EJERCICIOS Y CUESTIONES DE REPASO

1. $v = (262,24 \pm 0,05)$ km/h $= (72,844 \pm 0,014)$ m/s

2.   Para el primer caso, C $=(2,0000 \pm 0,0008)\%$, $(2,000 \pm 0,008)$ %, $(2,00 \pm 0,08)\%$; para el segundo caso: C $= (2,000 \pm 0,010)\%$, $(2,00 \pm 0,10)\%$, $(2,0 \pm 1,0)\%$

3. $\rho = 0,00618 \cdot C + 0,9745 \rightarrow C = (7,4 \pm 1,9)$ %

4. $(94,2 \pm 1,2)$ g

5. $47,3750 \pm 0,0015$ cm; (6300 ± 300) kg; 823 ± 16 g; 67893500 ± 600 kg; $232,660 \pm 0,014$ cm; $0,00073 \pm 0,00004$ g $= (73 \pm 4) \cdot 10^{-5}$ g

6.   No son suficientes, habría que hacer 3 más; $V = 12400 \pm 400$ mm^3

7.   Si, son suficientes; $d = 15,13 \pm 0,05$ mm; $V = 1813 \pm 18$ mm^3; $e_r = 1$ %

8. $m = 4,58 \pm 0,02$ kg

9. $P = 155000 \pm 5000$ Pa

10. $0,9965 \pm 0,0003$ g/cm^3

11. $73,1 \pm 0,7$ g

12. 3880 ± 20 Pa

13.   Sí, son suficientes; $h = 2,38 \pm 0,01$ m; $V = 819 \pm 8$ m^3

14. $32389,5$ Pa; $133689,5$ Pa

15.   70 % y 26 %

16. $N_R = 1842$, laminar

17.   0,278 m/s, 26,9 Pa

18.   0,094 cm^3/s

19.   1,089 y 0,272 m/s

20.   153,4 l/s; 2,002 atm; 8,29 m

21.   115000 Pa $= 1,135$ atm

22.   *Consultar libro*

23.   *Consultar libro*

24.   Se queda igual pues el hielo al fundirse ocupa menos espacio, que coincide con el espacio que ocupaba la parte sumergida del hielo.

25.   750 y 250 kg/m^3

26.   *Consultar libro*

27.   Aumentar la ΔP al triple

28.   *Consultar libro*

29.   Sí, es muy viscoso; debería indicarse a qué temperatura y también si es Newtoniano o no, en el caso de que no lo sea se debería indicar a qué velocidad de cizalla.

30.   *Consultar libro*

31.   *Consultar libro*

32.   Porque la superficie tiende a ser mínima, es menor la superficie de una gota junta que de dos separadas

33.   Mayor en la pompa

34.   Sube más en el más estrecho

35.   Descenso

36. Pesa más la de agua pura

37. 9804,7 s = 2 h 43 min 24,7 s

38. 7,639 Pa; 122,2 Pa

39. 10,6 cm

40. A dilatante, B newtoniano, C pseudoplástico

41. A dilatante, B pseudoplástico, C plástico lineal o Bingham, D newtoniano, E newtoniano, F pseudoplástico, G dilatante

42. En invierno, pues el agua está fría y la tensión superficial es mayor, por lo que según la ley de Tate, las gotas serán mayores.

43. 1,9 mL; 21,1 Pa

44. A es newtoniano, y B es seudoplástico; depende, a partir de 5 rpm es más viscos el A, para ω < 5 rpm es más viscos el B. Cumplen la ley de la potencia, pero para el A la viscosidad es constante (el exponente es prácticamente cero).

45. 0,3086 N/m

46. 545 globos

47. 4 mPas

48. m = 0,02 g

49. ΔP = 2,5 Pa

50. $t_1/t_2 = \cos\theta$ = 0,866

51. 28,3 s

52. 63,8 s

53. 59,8 mL

54. 32 s

55. 19,4%; 6 personas

56. 6562 L

57. 33,26 mN/m

58. 0,245 L/s: Re= 18750, es turbulento, por lo que no serviría el cálculo realizado para el gasto.

59. *Consultar libro*

60. *Consultar libro*

61. *Consultar libro*

62. *Consultar libro*

63. *Consultar libro*

64. La pendiente de la adiabática es mayor que la de la isoterma, por tanto el área bajo la curva, si parten del mismo punto y se desplazan hacia la derecha, será mayor en la isoterma por lo cual el trabajo será mayor.

65. Para una isoterma pues ΔU = 0; por lo que Q = W.

66. 25,56 ºC

67. P_1 = 6 atm; V_1 = 2 l; T_1 = 292,7 K; P_2 = 6 atm; V_2 = 4 l; T_2 = 585,4 K; P_3 = 3 atm; V_3 = 4 l; T_3 = 292,7 K; Q_{12} = 1024 cal, Q_{23} = - 732 cal, Q_{31} = - 203 cal, W_{12} = 291 cal, W_{23} = 0, W_{31} = - 203 cal.

68. 0,0123 s^{-1}; 1 min 2,9 s

69. P_A = 5 atm; V_A = 6 l; T_A = 365,85 K; P_B = 2,5 atm; V_B = 12 l; T_B = 365,85 K; P_C = 2,5 atm; V_B = 9,85 l; T_C = 300,05 K; Q_{AB} = 507,2 cal, Q_{BC} = - 460,6 cal, Q_{CA} = 0, W_{AB} = 507,2 cal, W_{BC} = -130,3 cal, W_{CA} = - 329 cal.

70.   60 g

71.   14500 cal

72.   46,25 °C

73. m_{hielo} = 23,6 kg

74.   La manta no caliente, aísla, por tanto mantiene el "calor" (o el "frío"). El sudor no se seca por la alta humedad ambiente y por tanto no absorbe calor de la piel.

75.   El calor es la energía en tránsito entre dos cuerpos a diferente temperatura, por tanto no es variable de estado y no se puede hablar del calor de un objeto o un sistema.

76.   5,58 kg

77.   363 586 kJ

78.

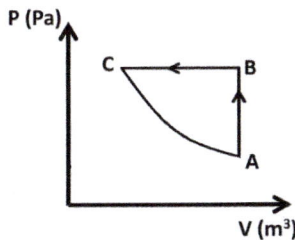

	P(atm)	V(L)	T(K)
A	1	36,04	293
B	5	36,04	1465
C	5	7,2	293

	Q(cal)	W(cal)	ΔU(cal)
AB	5274	0	5274
BC	-8790	-3494	-5296
CA	1415,6	1415,6	0
Total	-2101	-2078	0

79.   4 min 30 s

80.   100 °C; 17 g

81.   0,0795 min^{-1}; 46,5 °C

82.   1 mol

83.   BC adiabática, CA isoterma; ΔU_{AB} = 239 cal, ΔU_{BC} = -239 cal, ΔU_{CA} = 0, ΔU_{total} = 0; W_{total}/Q_{total} = 1

	P(Pa)	V(m³)	T(K)
A	275 000	0,008	264,7
B	424 658	0,008	312,5
C	181 790	0,0121	264,7

84.   -5,12 cal/K, negativo porque el proceso no es espontáneo

85.

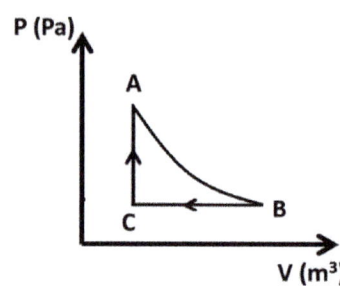

Estados	P(atm)	V(L)	T(K)
A	3	20	365,9
B	2	30	365,9
C	2	20	243,9

Procesos	W(cal)	Q(cal)	ΔU (cal)
AB	593,3	593,4	0
BC	-486,7	-1708	-1221
CA	0	1220	1220
Total	106,7	105,4	0

86.   n = 1,25 mol

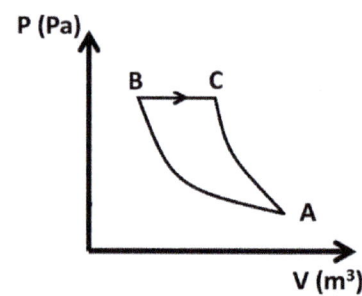

	P (atm)	V (L)	T(K)
A	1	30	293
B	3	10	293
C	3	15,5	454

	W (cal)	Q(cal)	ΔU (cal)
AB	-805	-805	0
BC	400	1004	603
CA	604	0	-603
Total	200	200	0

87.   19 020 cal = 79 540 J; T = 83 ºC

88.   5 min 5 s

89. $W_{isoterma} > W_{adiabática}$. ΔU=0 en la isoterma, y negativa en la adiabática.

90.   *Consultar libro*

91.   *Consultar libro*

92.   *Consultar libro*

93.   *Consultar libro*

94.   *Consultar libro*

95.   *Consultar libro*

96.   Es cierta, la intensidad física se suma, pero no el nivel de intensidad

97.   *Consultar libro*

98.   Para oír la nota con una frecuencia menor debe alejarse (efecto Doppler)

99.   500 m

100. 2,86 m; 1,8 s; 0,56 Hz; 3 cm
101. 10 000
102. 56° 26′ 34″
103. 73,01 dB; 66,5 dB
104. $5,3 \cdot 10^{-7}$ m; 225 056 km/s; la frecuencia disminuye por efecto Doppler
105. *Consultar libro*
106. *Consultar libro*
107. 90 dB
108. sí; cuando pasa del vidrio al agua; 62,457° = 62° 27′ 26,4″
109. 100 km; 93 dB
110. 2,5 km; 35 fones
111. 41,798° = 41° 47′51″

III. BIBLIOGRAFÍA BÁSICA

📖   Alcaraz i Sendra, O., López López, J., & López Solanas, V. (2006). Física: Problemas y ejercicios resueltos. Madrid: Pearson Educación.

📖   Bueche, F., Hecht, E., & Pérez Castellanos, J. H. (2000). Física general (9th ed.). Madrid, McGraw-Hill.

📖   Burbano de Ercilla, S., Burbano García, E., & Gracia Muñoz, C. (2004). Problemas de física (27th ed.). Madrid: Tébar.

📖   Catalá de Alemany, J., Aguilar Peris, J., Casanova Colás, J., & Senent Pérez, F. (1988). Física. Valencia: Fundación García Muñoz.

📖   Jou i Mirabent, D., Pérez García, C., & Llebot, J. E. (2009). Física para ciencias de la vida (2nd ed.). Madrid: McGraw-Hill.

📖   Moreno Frigols, J. L., García Doménech, R., & Antón Fos, G. M. (2011). Introducción a la fisicoquímica (2nd ed.). València: Universitat de València.

📖   Serway, R. A., Jewett, J. W., Campos Olguín, V., & Flores Rosas, M. (2008). Física: Para ciencias e ingeniería (7th ed.). México: Cengage Learning.

📖   Tipler, P. A., & Mosca, G. (2010). Física para la ciencia y la tecnología. Barcelona: Reverté.